情報系のための数学＝5

使いこなそう
やさしい 離散数学

守屋 悦朗 著

サイエンス社

Javaは米国Sun Microsystems社の登録商標です．
その他，本書で使用している会社名，製品名は各社の登録商標または商標です．
本書では，®と™は明記しておりません．

サイエンス社のホームページのご案内
http://www.saiensu.co.jp
ご意見・ご要望は　rikei@saiensu.co.jp　まで．

は じ め に

　本書は拙著『離散数学入門』を"よりやさしくした"姉妹書である．通常の数学書のように証明を重視するのではなく，概念を理解したうえで応用して使いこなせるようにとの意図で，(i) 概念と用語の導入，(ii) その項目についての多数の（応用）例，(iii) その項目について理解できたかどうかを確認するための問，という順で学んでもらう構成とした．

　例はやさしいものをメインとしたが，パズルとしても数学的にも面白いもの（ハノイの塔，トリミノ（箱詰めパズル），8クイーン問題，ナイトの周遊問題，石取りゲーム，ケーニヒスベルクの橋の問題（一筆書き）など）も取り上げた．

　問は，章末には置かず，習得事項とその例を学んだ直後に置いた．どの問も必ず解いて理解を確認してから先に進んでほしいからである．問のほとんどはやさしいが，なかには難しい問も含まれている．しかし，たとえ解答に至らなくても，自分で考えてみることが大事である！　そうすることで確実に力がつくからである．そのため，すべての問に本文と同じくらい丁寧な解答を付けた．

　集中して1章1章を学ぶことができるように，各章は10ページ前後とした．

　各章の冒頭に次のような雑学のコラムを置いた．数学の用語や記号のいわれについて学校で教えてくれることはほとんどないので，意外と知らないことが多いと思う．例えば，日本で使われている数学記号の中で，図形の合同を表す $\equiv$（世界標準では $\cong$），順列/組合せを表す $_nP_r$, $_nC_r$（$_nC_r$ は世界標準では $\binom{n}{r}$），実数 x の整数部分を表す $[x]$（世界標準では $\lfloor x \rfloor$）は日本だけで使われているものである．また，空集合を表す $\emptyset$ をギリシャ文字の ϕ だとして「ファイ」と読む人は数学の教師にも多いが，実はノルウェイ文字である（A.Weil ヴェイユの創始）．日本独自のものがあってもよいが，世界標準もきちんと知っておきたい．

　(?!)　? は「質問」を意味するラテン語 quaestio の最初の q と最後の o を縦に重ねた合成文字という説がある．！はラテン語の io（イーオー：感情が高まったときに発せられる語）を縦に重ねた合成文字という説がある．

　本書の執筆にあたっては，サイエンス社編集部長の田島伸彦さんおよび鈴木綾子さんと岡本健太郎さんに大変お世話になった．厚くお礼申し上げたい．

2018年6月30日　　　　　　　　　　　　　　　　　　　　守　屋　悦　朗

目　　次

第1章　論　　理　　　　　　　　1
1.1 命　　題　　1
1.2 証明の論理：対偶・背理法・三段論法　　3
1.3 恒真論理式と論理同値性　　10

第2章　述　　語　　　　　　　　14
2.1 述語：真偽は変数の値で定まる　　14
2.2 「x が存在して」と「すべての x に対して」　　15
2.3 述語の論理同値性　　18

第3章　集　　合　　　　　　　　23
3.1 集合の表し方　　23
3.2 集合の代数：いろんな性質　　24
3.3 直積：組にして表す　　30

第4章　関　　数　　　　　　　　32
4.1 関数や写像は対応のこと　　32
4.2 単射・全射・全単射と逆関数　　33
4.3 合成：2つの関数を結合する　　36
4.4 いろいろな関数　　40

第5章　数え上げ　　　　　　　　42
5.1 順列：順序を付けて並べる　　42
5.2 組合せ：順序は考慮しないで選ぶ　　46

目　　次　　　　　　　　　　　　　iii

第6章　確　　率　　　　　　　　　　　　　　48
6.1　「確率」を数学的に定義すると　………………　48
6.2　期待値 ≒ 平均　……………………………………　53

第7章　数学的帰納法と再帰的定義　　　　　　　57
7.1　再帰的定義：自分を使って自分を定義する　………　57
7.1.1　アルゴリズムを再帰的に定義する………………　60
7.2　数学的帰納法：再帰的定義と相性抜群　…………　63
7.2.1　数学的帰納法のヴァリエーション………………　67
7.2.2　再帰的に定義したものを数学的帰納法で証明する………　69

第8章　関　　係　　　　　　　　　　　　　　72
8.1　2項関係って，どんな関係？　………………………　72
8.2　関数は2項関係の特別の場合である　………………　74
8.3　2項関係の累乗と(反射)推移閉包　…………………　79
8.4　2項関係の表し方いろいろ　…………………………　84

第9章　同　値　関　係　　　　　　　　　　　85
9.1　同値関係：似たものを類別する　……………………　85
9.2　合同式：整数の上の同値関係　………………………　90

第10章　順　　序　　　　　　　　　　　　　95
10.1　数の大小関係を一般化する　…………………………　95
10.1.1　半　順　序　…………………………………………　95
10.1.2　全　順　序　…………………………………………　98
10.1.3　擬　順　序　…………………………………………　99
10.2　最大・極大・上界・上限　……………………………　100
10.3　ハッセ図：順序関係を図で表す　……………………　103

第11章　グラフ　　　　　　　　　　　　　　105
11.1　点と辺で関係を表す　…………………………………　105
11.2　辺を介した頂点のつながり　…………………………　108
11.3　グラフの表し方　………………………………………　113

第 12 章 いろいろなグラフ　115

- 12.1 道とサイクル ………………………………………… 115
- 12.2 正則と完全の違い ……………………………………… 116
- 12.3 頂点を部に分ける ……………………………………… 116
- 12.4 オイラーグラフ：一筆書きできる条件は？ ………… 118
- 12.5 ハミルトングラフ：一周しよう ……………………… 119

第 13 章 木　121

- 13.1 数学で定義する木とは ………………………………… 121
- 13.2 いろんな場面で登場する木たち ……………………… 125
  - 13.2.1 最大/最小全域木 ………………………………… 125
  - 13.2.2 再帰的アルゴリズムの実行過程を表す木 …… 126
  - 13.2.3 数式を木で表す ………………………………… 128
  - 13.2.4 決　定　木 ……………………………………… 129

第 14 章 アルゴリズムの時間解析　131

- 14.1 O 記　法 ……………………………………………… 131
- 14.2 多項式時間アルゴリズム ……………………………… 136

第 15 章 代　数　系　138

- 15.1 代数系とは：群・環・体ってなんだ？ ……………… 138
- 15.2 束は束のような代数系 ………………………………… 141

問　題　解　答　144
参　考　書　案　内　185
索　　　引　187

第1章

論　　　理

> **?!** 論理記号は歴史的由来と分野によって様々な記号が使われている．論理積 ∧ には ·, & が，論理和 ∨ には +, ∥ が，否定 ¬ には ∼, !, ⌐ が，含意 → には ⇒, ⊃ が，論理同値 ≡ には ⇔, ↔ が，といった具合である．しかし，⌐, ⊃ や「合接，連言」「選言」「含意」は今や死語とみなしてもよいと思う．含意を表す ⊃ はペアノ (G.Peano)（『数の概念について』，1889 年）やラッセル (B.Russel)（『プリンキピア・マテマティカ』，1910〜1913 年）らが使ったもので，C を逆向きにした記号であり部分集合を表す記号とは無関係である．→ が使われるようになったのはオランダの数学者ハイティング (A.Heyting) による．

　数学の基本言語は集合や関数であり，論理はその文法である．幼児は言語を習得する際に文法を学ぶことなく，言語習得の過程で自然に文法も身に付ける．しかし，中学で初めて英語を習うときのように，大人は先に文法を知っていた方が言語自体の習得も容易になる．というわけで，本書は数学の文法である論理を学ぶことから始めることにする．

1.1 命　　　題

　様々な陳述（命題）を記号式で表すことにより，その陳述の正しさや，陳述の間の関係やある陳述から別の陳述を論理的に導き出す思考法についてまで数学的に扱うことができるようになる．この章ではそのような記号論理の基礎について学ぶ．

> 　一般に，ある事実を述べたものを**言明**（あるいは陳述，主張）というが，それが正しいことを述べていれば**真**であるといい，正しくなければ**偽**であるという．言明の内容によっては，正しいとも正しくないともいえない場合があるが，真か偽かがはっきりしている言明を**命題**と呼ぶ．'真'，'偽' を値と考え，それぞれ **T**（true の頭文字），**F**（false の頭文字）で表し，**真理値**とか**論理値**という．

例 1.1　命題と非命題

(1) 次の各々は命題である．その真理値を後に付した．

　　(a) 月は地球の衛星である．　**T**　　(b) $2+3=6$．　**F**

　　(c) 17 は偶数である．　**F**　　(d) x, y が実数ならば $x^2+y^2 \geqq 0$．　**T**

(2) 次のいずれも命題ではない.

  (e) 春は名のみの風の寒さよ. (f) 有理数って何ですか？

  (g) $x \geqq 0$. (h) $x = y + 3$. □

問 1.1 次の陳述は命題か？　命題ならその真偽も答えよ.
(1) 1 以上 10 以下の整数を選びなさい.　(2) 2 は偶数で 3 は奇数である.
(3) 明日は天気だ.　(4) x を正の実数とする.
(5) 任意の実数 x に対して $x > y$ となる実数 y が存在する.
(6) 円周率 π の小数第 10000^{10000} 位の数字は 3 である.

● **論理演算子 — 基本命題を結合して複合命題を作る**

> 命題 p, q のどちらも成り立つことを $p \wedge q$ で表し, $p \wedge q$ を p と q の**論理積**という. $p \wedge q$ は "p も q も成り立つ" を表す. すなわち, $p = \mathbf{T}$ かつ $q = \mathbf{T}$ の場合には $p \wedge q = \mathbf{T}$ であり, それ以外の場合 ($p = \mathbf{F}$ または $q = \mathbf{F}$) には $p \wedge q = \mathbf{F}$ である. このことは右下に示したような表 (**真理表**あるいは**真理値表**という) にまとめることができる.
>
> p や q のように, 命題を記号で表すことがある. 命題は値 $\mathbf{T}$ か $\mathbf{F}$ を取るので, これらは単なる記号ではなく変数なので, **命題変数**あるいは**論理変数**という.

「命題 p が成り立つ (成り立たない)」
「p は真 (偽) である」
「p の値は $\mathbf{T}$ ($\mathbf{F}$) である」
はすべて同じ意味で用いる.

$p \wedge q$ の真理表

p	q	$p \wedge q$
F	F	F
F	T	F
T	F	F
T	T	T

$\wedge$ と同様に, 論理和 $\vee$, 排他的論理和 $\oplus$, 含意 (ならば) $\rightarrow$, 同値 $\leftrightarrow$, 論理否定 $\neg$ は次の表のように定義される演算である.

p	q	$p \vee q$	$p \oplus q$	$p \rightarrow q$	$p \leftrightarrow q$	$\neg p$
F	F	F	F	T	T	T
F	T	T	T	T	F	T
T	F	T	T	F	F	F
T	T	T	F	T	T	F

わかりやすくいうと，これらの演算子の意味は次の表のようにまとめることができる．こういった論理演算子を使って構成された式を**論理式**という．

$p \wedge q$	p かつ q	p と q の両方が成り立つ
$p \vee q$	p または q	p または q のどちらか一方または両方が成り立つ
$p \oplus q$	p,q どちらか	p または q のどちらか一方だけが成り立つ
$p \to q$	p ならば q	p が成り立つならば q も成り立つ
$p \leftrightarrow q$	p と q は同値	p が成り立つときかつそのときに限り q も成り立つ
$\neg p$	p でない	p は成り立たない

問 1.2 $p \to \neg q$ の (1) 否定，(2) 逆，(3) 対偶（「A ならば B」の対偶は「B でないならば A でない」），(4) 論理的に等しくて $\to$ を含まないもの，をそれぞれ示せ．また，その真理表を書け．

1.2 証明の論理：対偶・背理法・三段論法

論理を考える際には「必要条件」「十分条件」「同値」「必要十分条件」という用語が重要なので，これを先に説明しておこう．

> $p \to q$ は「p が成り立つならば q も成り立つ」ことを表す．したがって，p が成り立たないときには q は成り立っていても成り立っていなくてもよい（すなわち，$p = \mathbf{F}$ なら，$q = \mathbf{T}$ でも $q = \mathbf{F}$ でも $(p \to q) = \mathbf{T}$ である，と定義する）．命題 $p \to q$ において，p を**前提**（仮定），q を**結論**（帰結）という．また，p は q（が成り立つため）の**十分条件**，q は p（が成り立つため）の**必要条件**という．

例 1.2 必要条件，十分条件

(1) x が実数であることは x が有理数であることの必要条件であるが十分条件ではない（有理数でない実数が存在するから）．また，x が有理数であることは x が実数であることの十分条件である．

(2) 「$x \neq 0$ という前提の下で，$xy = 0$ ならば $y = 0$ が成り立つ」ことは $x \neq 0 \to (xy = 0 \to y = 0)$ と表すことができる．同じことを「$x \neq 0$ かつ $xy = 0$ ならば $y = 0$ が成り立つ」と解釈した場合には $(x \neq 0 \wedge xy = 0) \to y = 0$ と表すことができる．

問 1.3 (1) 命題 p：「n が奇素数（奇数の素数のこと）ならば $n \geqq 3$ である」の逆と対偶を述べ，それらの前提と結論を示せ．この命題 p は真であるが，その逆は真ではない．このことを標語的に "逆は必ずしも真ならず" という．
(2) 命題 p の否定について論ぜよ．例えば，この命題には前提や結論はあるか？
(3) 逆も真であるような命題はどのようなものか？

> $p \leftrightarrow q$ が成り立つとき，すなわち，p が成り立つときかつそのときに限り q が成り立つならば（このことは「p が成り立つならば q も成り立ち，かつ q が成り立つならば p も成り立つとき」と言い換えてもよい），p と q は<u>同値</u>であるとか，<u>等価</u>であるとか，p の**必要十分条件**は q であるとか，p と q は<u>論理的に等しい</u>とかいう．
>
> もっと一般に，<u>変数 $p, q, \ldots$ を含む論理式 $\mathcal{A}$ と $\mathcal{B}$ が $p, q, \ldots$ の値によらず同じ値をとる</u>とき，$\mathcal{A}$ と $\mathcal{B}$ は論理的に等しい（等価，同値である）という．

例 1.3 同値，必要十分条件

(1) x が有理数であることと，整数 p, q（ただし，$p \neq 0$）を使って $x = \dfrac{q}{p}$ と表せることは同値である（これが x が有理数であることの定義である）．

(2) x, y が実数のとき，$x^2 + y^2 = 0$ である必要十分条件は $x = y = 0$ である．

(3) 次の真理表からわかるように，命題 p と命題 $\neg(\neg p)$ は論理的に等しく，$p \to q$ と $(\neg p) \vee q$ も論理的に等しい．この真理表では，それぞれの論理演算子の下にその演算結果に該当する論理値を書いた．また，論理式全体の値は黒色で示した． □

p	q	$\neg(\neg p)$	$p \to q$	$(\neg p) \vee q$
F	F	F T	T	T T
F	T	F T	T	T T
T	F	T F	F	F F
T	T	T F	T	F T

問 1.4 次の命題は同値か（論理的に等しいか）？ p, q, r は任意の命題とする．
(1) 「n は偶数である」と「n は 2 で割り切れる」
(2) (x は自然数) $\wedge$ ($x^2 = 4$) と (x は実数) $\wedge$ ($x^2 = 4$)
(3) $(2+3 > 5) \to (20+30 > 50)$ と $(2+3 = 5) \leftrightarrow (20+30 = 50)$
(4) $p \wedge p \wedge p$ と $p \wedge (q \vee \neg q)$ (5) $\neg(p \wedge q \wedge r)$ と $\neg p \vee \neg q \vee \neg r$

例 1.4 論理積,論理和,排他的論理和,論理否定

命題 p を「n は $n \geqq 0$ を満たす整数である」とし,命題 q を「n は $n \leqq 0$ を満たす整数である」とする.

(1) 命題 $p \wedge q$ は「n は $n \geqq 0$ かつ $n \leqq 0$ を満たす整数である」すなわち $n = 0$ と同値であり,n が整数の場合には $(n \geqq 0) \wedge (n \leqq 0) \leftrightarrow n = 0$ は真である.

(2) 命題 $p \vee q$ は「n は $n \geqq 0$ または $n \leqq 0$ を満たす整数である」すなわち「n は任意の整数である」と同値である.

(3) 命題 $p \oplus q$ は「n は $n \geqq 0$ または $n \leqq 0$ のどちらか一方だけが成り立つ整数である」と同値であるが,この命題は n が 0 以外の整数の場合には真であるが,$n = 0$ の場合には偽である.

(4) 命題 $\neg p$ は「n は $n \geqq 0$ を満たす整数ではない」であり,「n は負の整数である」とは異なる. □

問 1.5 x, y が実数のとき,4つの命題 p:「$xy = 0$」,q:「$x + y = 0$」,r:「$x = 0$」,s:「$y = 0$」を考える.次の各命題を論理否定,論理和,排他的論理和,論理積などを用いて表せ.
(1) $xy = 0$ ならば $x = 0$ または $y = 0$ が成り立つ.
(2) $xy = 0$ かつ $x \neq 0$ ならば $y = 0$ である.
(3) $x = 0$ または $y = 0$ のどちらか一方だけが成り立つならば $x + y \neq 0$ である.

例 1.5 ∨ や ∧ の可換性,結合律

(1) $p \vee q \leftrightarrow q \vee p$ は p, q の論理値によらずつねに真である.すなわち,$p \vee q$ の論理値と $q \vee p$ の論理値は等しい(下記の表参照).このことを論理演算(あるいは論理演算子)∨ は**可換**であるという.同様に,∧ も可換な演算である.

p	q	$p \vee q$	$q \vee p$	$p \vee q \leftrightarrow q \vee p$	$p \wedge q$	$q \wedge p$	$p \wedge q \leftrightarrow q \wedge p$
F	F	F	F	T	F	F	T
F	T	T	T	T	F	F	T
T	F	T	T	T	F	F	T
T	T	T	T	T	T	T	T

(2) $p \vee (q \vee r)$ と $(p \vee q) \vee r$,また,$p \wedge (q \wedge r)$ と $(p \wedge q) \wedge r$ がそれぞれ論理的に等しいことは,真理表を書くことによって確かめることができる(下記の真理表に示したように,p, q, r の真理値の組合せは 8 通りあることに注意

する).このことを,∧や∨は**結合律**を満たすという.すなわち,∧や∨は結合する順序に依存しないので,これらをそれぞれ括弧を省略して $p \vee q \vee r$, $p \wedge q \wedge r$ と略記してもよい.

p	q	r	$p \vee (q \vee r)$	$(p \vee q) \vee r$	$p \wedge (q \wedge r)$	$(p \wedge q) \wedge r$
F	F	F	F	F	F	F
F	F	T	T	T	F	F
F	T	F	T	T	F	F
F	T	T	T	T	F	F
T	F	F	T	T	F	F
T	F	T	T	T	F	F
T	T	F	T	T	F	F
T	T	T	T	T	T	T

問 1.6 ⊕ や → や ↔ は可換か? 結合律を満たすか?

例 1.6 真理表を命題の真理値の計算にも使ってみよう

$p \to q$ と $q \to r$, $r \to p$ がどれも成り立つならば p, q, r は互いに論理的に等しい.このことは,$(p \to q) \wedge (q \to r) \wedge (r \to p)$ と $(p \leftrightarrow q) \wedge (q \leftrightarrow r) \wedge (r \leftrightarrow p)$ とが論理的に等しいことによる(下記の真理表参照.∧に関する結合律を用いていることに注意しよう).この真理表では,例 1.3 と同様に,∧や→の下にも,計算の途中経過としての真理値を記した.□で囲んだもの(黒色で示した値)が論理式全体の真理値である.

p	q	r	$((p \to q) \wedge (q \to r)) \wedge (r \to p)$					$((p \leftrightarrow q) \wedge (q \leftrightarrow r)) \wedge (r \leftrightarrow p)$				
F	F	F	T	T	T	**T**	T	T	T	T	**T**	T
F	F	T	T	T	T	**F**	F	T	F	F	**F**	F
F	T	F	T	F	F	**F**	T	F	F	F	**F**	F
F	T	T	T	T	F	**F**	F	F	T	F	**F**	F
T	F	F	F	F	T	**F**	T	F	F	F	**F**	F
T	F	T	F	F	T	**F**	T	F	F	F	**F**	F
T	T	F	T	F	F	**F**	T	T	F	F	**F**	F
T	T	T	T	T	T	**T**	T	T	T	T	**T**	T

問 1.7 $p \oplus q$ と $(p \wedge \neg q) \vee (\neg p \wedge q)$ が論理的に等しいか否かを真理表を書いて確かめよ.

例 1.7 ∨と∧の間の分配律

1.2 証明の論理：対偶・背理法・三段論法

論理和 $\vee$ と論理積 $\wedge$ はその名が示すように，四則演算子 $+, \times$ に対応する．$+, \times$ が $a \times (b + c) = a \times b + a \times c$ を満たすのと同様に，$p \wedge (q \vee r)$ と $(p \wedge q) \vee (p \wedge r)$ は論理的に等しい（すなわち，$p \wedge (q \vee r) \leftrightarrow (p \wedge q) \vee (p \wedge r)$ は任意の p, q, r に対して真である）．この性質を**分配律**という．

p	q	r	p	$\wedge$	$(q \vee r)$	$(p \wedge q)$	$\vee$	$(p \wedge r)$
F	F	F		F	F	F	F	F
F	F	T		F	T	F	F	F
F	T	F		F	T	F	F	F
F	T	T		F	T	F	F	F
T	F	F		F	F	F	F	F
T	F	T		T	T	F	T	T
T	T	F		T	T	T	T	F
T	T	T		T	T	T	T	T

数の四則演算と違い，論理和と論理積の間には

$$p \vee (q \wedge r) \leftrightarrow (p \vee q) \wedge (p \vee r)$$

という分配律も成り立つ（真理表を書いて確かめてみよ）．

問 1.8 $\oplus$ と $\wedge$ の間には分配律が成り立つか？

● 数学の証明で使われる論法

> 命題 $q \to p$ を命題 $p \to q$ の**逆**といい，命題 $(\neg q) \to (\neg p)$ を命題 $p \to q$ の**対偶**という．$p \to q$ が真であっても，その逆 $q \to p$ は必ずしも真ではない（下記の真理表参照）．一方，$p \to q$ が真であることと，その対偶 $(\neg q) \to (\neg p)$ が真であることとは論理的に等しい（下記真理表）．それゆえ，「p ならば q である」という命題を証明したいときには，その対偶「q でないならば p でない」を証明すればよい．

論理演算子は $\neg, \wedge, \vee$（または $\oplus$），$\to, \leftrightarrow$ の順に結合順位が高いものとして，括弧は可能な限り省いてよい．したがって，$(\neg q) \to (\neg p)$ は $\neg q \to \neg p$ と書いてよい．

p	q	命題 r $p \to q$	r の逆 $q \to p$	r の対偶 $(\neg q) \to (\neg p)$
F	F	T	T	T
F	T	T	F	T
T	F	F	T	F
T	T	T	T	T

例 1.8　逆と対偶

三角形 ABC と三角形 A′B′C′ に対して，命題「△ABC と △A′B′C′ が合同ならば △ABC の面積と △A′B′C′ の面積は等しい」は真であるが，その逆「△ABC の面積と △A′B′C′ の面積が等しいならば △ABC と △A′B′C′ は合同である」は真であるとは限らない．一方，対偶「△ABC の面積と △A′B′C′ の面積が異なるならば △ABC と △A′B′C′ は合同でない」は真な命題である． □

問 1.9 $p : xy = 0 \to x = 0 \lor y = 0$ および $q : (xy = 0 \land x \neq 0) \to y = 0$ の逆と対偶を論理式ではなく言葉で示せ．x, y が実数のとき，逆は成り立つか？

例 1.9　論理演算子の結合順位

(1) $((p \land p) \to q) \leftrightarrow (\neg p \lor (\neg(\neg q)))$ は $p \land p \to q \leftrightarrow \neg p \lor \neg\neg q$ と書いてもよい（が，わかりづらいので $(p \land p \to q) \leftrightarrow (\neg p \lor \neg\neg q)$ と書く方がよい）．

(2) $p \land (q \lor \neg(r \to s))$ は括弧を省くことができない（意味が変わってしまう．この例のように，括弧は演算子の結合順位を変えるために使われる）． □

問 1.10 可能な限り括弧を省け．
(1) $(p \lor q) \land r$　(2) $(\neg p) \to (\neg(\neg(q \land r)))$　(3) $(p \to q) \leftrightarrow ((p \lor q) \lor (\neg \mathbf{T}))$

命題 $p \to q$ を証明する際，「p が成り立つという前提の下で q が成り立たないとすると矛盾が生じる」ことを示すという論法を**背理法**とか**帰謬法**という．この論法が正しいことは，$(p \land (\neg q)) \to \mathbf{F}$ と $p \to q$ とが論理的に等しいことによる（$\mathbf{F}$ は「つねに偽である命題」すなわち矛盾を表す）．

例 1.10　背理法

命題 $\mathcal{A}$：「任意の実数 x, y に対して，$x + y \geq 2$ ならば $x \geq 1$ または $y \geq 1$ が成り立つ」を背理法で証明しよう．

$\mathcal{A}$ が成り立たないとする．$\mathcal{A}$ の否定は「ある実数 x, y に対して，$x + y \geq 2$ であるのに "$x \geq 1$ または $y \geq 1$" が成り立たない」である．下線部は「$x < 1$ かつ $y < 1$ である」と論理的に等しい（下記のド・モルガンの法則（例 1.12）による）．よって，$x + y < 1 + 1 = 2$ が導かれるが，これは前提 $x + y \geq 2$ に反す（矛盾が導かれた）ので，$\mathcal{A}$ が成り立たないとしたことは誤りである． □

1.2 証明の論理：対偶・背理法・三段論法

問 1.11 p が素数ならば p 以下のすべての素数の積に 1 を足した $2\cdot 3\cdots p+1$ が素数か否かを考えることによって，素数は無限に存在することを背理法で証明せよ．

> 命題 p,q,r に対し，「p が成り立つならば q が成り立つ」と「q が成り立つならば r が成り立つ」を証明し，これらから「p が成り立つならば r が成り立つ」と結論する推論の仕方を**三段論法**という．この論法が正しいことは，$(p\to q)\land(q\to r)$ が **T** のとき $p\to r$ も **T** となることによる（真理表で確かめよ）．ただし，$p\to r$ が **T** であっても $(p\to q)\land(q\to r)$ が **T** でない場合があるので，これらは論理的に等しいわけではない．

例 1.11 三段論法による推論

何年か後には「金持ちならすべての家事をロボットにやってもらえる」ようになるであろう．一方，「すべての家事をロボットにやってもらえると，家事以外のことに専念できる」ので，何年か後には「金持ちなら家事以外のことに専念できる」ようになるであろう．このように結論を導くのは，p：「金持ちである」，q：「すべての家事をロボットにやってもらえる」，r：「家事以外のことに専念できる」としたとき $(p\to q)\land(q\to r)\to(p\to r)$ はつねに真な論理式である，ということによる三段論法である．

三段論法を一般化すると，$(p_0\to p_1)\land(p_1\to p_2)\land\cdots\land(p_{n-1}\to p_n)\to(p_0\to p_n)$ が成り立つ． □

問 1.12 真理表を書いてみる以外の方法で次のことを示せ．
(1) $(p\to q)\land(q\to r)$ が **T** ならば $p\to r$ も **T** である．
(2) $(p\to q)\land(q\to r)\to(p\to r)$ と $(p\to q)\to((q\to r)\to(p\to r))$ は論理的に等しい．$a\to b$ と $\neg a\lor b$ が論理的に等しいことを使ってもよい．

問 1.13 実数 x,y に対して $xy=0\to x=0\lor y=0$ が成り立つことを使って，実数 u,v,w に対して $uvw=0\to u=0\lor v=0\lor w=0$ が成り立つことを示せ．

> 「p と q が同時に成り立つことはない」ことと「p または q のどちらか一方は成り立たない」ことを同じと考えるのは，$\neg(p\land q)$ と $\neg p\lor\neg q$ が論理的に等しいことによる．$\neg(p\lor q)$ と $\neg p\land\neg q$ も論理的に等しい．これらを**ド・モルガンの法則**という．

例 1.12 ド・モルガンの法則

(1)「A 君は気が優しいし力持ちである」と B 君が言っていたが，実は B 君が言っていたことは正しくない．ということは，A 君は気が優しくないまたは力持ちでない．これは，$\neg(p \wedge q)$ と $\neg p \vee \neg q$ が論理的に等しい（換言すると，$\neg(p \wedge q) \leftrightarrow \neg p \vee \neg q$ が p, q によらずつねに真である）ことによる．

(2) x が集合 A にも集合 B にも属さないとすると，x が A か B のどちらかに属すということはない．これは p：「x は A に属す」，q：「x は B に属す」としたとき，$\neg p \wedge \neg q$ と $\neg(p \vee q)$ が論理的に等しいことによる． ■

問 1.14 (1) $\neg(p \vee q \vee r)$ と $\neg p \wedge \neg q \wedge \neg r$ は論理的に等しいこと，また，$\neg(p \wedge q \wedge r)$ と $\neg p \vee \neg q \vee \neg r$ は論理的に等しいことを示せ．もっと一般に，命題変数の個数が多くなっても同様なことが成り立つ（証明は数学的帰納法（第 7 章参照）による）．これらも含めてド・モルガンの法則という．

(2) 整数 n に対して，「$n > 3$ または $n < -3$ または $n = 0$」が成り立つことはないという．可能な n の値を求めよ．

1.3 恒真論理式と論理同値性

> 命題変数 $p, q, \ldots$ を含む論理式 $\mathcal{A}$ が $p, q, \ldots$ の値によらずつねに値 **T**（または **F**）を取るとき，$\mathcal{A}$ は**トートロジー**であるとか**恒真論理式**（または**恒偽論理式**）であるといい，$\models \mathcal{A}$（または $\models \neg \mathcal{A}$）で表す．
>
> また，すでにこれまでに何度も使っているように，命題変数 $p, q, \ldots$ を含む論理式 $\mathcal{A}$ と $\mathcal{B}$ に対し，$\models \mathcal{A} \leftrightarrow \mathcal{B}$ が成り立つとき $\mathcal{A}$ と $\mathcal{B}$ は**論理的に等しい**とか**論理同値**であるといい，以後このことを $\mathcal{A} \equiv \mathcal{B}$ で表す．

知っていると役立つ有用な恒真論理式と，論理同値な論理式を列挙しておこう．いくつかはすでに証明したり使ったりしているが，それ以外のものも真理表を書いてみることによって容易に証明することができる．$\mathcal{A}, \mathcal{B}, \mathcal{C}$ を任意の論理式とする．

(1) $\mathcal{A} \wedge \mathcal{A} \equiv \mathcal{A}, \quad \mathcal{A} \vee \mathcal{A} \equiv \mathcal{A}$ （べき等律）

(1') $\underbrace{\mathcal{A} \oplus \mathcal{A} \oplus \cdots \oplus \mathcal{A}}_{\mathcal{A} \text{ が偶数個}} \equiv \mathbf{F}, \quad \underbrace{\mathcal{A} \oplus \mathcal{A} \oplus \cdots \oplus \mathcal{A}}_{\mathcal{A} \text{ が奇数個}} \equiv \mathcal{A}$

1.3 恒真論理式と論理同値性

(2) $\mathcal{A} \wedge \mathcal{B} \equiv \mathcal{B} \wedge \mathcal{A}, \quad \mathcal{A} \vee \mathcal{B} \equiv \mathcal{B} \vee \mathcal{A}, \quad \mathcal{A} \oplus \mathcal{B} \equiv \mathcal{B} \oplus \mathcal{A}$ （可換律（交換律））

(3) $\begin{aligned} &\mathcal{A} \wedge (\mathcal{B} \wedge \mathcal{C}) \equiv (\mathcal{A} \wedge \mathcal{B}) \wedge \mathcal{C} \\ &\mathcal{A} \vee (\mathcal{B} \vee \mathcal{C}) \equiv (\mathcal{A} \vee \mathcal{B}) \vee \mathcal{C} \\ &\mathcal{A} \oplus (\mathcal{B} \oplus \mathcal{C}) \equiv (\mathcal{A} \oplus \mathcal{B}) \oplus \mathcal{C} \end{aligned}$ （結合律）

(4) $\begin{aligned} &\mathcal{A} \wedge (\mathcal{B} \vee \mathcal{C}) \equiv (\mathcal{A} \wedge \mathcal{B}) \vee (\mathcal{A} \wedge \mathcal{C}) \\ &\mathcal{A} \vee (\mathcal{B} \wedge \mathcal{C}) \equiv (\mathcal{A} \vee \mathcal{B}) \wedge (\mathcal{A} \vee \mathcal{C}) \end{aligned}$ （分配律）

(4′) $\mathcal{A} \wedge (\mathcal{B} \oplus \mathcal{C}) \equiv (\mathcal{A} \wedge \mathcal{B}) \oplus (\mathcal{A} \wedge \mathcal{C})$ （分配律）

(5) $(\mathcal{A} \wedge \mathcal{B}) \vee \mathcal{A} \equiv \mathcal{A}, \quad (\mathcal{A} \vee \mathcal{B}) \wedge \mathcal{A} \equiv \mathcal{A}$ （吸収律）

(6) $\begin{aligned} &\neg(\mathcal{A} \wedge \mathcal{B}) \equiv \neg \mathcal{A} \vee \neg \mathcal{B} \\ &\neg(\mathcal{A} \vee \mathcal{B}) \equiv \neg \mathcal{A} \wedge \neg \mathcal{B} \end{aligned}$ （ド・モルガンの法則）

(6′) $\neg(\mathcal{A} \oplus \mathcal{B}) \equiv (\mathcal{A} \wedge \mathcal{B}) \vee (\neg \mathcal{A} \wedge \neg \mathcal{B})$

(7) $\neg(\neg \mathcal{A}) \equiv \mathcal{A}$ （二重否定）

(8) $\mathcal{A} \leftrightarrow \mathcal{B} \equiv (\mathcal{A} \rightarrow \mathcal{B}) \wedge (\mathcal{B} \rightarrow \mathcal{A})$

(9) $\mathcal{A} \rightarrow \mathcal{B} \equiv \neg \mathcal{A} \vee \mathcal{B}$

(10) $\mathcal{A} \oplus \mathcal{B} \equiv (\mathcal{A} \wedge \neg \mathcal{B}) \vee (\neg \mathcal{A} \wedge \mathcal{B}) \equiv (\mathcal{A} \vee \mathcal{B}) \wedge (\neg \mathcal{A} \vee \neg \mathcal{B})$

(11) $\mathcal{A} \rightarrow \mathcal{B} \equiv \neg \mathcal{B} \rightarrow \neg \mathcal{A}$ （対偶）

(12) $\models \mathcal{A} \vee \neg \mathcal{A}$ すなわち $\mathcal{A} \vee \neg \mathcal{A} \equiv \mathbf{T}$ （排中律）

(13) $\models \neg(\mathcal{A} \wedge \neg \mathcal{A})$ すなわち $\mathcal{A} \wedge \neg \mathcal{A} \equiv \mathbf{F}$ （矛盾律）

(14) $\begin{aligned} &\models ((\mathcal{A} \rightarrow \mathcal{B}) \wedge (\mathcal{B} \rightarrow \mathcal{C})) \rightarrow (\mathcal{A} \rightarrow \mathcal{C}) \\ &\models (\mathcal{A} \rightarrow \mathcal{B}) \rightarrow ((\mathcal{B} \rightarrow \mathcal{C}) \rightarrow (\mathcal{A} \rightarrow \mathcal{C})) \end{aligned}$ （三段論法）

(15) $\begin{aligned} &\mathcal{A} \vee \mathbf{T} \equiv \mathbf{T}, \quad \mathcal{A} \wedge \mathbf{T} \equiv \mathcal{A}, \quad \mathcal{A} \oplus \mathbf{T} \equiv \neg \mathcal{A} \\ &\mathcal{A} \vee \mathbf{F} \equiv \mathcal{A}, \quad \mathcal{A} \wedge \mathbf{F} \equiv \mathbf{F}, \quad \mathcal{A} \oplus \mathbf{F} \equiv \mathcal{A} \end{aligned}$

例 1.13 $\leftrightarrow, \rightarrow, \oplus$ を $\neg, \wedge, \vee$ で表す

(6), (7) から，

(16) $\mathcal{A} \wedge \mathcal{B} \equiv \neg(\neg \mathcal{A} \vee \neg \mathcal{B}), \quad \mathcal{A} \vee \mathcal{B} \equiv \neg(\neg \mathcal{A} \wedge \neg \mathcal{B})$

が得られる．これらと (8), (9), (10) を使うと $\wedge, \vee, \leftrightarrow, \rightarrow, \oplus$ を $\neg, \wedge, \vee$ で（実は，$\neg$ と $\wedge$ だけで，あるいは $\neg$ と $\vee$ だけで）表すことができる．例えば，

$$\mathcal{A} \leftrightarrow \mathcal{B} \oplus \mathcal{C} \equiv (\mathcal{A} \rightarrow \mathcal{B} \oplus \mathcal{C}) \wedge (\mathcal{B} \oplus \mathcal{C} \rightarrow \mathcal{A}) \quad \text{演算子の優先順位に注意} \quad (8)$$

$$\equiv (\neg \mathcal{A} \vee (\mathcal{B} \oplus \mathcal{C})) \wedge (\neg(\mathcal{B} \oplus \mathcal{C}) \vee \mathcal{A}) \quad \text{括弧は必要最小限のみ} \quad (9)$$

$$\equiv (\neg \mathcal{A} \vee \mathcal{B} \wedge \neg \mathcal{C} \vee \neg \mathcal{B} \wedge \mathcal{C}) \wedge (\neg((\mathcal{B} \vee \mathcal{C}) \wedge (\neg \mathcal{B} \vee \neg \mathcal{C})) \vee \mathcal{A}) \quad (10)$$

$$\equiv (\neg \mathcal{A} \vee \mathcal{B} \wedge \neg \mathcal{C} \vee \neg \mathcal{B} \wedge \mathcal{C}) \wedge (\neg(\mathcal{B} \vee \mathcal{C}) \vee \neg(\neg \mathcal{B} \vee \neg \mathcal{C}) \vee \mathcal{A}) \quad (6)$$

$$\equiv (\neg\mathcal{A} \vee \mathcal{B} \wedge \neg\mathcal{C} \vee \neg\mathcal{B} \wedge \mathcal{C}) \wedge (\neg\mathcal{B} \wedge \neg\mathcal{C} \vee \neg\neg\mathcal{B} \wedge \neg\neg\mathcal{C} \vee \mathcal{A}) \qquad (6)$$

$$\equiv (\neg\mathcal{A} \vee (\mathcal{B} \wedge \neg\mathcal{C}) \vee (\neg\mathcal{B} \wedge \mathcal{C})) \wedge ((\neg\mathcal{B} \wedge \neg\mathcal{C}) \vee (\mathcal{B} \wedge \mathcal{C}) \vee \mathcal{A}) \qquad (7)$$

であるが,ここで行なった式の変形については次のことに注意したい.

$\equiv$ は等号 $=$ と同様に,任意の a, b, c に対して

(i) $a \equiv a$, (ii) $a \equiv b \Longrightarrow b \equiv a$, (iii) $a \equiv b$ かつ $b \equiv c \Longrightarrow a \equiv c$

という性質(この性質を同値関係といい,第 9 章で詳しく学ぶ)が成り立つので(ここで P $\Longrightarrow$ Q は「P ならば Q」を表す),$=$ と同様に

$$\mathcal{A} \vee (\mathcal{A} \wedge \mathcal{B}) \equiv (\mathcal{A} \vee \mathcal{A}) \wedge (\mathcal{A} \vee \mathcal{B}) \qquad \text{(分配律)}$$

$$\equiv \mathcal{A} \wedge (\mathcal{A} \vee \mathcal{B}) \qquad \text{(べき等律)}$$

$$\equiv \mathcal{A} \qquad \text{(吸収律)}$$

のように式を連ねてもよい.

問 1.15 (1) $\mathcal{A} \oplus \mathcal{B}$, $\mathcal{A} \to \mathcal{B}$, $\mathcal{A} \leftrightarrow \mathcal{B}$ を $\neg$ と $\wedge$ だけで表せ(論理的に等しい式として表せ).したがって,(16) を使えば $\neg$ と $\vee$ だけでも表すことができるので,すべての論理式は $\neg$ と $\wedge$ だけで,かつ $\neg$ と $\vee$ だけで表すことができる.

(2) 論理演算 $|$ と $\downarrow$ を $\mathcal{A} \mid \mathcal{B} \equiv \neg(\mathcal{A} \wedge \mathcal{B})$, $\mathcal{A} \downarrow \mathcal{B} \equiv \neg(\mathcal{A} \vee \mathcal{B})$ により定義する.$|$ を **NAND**(ナンド)(not and の意)といい,$\downarrow$ を **NOR**(ノア)(not or の意)という.$|$ だけですべての論理式を表すことができることを示せ.同様に,$\downarrow$ だけでもすべての論理式を表すことができる.

例 1.14 双対

(5) を示すために,まず (5) の前半 $\mathcal{A} \vee (\mathcal{A} \wedge \mathcal{B}) \equiv \mathcal{A}$ を証明しよう.

(i) $\mathcal{A} = \mathbf{T}$ の場合,$\mathcal{A} \vee (\mathcal{A} \wedge \mathcal{B}) \equiv \mathbf{T} \vee (\mathbf{T} \wedge \mathcal{B}) \equiv \mathbf{T} \vee \mathcal{B} \equiv \mathbf{T} = \mathcal{A}$ であり,

(ii) $\mathcal{A} = \mathbf{F}$ の場合,$\mathcal{A} \vee (\mathcal{A} \wedge \mathcal{B}) \equiv \mathbf{F} \vee (\mathbf{F} \wedge \mathcal{B}) \equiv \mathbf{F} \vee \mathbf{F} \equiv \mathbf{F} = \mathcal{A}$ である.よって,いずれにしても $\mathcal{A} \vee (\mathcal{A} \wedge \mathcal{B}) \equiv \mathcal{A}$ が成り立つ.このことと上記の枠内に示したことを合わせると,(5) の後半 $\mathcal{A} \wedge (\mathcal{A} \vee \mathcal{B}) \equiv \mathcal{A}$ が得られる.

(5) の前半と後半は $\wedge$ と $\vee$ を入れ替えたもの になっている.このような関係は (1)〜(6) についても成り立っていて,$\wedge$ と $\vee$ を入れ替えた論理式や論理同値な関係式の片方を他方の**双対**(そうつい)という.

問 1.16 上記の中でまだ証明していないもの $(1'), (6'), (8), (10)$ を証明せよ.$(1), (2), (7), (12), (15)$ は明らかである.

1.3 恒真論理式と論理同値性

例 1.15 論理式の同値変形

すでに論理同値であることがわかっている関係を使って $\models (A \to B \land C) \to (B \land \neg C \to \neg A)$ であることを証明してみよう．

$$
\begin{aligned}
&(A \to B \land C) \to (B \land \neg C \to \neg A) \\
&\equiv \neg(\neg A \lor (B \land C)) \lor (\neg(B \land \neg C) \lor \neg A) \quad &(9) \\
&\equiv (A \land \neg(B \land C)) \lor (\neg B \lor C) \lor \neg A \quad &(6)(7) \\
&\equiv (A \land \neg(B \land C)) \lor \neg B \lor C \lor \neg A \lor (\neg A \land \neg(B \land C)) \quad &(3)(5) \\
&\equiv (\neg(B \land C) \land A) \lor (\neg(B \land C) \land \neg A) \lor \neg B \lor C \lor \neg A \quad &(2) \\
&\equiv (\neg(B \land C) \land (A \lor \neg A)) \lor \neg B \lor C \lor \neg A \quad &(4) \\
&\equiv (\neg(B \land C) \land \mathbf{T}) \lor \neg B \lor C \lor \neg A \quad &(12) \\
&\equiv \neg(B \land C) \lor \neg B \lor C \lor \neg A \quad &(15) \\
&\equiv \neg B \lor \neg C \lor \neg B \lor C \lor \neg A \quad &(6) \\
&\equiv (\neg C \lor C) \lor (\neg B \lor \neg B) \lor \neg A \quad &(2)(3) \\
&\equiv \mathbf{T} \lor (\neg B \lor \neg A) \equiv \mathbf{T} \quad &(1)(3)(12)(15)
\end{aligned}
$$

変形の途中で交換律と結合律を何度も用いていることに注意する． □

問 1.17 A, B, C, D, E を命題変数とする．次のそれぞれは成り立つか？
(1) $\models \neg(A \leftrightarrow A) \to (A \to B)$　(2) $\models (A \to B) \to ((C \to D) \to (E \to E))$
(3) $A \lor \neg B \land \neg A \equiv (A \lor A \land \neg A) \lor \neg B$
(4) $A \to B \land \neg C \equiv (\neg A \lor \neg(C \lor \neg B)) \land D$

問 1.18 $\leftrightarrow, \to, \oplus, |$ がなくなるように同値変形せよ．結合律を有効に使え．
(1) $A \to (\neg(B \leftrightarrow C) \to A)$　(2) $(A \land \neg B) \oplus (\neg A \land B)$
(3) $(A \land \neg B) \oplus (\neg A \land B) \oplus (\neg A \land \neg B) \oplus (A \land B)$
(4) $((A \leftrightarrow B) \leftrightarrow ((C \leftrightarrow D) \leftrightarrow \neg B) \leftrightarrow A)$　(5) $\overbrace{A \mid A \mid \cdots \mid A}^{n \text{ 個の } A}$

● **もう少し進んだ勉強のために**

どんな論理式も**標準形**と呼ばれる特別な形で表すことができ，それによって証明や応用がしやすくなるので随所で用いられる．また，真理値 $\mathbf{F}, \mathbf{T}$ を $0, 1$ とみなすと論理式は**論理回路**（コンピュータなどの電子回路）を表し，命題論理は論理回路の設計に直に応用されるので，実用上もとても重要である．第 1 章の簡潔な補足（標準形や論理回路について）および総合問題とその解答は http://www.f.waseda.jp/moriya/books/EDM/ を参照されたい．

第2章

述　　　語

> F.L.G.Frege
> G.K.E.Gentzen
>
> (?!) 述語論理の始まりともいうべき量化子の概念に初めて言及したのはドイツの数学者フレーゲである（19 世紀後半）が，現在使われている量化子の記号 ∃ や ∀ はドイツの数学者ゲンツェンが 1935 年に提案したものである．∀ はドイツ語や英語の all の頭文字 A を反転させたもの，∃ はドイツ語の existieren や英語の exist の頭文字 E を反転させたものである．

　p：「n は偶数である」という陳述（主張）は，n が偶数なら **T** であり n が奇数なら **F** である．p は変数 n の値によって **T** であったり **F** であったりするので，命題ではない．しかし，数学やコンピュータサイエンスでは変数を使っていろんなことを表すので，前節のような命題に関する論理（命題論理という）をより一般化して変数を含む p のような陳述も論理的に考察できることがどうしても必要である．それがこの章で学ぶ**述語論理**である．

2.1　述語：真偽は変数の値で定まる

> 　集合 X の上を動く変数 x を含む陳述 $P(x)$ のことを**述語**といい，X を $P(x)$ の**定義域**という．もっと一般に，2 個の変数 x, y を含む述語は $Q(x, y)$ などで，n 個の変数 $x_1, \ldots, x_n$ を含む述語は $R(x_1, \ldots, x_n)$ などで表す．述語名 $P, Q, R, \ldots$ は自由に決めてよい．

例 2.1　述語の定義の仕方

　集合 X の上の n 変数の述語は，X に属す n 個の要素の間で成り立ったり成り立たなかったりするような性質とか関係とか条件とかを表している．例えば，整数 n についての性質「n は負でない」は整数の集合 $\mathbb{Z}$ の上で定義された 1 変数の述語（すなわち，定義域は $\mathbb{Z}$ である）

$$P(n) = \begin{cases} \mathbf{T} & (n \text{ が } 0 \text{ または正 } (n \geqq 0) \text{ のとき}) \\ \mathbf{F} & (n \text{ が負 } (n < 0) \text{ のとき}) \end{cases}$$

であり，3 個の正の実数 a, b, c に関する述語

$$Pythagoras(a, b, c) = \begin{cases} \mathbf{T} & (a^2 + b^2 = c^2 \text{ のとき}) \\ \mathbf{F} & (a^2 + b^2 \neq c^2 \text{ のとき}) \end{cases}$$

は，a, b, c が直角三角形の 3 辺の長さ（c が斜辺の長さ）となるための条件（a, b, c の間の関係）を表している．実数の集合を $\mathbb{R}$ とし，これらを簡潔に

$$P(n) : n \geq 0 \ (n \in \mathbb{Z}), \quad Pythagoras(a, b, c) : a^2 + b^2 = c^2 \ (a, b, c \in \mathbb{R})$$

（$n \in \mathbb{Z}$ や $a, b, c \in \mathbb{R}$ がわかっている場合には省略してよい．以下同様）とか，

$$P(n) \stackrel{\text{def}}{\iff} n \geq 0, \quad Pythagoras(a, b, c) \stackrel{\text{def}}{\iff} a^2 + b^2 = c^2$$

と書いて表す．$\stackrel{\text{def}}{\iff}$ は定義を表す記法である．n, a, b, c に定数を代入した $P(-12), Pythagoras(3, 4, 5)$ 等は命題となり，一部の変数を残すと述語のままである．例えば，$P(-12) = \mathbf{F}$ と $Pythagoras(3, 4, 5) = \mathbf{T}$ は命題であり，$Pythagoras(a, b, 5)$ は a, b を変数とする 2 変数の述語である．

問 2.1 整数の集合を $\mathbb{Z}$，実数の集合を $\mathbb{R}$ とする．x が集合 X の要素であること（ないこと）を $x \in X$（$x \notin X$）で表す（第 3 章参照）．適当な述語名と変数を用いて，次のことを述語として表せ．数式だけでなく日本語を用いてもよい．
(1) 実数でないこと．　(2) ある三角形の 3 つの内角であること．
(3) 有理数であること．　(4) 無限大である（どんな実数よりも大きい）こと．

2.2　「x が存在して」と「すべての x に対して」

ある整数の 2 乗であるような整数のことを**平方数**という．したがって，n が平方数であるとは $n = m^2$ となるような整数 m が存在することである．数学では，このような「・・・ が存在する」とか「すべての ・・・ に対して」とかいう言い方で命題や定義を表すことが常套手段である．そのための記法を導入しよう．

> 「任意の x に対して性質・関係・命題 $P(x)$ が成り立つ」ことを $\forall x P(x)$ で表す．$\forall$ は All の頭文字 A を（裏返して）上下逆さにしたもので**全称記号**という．また，$P(x)$ を成り立たせる x が存在することを $\exists x P(x)$ で表す．$\exists$ は Exist の頭文字 E を（裏返して）左右逆にしたもので**存在記号**という．
> 　$\forall x \in X$（X に属する任意の x について）とか，$\exists x \geq 0$（正の数 x が存在して）のように用いたり，$\forall$ や $\exists$ の適用範囲を明示するために $P(x)$ の部分を [ ] でくくって表すこともある．

例 2.2 存在記号や全称記号の使い方
有理数とは整数 $p, q \ (p \neq 0)$ を使って $\dfrac{q}{p}$ と表すことができる実数のことで

ある．したがって，x が有理数であることを表す述語 $Rational(x)$ は次のように表すことができる（問 2.1 (3) の答）：
$$Rational(x) \overset{\text{def}}{\Longleftrightarrow} \exists p \, \exists q \left[\left(x = \frac{q}{p} \right) \land (p, q \in \mathbb{Z}) \land (p \neq 0) \right].$$
また，問 2.1 (4) は
$$Infinite(x) \overset{\text{def}}{\Longleftrightarrow} \forall y \in \mathbb{R} \, [\, x > y \,]$$
と表すことができる． □

問 2.2 次のことを $\exists, \forall$ や $\neg, \land, \lor, \to$ などを使った論理式で表せ．
(1) n は平方数である． (2) x は 2 次方程式の実数解である．
(3) x, y が実数で $x^2 + y^2 = 0$ ならば $x = y = 0$ である．
(4) 任意の実数に対し，それよりも大きい実数が存在する．

● 記号の適用順（式の評価順）についてのルール

括弧がたくさんある式は見づらいので，括弧をできるだけ省略するために，記号の適用優先順位を次のように定めておく：

> 1. $\exists, \forall$ と変数を $\exists x, \forall y$ のように結合する．
> 2. そのあと，$+, -, =, \in, \geqq$ などを含む式を通常の優先順で評価する．
> 3. 最後に $\neg, \land, \lor, \to, \leftrightarrow$ をこの順に適用する．

例 2.3 見やすい式にする

(1) $\forall x \, [\, x \in \mathbb{N} \to x \geqq 0 \,]$ は $\forall x \, [\, (x \in \mathbb{N}) \to (x \geqq 0) \,]$ であり，「x が自然数なら $x \geqq 0$ である」を意味し，$\forall x \in \mathbb{N} \, [\, x \geqq 0 \,]$ と書いてもよい．また，「存在しない」ことを表す記号 $\not\exists$ を使って $\not\exists x \in \mathbb{N} \, [\, x < 0 \,]$ と表してもよい．

(2) $\forall x \in \mathbb{R} \, \forall y \in \mathbb{R} \, [\, x + y > 0 \land xy > 0 \to x > 0 \land y > 0 \,]$ は
$$\forall x \in \mathbb{R} \, [\, \forall y \in \mathbb{R} \, [\, ((x+y>0) \land (xy>0)) \to ((x>0) \land (y>0)) \,] \,]$$
から可能な限り括弧を省略した式であり，「和も積も正である 2 つの実数は，ともに正である」を表す．

(3) 「任意の実数 x に対し，$x + y = 0$ となる実数 y が存在する」ことは
$$\forall x \in \mathbb{R} \, [\, x + y = 0 \text{ となる } y \in \mathbb{R} \text{ が存在する} \,]$$
と表すことができるから，[ ] 内を存在記号を使って表すと
$$\forall x \in \mathbb{R} \, [\, \exists y \in \mathbb{R} \, [\, x + y = 0 \,] \,]$$
となる．このような場合，[ ] が重なるのを避けて
$$\forall x \in \mathbb{R} \; \exists y \in \mathbb{R} \, [\, x + y = 0 \,] \tag{2.1}$$

2.2 「x が存在して」と「すべての x に対して」

のように書く（(2) の [[ ]] も同じ理由による）．下線部は $\forall, \exists$ の出現順に

「<u>任意の $x \in \mathbb{R}$ に対して $y \in \mathbb{R}$ が存在して</u> [$\cdots$] が成り立つ」

と読む．したがって，$\forall, \exists$ の順序を入れ替えた

$$\exists y \in \mathbb{R}\, \forall x \in \mathbb{R}\, [\,x + y = 0\,] \tag{2.2}$$

は「ある実数 y が存在して，任意の実数 x に対して $x + y = 0$ となる」ことを表し，(2.1) と (2.2) は意味が異なる． ◻

問 2.3 (1) 例 2.3 (1), (2), (3) の論理式はつねに **T** か **F** の値をとるので命題である．**T** か？ **F** か？
(2) 式の意味を言い，違いを説明せよ．命題か？（命題の場合，**T** か？ **F** か？）
  (a) $\mathcal{A}_1 = \forall a \in \mathbb{R}\, \forall b \in \mathbb{R}\, [\,ax = b\,]$ と $\mathcal{A}_2 = \forall a \in \mathbb{R}\, \forall b \in \mathbb{R}\, \exists x \in \mathbb{R}\, [\,ax = b\,]$
  (b) $\mathcal{B}_1 = \forall a \in \mathbb{R}\, \forall b \in \mathbb{R}\, [\,ax \ne 0 \to ax = b\,]$ と $\mathcal{B}_2 = \forall a \in \mathbb{R}\, \forall b \in \mathbb{R}\, \exists x \in \mathbb{R}\, [\,ax \ne 0 \to ax = b\,]$ と $\mathcal{B}_3 = \forall a \in \mathbb{R}\, \forall b \in \mathbb{R}\, [\,\exists x \in \mathbb{R}[ax \ne 0] \to \exists x\, [ax = b]\,]$

> **例 2.4** 複合述語：述語を使って述語を表す

(1) $\mathbb{N}$ の上の 2 変数述語 $P(m, n)$ を

$$P(m, n) \stackrel{\text{def}}{\iff} m = n^2$$

と定義する．これを用いて，正整数に関する述語 $Q(m)$ を

$$Q(m) \stackrel{\text{def}}{\iff} \exists n\, P(m, n)$$

と定義すると，$Q(m)$ は「m は平方数である」ことを表す．また，

$$\forall m\, \exists n\, P(m, n)$$

は，「どんな自然数 m に対しても $m = n^2$ となる自然数が存在する」わけではないから，偽（**F**）な命題である．

(2) 正整数 x, y, z に関する 3 変数の述語 $R(x, y, z) \stackrel{\text{def}}{\iff} x = yz$ を考える．

$$S(x, y) \stackrel{\text{def}}{\iff} \exists z\, R(x, y, z)$$

は「x は y で割り切れる（y は x の約数）」を表す 2 変数の述語であり，

$$T(x) \stackrel{\text{def}}{\iff} \forall y\, [\,S(x, y) \to (y = 1 \lor y = x)\,]$$

（y が x の約数ならば y は 1 か x である．すなわち，x の約数は 1 と x 自身だけである）は「x は素数である」ことを表す述語である．一方，

$$\exists x\, T(x)$$

は「素数は存在する」を表す命題であり，x, y, z が正整数である場合には

$$\exists x\, \forall y\, [\,\exists z\, [x = yz] \to (y = 1 \lor y = x)\,]$$

と論理的に等しい． ◻

問 **2.4** 例 2.4 の P, Q, R, S, T を用いて，次のことを表す命題や述語を作れ．また，S, T を用いないものも示せ．
(1) 11 は素数である．　　(2) n は奇数である．
(3) 偶数は素数ではない．　(4) x と y は互いに素である．

問 **2.5** $P(x, y, z) : x = y + z$ とする．次のそれぞれはどんなことを表す述語か？命題か？（命題の場合，**T** か？ **F** か？）
(1) $\exists y \in \mathbb{R}\, \exists z \in \mathbb{R}\, P(x, y, z)$　　(2) $\forall x \in \mathbb{R}\, \exists y \in \mathbb{R}\, \forall z \in \mathbb{R}\, P(x, y, z)$
(3) $\exists y \in \mathbb{R}\, \exists z \in \mathbb{R}\, [P(x, y, z) \wedge P(y, z, 0)]$
(4) $\forall x \in \mathbb{R}\, [P(x, 0, 0) \to \exists y \in \mathbb{R}\, P(x, y, -y)]$

2.3 述語の論理同値性

$\mathcal{A} = \neg(\forall x\, P(x))$ と $\mathcal{B} = \exists x\, [\neg P(x)]$ を考えよう．$\mathcal{A}$ は「任意の x に対して $P(x)$ が成り立つわけではない」を表し，$\mathcal{B}$ は「$P(x)$ が成り立たないような x が存在する」を表すので，$\mathcal{A}$ が成り立つならば $\mathcal{B}$ も成り立つ．また，この逆「$P(x)$ が成り立たないような x が存在するならば，任意の x に対して $P(x)$ が成り立つわけではない」も成り立つので，$\mathcal{A}$ と $\mathcal{B}$ は論理的に等しい．

ここで注意したいのは，<u>x がどのような値を取る変数であるか（すなわち，$P(x)$ の定義域が何であるか）に関わりなくつねに成り立っている</u>ことである．また，$\mathcal{A}$ も $\mathcal{B}$ も命題であり（したがって，値として **T** か **F** を取る），$\mathcal{A}$ と $\mathcal{B}$ が論理的に等しいとは $\mathcal{A}$ の取る値と $\mathcal{B}$ の取る値がつねに等しいことである．このような場合，命題論理と同様に，$\mathcal{A} \equiv \mathcal{B}$ と書く（次の (i) がそれである）．

同様に，以下の (ii)～(vi) も成り立つ．

次の (i)～(vi) が成り立つ．もっと一般に，$P(x)$ は x 以外の変数も含む任意の述語であってもよく，$Q(x, y)$ は x, y 以外の変数も含む任意の述語であってもよい．

(i)　$\neg(\forall x\, P(x)) \equiv \exists x\, [\neg P(x)]$

(ii)　$\neg(\exists x\, P(x)) \equiv \forall x\, [\neg P(x)]$

(iii)　$\forall x\, P(x) \equiv \neg \exists x\, [\neg P(x)]$

(iv)　$\exists x\, P(x) \equiv \neg \forall x\, [\neg P(x)]$

(v)　$\forall x\, \forall y\, Q(x, y) \equiv \forall y\, \forall x\, Q(x, y)$

(vi)　$\exists x\, \exists y\, Q(x, y) \equiv \exists y\, \exists x\, Q(x, y)$

2.3 述語の論理同値性

問 2.6 (ii)〜(vi) が成り立つ理由を考えよ．特に，(v) については，$\forall x\,\forall y\,Q(x,y)$ は $\forall x\,[\forall y\,Q(x,y)]$ の省略形であることに注意して考察せよ．(vi) についても同様．

論理的に等しいことについて，あらためて，より一般的な定義をしよう．例 2.4(2) で述べたように特定の定義域に限れば論理的に等しい場合もあれば，任意の定義域において論理的に等しい場合もあることに注意したい．

---

n 個（$n \geq 0$）の変数 $x_1, \ldots, x_n$ に関する述語 $\mathcal{A} = P(x_1, \ldots, x_n)$ と $\mathcal{B} = Q(x_1, \ldots, x_n)$ を考えよう．任意の集合 $X_1, \ldots, X_n$ と任意の $x_1 \in X_n, \ldots, x_n \in X_n$ に対して $\mathcal{A}$ の値と $\mathcal{B}$ の値が等しいとき，$\mathcal{A}$ と $\mathcal{B}$ は**論理同値**である（論理的に等しい）といい，$\mathcal{A} \equiv \mathcal{B}$ と書く．

また，任意の $x_1 \in X_n, \ldots, x_n \in X_n$ に対して $\mathcal{A} = \mathbf{T}$（または $\mathcal{A} = \mathbf{F}$）であるとき，$\mathcal{A}$ は**恒真**（または**恒偽**）であるといい，$\models \mathcal{A}$（または $\models \neg \mathcal{A}$）で表す．

例 2.5 論理同値な述語

(1) x に関する述語 $P(x)$ と，x を変数として含んでいない述語 Q（x 以外の変数を含んでいるかもしれないが，明示していない）を考える．例えば，$\forall x\,[P(x) \wedge Q]$ において，Q は x と無関係だから，この論理式は $\forall x\,P(x) \wedge Q$ と論理同値である．このことはもっと一般に，x を含む（x 以外の変数も含んでいるかもしれない）述語 $\mathcal{A}(x)$ と，x を変数として含んでいない（x 以外の変数を含んでいるかもしれない）述語 $\mathcal{B}$ に対しても成り立つ（下記の (vii)）．同様に，下記の (viii)〜(x) が成り立つ．

$\mathcal{B}$ が変数 x を含んでいないとき，次のそれぞれが成り立つ：

(vii)　$\forall x\,[\mathcal{A}(x) \wedge \mathcal{B}] \equiv \forall x\,\mathcal{A}(x) \wedge \mathcal{B}$

(viii)　$\forall x\,[\mathcal{A}(x) \vee \mathcal{B}] \equiv \forall x\,\mathcal{A}(x) \vee \mathcal{B}$

(ix)　$\exists x\,[\mathcal{A}(x) \wedge \mathcal{B}] \equiv \exists x\,\mathcal{A}(x) \wedge \mathcal{B}$

(x)　$\exists x\,[\mathcal{A}(x) \vee \mathcal{B}] \equiv \exists x\,\mathcal{A}(x) \vee \mathcal{B}$

---

(2) 上述の (i)〜(x) は任意の定義域をもつ述語に対して成り立つものであるが，特定の定義域に制限したときにだけ論理的に等しい場合には $\equiv$ ではなく $\Longleftrightarrow$（必要十分条件）を用いるべきである．整数 x が整数 y を割り切ることを

$x \mid y$ で表すと，$x \mid y \iff \exists z \in \mathbb{Z}\,[y = xz]$ であり，x と y が互いに素であること（問 2.4 (4)）$P(x, y)$ は次のように表すことができる：

$P(x, y) \iff \forall z \in \mathbb{Z}\,[\,z \mid x \land z \mid y \to z = 1\,]$
$\iff \forall z \in \mathbb{Z}\,[\,\exists u \in \mathbb{Z}\,[x = uz] \land \exists v \in \mathbb{Z}\,[y = vz] \to z = 1\,]$. ■

$\forall$ や $\exists$ を含んでいる述語の**同値変形**（論理同値なもので置き換えていくこと）の際に有用な公式を，すでに述べた (i)～(x) に追加しておこう．$\mathcal{A}(x), \mathcal{B}(x)$ を任意の述語とし，$\mathcal{C}$ を命題とする．

> (xi) $\forall x \mathcal{A}(x) \land \forall x \mathcal{B}(x) \equiv \forall x\,[\mathcal{A}(x) \land \mathcal{B}(x)]$
>
> (xi$'$) $\mathcal{C}$ が x を含んでいないとき，$\exists x \mathcal{A}(x) \land \mathcal{C} \equiv \exists x\,[\mathcal{A}(x) \land \mathcal{C}]$
>
> (xii) $\exists x \mathcal{A}(x) \lor \exists x \mathcal{B}(x) \equiv \exists x\,[\mathcal{A}(x) \lor \mathcal{B}(x)]$
>
> (xii$'$) $\mathcal{C}$ が x を含んでいないとき，$\forall x \mathcal{A}(x) \lor \mathcal{C} \equiv \forall x\,[\mathcal{A}(x) \lor \mathcal{C}]$

例 2.6 論理同値な述語と恒真式/恒偽式

(1) (xi) について考えてみよう．任意の x に対して $\mathcal{A}(x)$ も $\mathcal{B}(x)$ も成り立つ（$\forall x\,[\mathcal{A}(x) \land \mathcal{B}(x)]$）ならば，任意の x に対して $\mathcal{A}(x)$ が成り立ち，かつ任意の x に対して $\mathcal{B}(x)$ も成り立つ（$\forall x\,[\mathcal{A}(x) \land \mathcal{B}(x)]$）から，恒真式

$$\models \forall x \mathcal{A}(x) \land \forall x \mathcal{B}(x) \to \forall x\,[\mathcal{A}(x) \land \mathcal{B}(x)]$$

が成り立つ．同様に，逆

$$\models \forall x\,[\mathcal{A}(x) \land \mathcal{B}(x)] \to \forall x \mathcal{A}(x) \land \forall x \mathcal{B}(x)$$

も成り立つから，

$$\models \forall x \mathcal{A}(x) \land \forall x \mathcal{B}(x) \leftrightarrow \forall x\,[\mathcal{A}(x) \land \mathcal{B}(x)]$$

が成り立つ（すなわち，任意の定義域において $\leftrightarrow$ の左右両辺がつねに同じ値をとる．換言すると，$\forall x \mathcal{A}(x) \land \forall x \mathcal{B}(x) \equiv \forall x\,[\mathcal{A}(x) \land \mathcal{B}(x)]$ が成り立つ）．

$\mathcal{C}$ は変数 x を含んでいないので $\forall x$ と無関係であるから，(xi$'$) が成り立つことは明らかであろう．

(2) 次の (xi$''$), (xii$''$) も成り立つが，その逆は成り立たない．

> (xi$''$) $\models \forall x \mathcal{A}(x) \lor \forall x \mathcal{B}(x) \to \forall x\,[\mathcal{A}(x) \lor \mathcal{B}(x)]$
>
> (xii$''$) $\models \exists x\,[\mathcal{A}(x) \land \mathcal{B}(x)] \to \exists x \mathcal{A}(x) \land \exists x \mathcal{B}(x)$

これらも (1) と同様に証明することができるので，(xi″) の逆が成り立たない例だけを考えてみよう．実数 x に関する述語

$$\mathcal{A}(x): x>0, \quad \mathcal{B}(x): x \leqq 0$$

を考える．どんな $x \in \mathbb{R}$ に対しても $x>0$ または $x \leqq 0$ が成り立つから $\forall x\,[\mathcal{A}(x) \vee \mathcal{B}(x)] = \mathbf{T}$ である．一方，任意の $x \in \mathbb{R}$ に対して $x>0$ が成り立つわけではないから $\forall x \mathcal{A}(x) = \mathbf{F}$ であり，また，任意の $x \in \mathbb{R}$ に対して $x \leqq 0$ が成り立つわけでもないから $\forall x \mathcal{B}(x) = \mathbf{F}$ である．したがって，$\forall x \mathcal{A}(x) \vee \forall x \mathcal{B}(x) = \mathbf{F}$ である．よって，$\forall x\,[\mathcal{A}(x) \vee \mathcal{B}(x)] \to \forall x \mathcal{A}(x) \vee \forall x \mathcal{B}(x) = \mathbf{F}$ であり，(xi″) の逆は成り立たない．

(3) (2) において，例えば $\forall x\,[\mathcal{A}(x) \vee \mathcal{B}(x)] \to \forall x \mathcal{A}(x) \vee \forall x \mathcal{B}(x) = \mathbf{F}$ であることから $\forall x\,[\mathcal{A}(x) \vee \mathcal{B}(x)] \to \forall x \mathcal{A}(x) \vee \forall x \mathcal{B}(x)$ は恒偽である，と考えてはいけない．なぜなら，この式が $\mathbf{F}$ になったのは定義域が $\mathbb{R}$ の場合であり，任意の定義域で $\mathbf{F}$ になるわけではないからである． ◻

問 2.7 (xii), (xii′) (xii″) が成り立つこと，および (xii″) の逆が成り立たないことを示せ．

次の公式も成り立つ．(xiv) は変数名の使い方に関するもので，数学ではこのような変数名の使い方を当たり前に行なうのでしっかり理解しておきたい．

(xiii) $\vDash \forall x \mathcal{A}(x) \to \exists x \mathcal{A}(x)$

(xiv) $\mathcal{A}(x)$ が変数 y を含んでいないとき，
$$\forall x \mathcal{A}(x) \equiv \forall y \mathcal{A}(y), \quad \exists x \mathcal{A}(x) \equiv \exists y \mathcal{A}(y)$$

(xv) $\mathcal{A}(x) \equiv \mathcal{B}(x) \Longrightarrow \forall x \mathcal{A}(x) \equiv \forall x \mathcal{B}(x)$,
$\mathcal{A}(x) \equiv \mathcal{B}(x) \Longrightarrow \exists x \mathcal{A}(x) \equiv \exists x \mathcal{B}(x)$
$\mathcal{A}(x), \mathcal{B}(x)$ は x を含んでいてもいなくてもよい

例 2.7 公式 (xiii)～(xv) について

以下の例ではわかりやすいように定義域を実数に限定したが，任意の定義域でも同様なことが成り立つ．

(xiii) もし「実数の集合 X に属すどの要素 x も正である」($\forall x \in X \subseteq \mathbb{R}\,[x>0]$) ならば，「$X$ には正の実数 x が存在する」($\exists x \in X \subseteq \mathbb{R}\,[x>0]$)．

(xiv) 実数の 2 乗が非負であることは,「任意の実数 x に対して $x^2 \geqq 0$ である」($\forall x \in \mathbb{R}\,[x^2 \geqq 0]$) と言っても,「任意の実数 y に対して $y^2 \geqq 0$ である」($\forall y \in \mathbb{R}\,[y^2 \geqq 0]$) と言っても同じである.　　□

問 2.8 (xv) が成り立つことを説明せよ.

> 1.3 節の公式 (1)〜(15) は命題 $\mathcal{A}, \mathcal{B}, \mathcal{C}$ に関するものであるが,$\mathcal{A}, \mathcal{B}, \mathcal{C}$ が述語であっても成り立つ.なぜなら,例えば,命題論理の $A \to B \equiv \neg A \lor B$ に対応する述語論理の $\forall x\,[\mathcal{A}(x) \to \mathcal{B}(x) \equiv \neg\mathcal{A}(x) \lor \mathcal{B}(x)]$(あるいは $\exists x\,[\mathcal{A}(x) \to \mathcal{B}(x) \equiv \neg\mathcal{A}(x) \lor \mathcal{B}(x)]$)の真偽は,任意の x に対して(あるいは,ある x が存在して)$\mathcal{A}(x) \to \mathcal{B}(x) \equiv \neg\mathcal{A}(x) \lor \mathcal{B}(x)$ の両辺 $\mathcal{A}(x) \to \mathcal{B}(x)$ と $\neg\mathcal{A}(x) \lor \mathcal{B}(x)$ が同じ真理値を取るかどうかだけで定まり,$A \to B \equiv \neg A \lor B$ の真偽がその両辺 $A \to B$ と $\neg A \lor B$ が同じ真理値を取るかどうかだけで定まるのと同じだからである.

例 2.8 論理的に正しい事柄は恒真論理式で表すことができる

命題論理では表すことができないようなことも述語論理では表すことができる.例えば,「どんな男も勇猛というわけではない」と「勇猛でない男がいる」とは論理的に等しいことを言っている.このことを,論理式を使って表し同値変形をすることによって示そう.$P(x)$ と $Q(x)$ を x に関する述語とし,論理式
$$\mathcal{A} = \neg\forall x\,(P(x) \to Q(x)), \quad \mathcal{B} = \exists x\,(P(x) \land \neg Q(x))$$
を考える.公式 (i) により
$$\mathcal{A} = \neg\forall x\,[P(x) \to Q(x)] \equiv \exists x\,[\neg(P(x) \to Q(x))]$$
である.一方,1.3 節の公式 (9) $A \to B \equiv \neg A \lor B$,(6) ド・モルガンの法則,(7) 二重否定により
$$\neg(P(x) \to Q(x)) \equiv \neg(\neg P(x) \lor Q(x)) \equiv P(x) \land \neg Q(x)$$
であるから,公式 (xv) により
$$\exists x\neg(P(x) \to Q(x)) \equiv \exists x(P(x) \land \neg Q(x)) = \mathcal{B}$$
が導かれ,結局 $\mathcal{A} \equiv \mathcal{B}$ であることが示された.特に,
$$P(x) \overset{\mathrm{def}}{\iff} x \text{ は男性である},\quad Q(x) \overset{\mathrm{def}}{\iff} x \text{ は勇猛である}$$
と定義すると,$\mathcal{A}$ は「どんな男も勇猛というわけではない」を表し,$\mathcal{B}$ は「勇猛でない男がいる」を表す.　　□

問 2.9 「政治家は嘘つきで嘘つきは泥棒の始まりだから,政治家は泥棒の始まりだ」を述語で表し,その真偽を論ぜよ.

第3章

集　　合

> **?** $x \in X$ の記号 $\in$ はギリシャ語の be 動詞 3 人称単数 $\varepsilon\iota\nu\alpha\iota\varepsilon\nu\alpha$ の頭文字からとったという説がある．空集合を表す記号 $\emptyset$ はギリシャ文字の ϕ（ファイ）ではなく，ノルウェイ文字である（ヴェイユ^{A.Weil}が 1939 年に用いたのが最初）．集合を $\{\cdots\}$ で表す記法の由来は不明である．$\cup$（カップ）を最初に用いたのはペアノ^{G.Peano}らしい（『数の概念について』，1902 年）．$\cap$（キャップ）は $\cup$ との対比から使われるようになったらしいが，形が帽子に似ているのが「キャップ」と呼ばれる理由である．

　現代数学は（もちろん離散数学も）集合という概念なしに語ることはできないので，用語や記法について習熟しておこう．

3.1 集合の表し方

> 　簡単にいうと**集合**とは「モノの集まり」のことである．その個々の「モノ」をその集合の**元**とか**要素**という．本書では主として「元」を用いる．x が集合 X の元であることを $x \in X$ とか $X \ni x$ で表し，x が X の元でないことは $x \notin X$ とか $X \not\ni x$ で表す．

例 3.1　$x \in X$ のとき，x は X に**含まれる**とか X に**属す**ともいう
　E を偶数の集合とすると，2 は偶数であるから E の元（E の要素，$2 \in E$，$E \ni 2$）であり，1 は偶数でないから E に属さない（E に含まれない，$1 \notin E$，$E \not\ni 1$）． □

> 　集合 X が条件 $P(x)$ を満たす元 x の集まりであるとき，
> $$X = \{x \mid P(x)\} \quad \text{とか} \quad X = \{x \in Y \mid P(x)\}$$
> と書く（後者は x を Y の元に限定する場合）．
> 　また，複数の条件 $P_1(x), \ldots, P_k(x)$ をカンマ (,) で区切って並べた場合には，「$P_1(x)$ かつ $\cdots$ かつ $P_k(x)$」であることを表す．

例 3.2　集合のいろいろな表し方
　$\{\text{整数}\, n \mid n \geq 0,\, n^2 \leq 5\} = \{0, 1, 2\}$ である．この右辺のように，集合 X の

元すべてを $a, b, \ldots, z$ と列挙できるときには $X = \{a, b, \ldots, z\}$ と書く．このとき，元の並び順はどうでもよい．例えば，$\{a, b, c\}$ と $\{b, a, c\}$ は同じ集合である．また，$\{a, a, b, c\}$ のように同じ元を重複して書くこともしない． ■

例 3.3　集合はどのようなモノの集まりであってもよい

$\{AN, apple, 3, \triangle, 5^{-6}, 山\}$ のように性質が異なるモノの集まりであってもよい． ■

元を1つも含んでいない集合を **空集合**(くう)といい，記号 $\emptyset$ で表す．

すべての **自然数**（本書では自然数に 0 を含める）の集合，すべての **整数** の集合，すべての **有理数** の集合，すべての **実数** の集合をそれぞれ $\mathbb{N}$, $\mathbb{Z}$, $\mathbb{Q}$, $\mathbb{R}$ で表す：

自然数の集合　$\mathbb{N} = \{0, 1, 2, 3, \ldots\}$
整数の集合　　$\mathbb{Z} = \{\ldots, -3, -2, -1, 0, 1, 2, 3, \ldots\}$
有理数の集合　$\mathbb{Q} = \{\frac{q}{p} \mid p \in \mathbb{Z}, p \neq 0, q \in \mathbb{Z}\}$
実数の集合　　$\mathbb{R} = \{x \mid x \text{ は実数}\}$

● **実数の区間**　　実数の区間は次のように表す．

$(a, b) = \{x \in \mathbb{R} \mid a < x < b\}$,　　$(a, b] = \{x \in \mathbb{R} \mid a < x \leqq b\}$
$[a, b) = \{x \in \mathbb{R} \mid a \leqq x < b\}$,　　$[a, b] = \{x \in \mathbb{R} \mid a \leqq x \leqq b\}$
$(-\infty, b) = \{x \in \mathbb{R} \mid x < b\}$,　　$[a, \infty) = \{x \in \mathbb{R} \mid a \leqq x\}$ など．

3.2　集合の代数：いろんな性質

この節では，集合の間の関係の表し方，集合に関する演算，集合がもつ様々な性質などについて学ぶ．これらは集合を使いこなすために必要な基本知識である．

● **集合の間の包含関係**

集合 X の元がすべて Y の元でもあるとき，X を Y の **部分集合** といい，$X \subseteq Y$ （あるいは $Y \supseteq X$）と書く．特に，$X \subseteq Y$ かつ X に属さない Y の元 y が存在するとき，X は Y の **真部分集合** であるといい，$X \subsetneq Y$ （あるいは $Y \supsetneq X$）と書く．

2つの集合 X と Y が等しい（$X = Y$）とは $X \subseteq Y$ かつ $Y \subseteq X$ が成り立つことである．これは当たり前の事実だが，大事なことである．

例 3.4　$X \subseteq Y$ のとき，Y は X を含む（X は Y に含まれる）ともいう

$\mathbb{N} \subseteq \mathbb{Z}$ かつ $-1 \in \mathbb{Z}$, $-1 \notin \mathbb{N}$ であるから $\mathbb{N} \subsetneq \mathbb{Z}$ すなわち $\mathbb{N}$ は $\mathbb{Z}$ の真部分集合である．また，$\mathbb{Z}$ は $\mathbb{Q}$ の真部分集合，$\mathbb{Q}$ は $\mathbb{R}$ の真部分集合である．換言すると，$\mathbb{Z}$ は $\mathbb{Q}$ に真に含まれ，$\mathbb{R}$ は $\mathbb{Q}$ を真に含んでいる．

問 3.1　$\mathbb{Q}$ を真に含み，$\mathbb{R}$ に真に含まれる集合の例を示せ．

● 集合の上の演算

集合 X と集合 Y の和（和集合），差（差集合），共通部分（積集合）をそれぞれ $X \cup Y$, $X - Y$（あるいは $X \setminus Y$），$X \cap Y$ で表す．また，ある1つの集合 U を固定してその部分集合のみを考える場合，$U - X$ を U に関する X の補集合といい，$\overline{X}$ で表す．U が文脈から明らかな場合には明示しない．

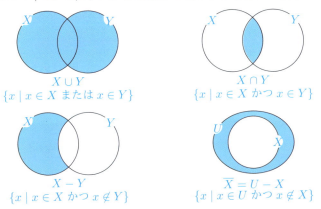

集合の間の関係を表す上のような図をベン図という．

例 3.5　集合演算

(1) $\emptyset = \mathbb{N} \cap \overline{\mathbb{N}} = \mathbb{N} - \mathbb{N} \subsetneq \{0\} \ni 0 \notin \{\emptyset\}$. $0, \{0\}, \emptyset, \{\emptyset\}$ の違いに注意しよう．

(2) $\mathbb{R}_{\geqq 0} = \{x \in \mathbb{R} \mid x \geqq 0\}$, $\mathbb{R}_{>0} = \{x \in \mathbb{R} \mid x > 0\}$ と定義しよう．この記法を使えば，例えば，

$$\mathbb{R} = \mathbb{R}_{\geqq 0} \cup \{-x \mid x \in \mathbb{R}_{>0}\} = (-\infty, \infty), \quad \mathbb{R}_{>0} = \mathbb{R}_{\geqq 0} - \{0\} = (0, \infty),$$
$$\overline{\mathbb{R}_{\geqq 0}} = \{-x \mid x \in \mathbb{R}_{>0}\} = (-\infty, 0), \qquad \mathbb{R}_{\geqq 0} \cap \overline{\mathbb{R}_{>0}} = \{0\}$$

である．区間による表し方も記した．

(3) 任意の集合 A, B に対して，次の**ド・モルガンの法則**が成り立つ：

$$\overline{(A \cup B)} = \overline{A} \cap \overline{B}, \quad \overline{(A \cap B)} = \overline{A} \cup \overline{B}.$$

なぜなら，任意の $x \in \overline{(A \cup B)}$ を考えると，補集合の定義より $x \notin (A \cup B)$ である．よって，和集合の定義より，$x \notin A$ かつ $x \notin B$ である．ゆえに，$x \in \overline{A}$ かつ $x \in \overline{B}$ が成り立ち，このことと共通部分の定義より $x \in \overline{A} \cap \overline{B}$ である．以上より，$\overline{(A \cup B)} \subseteq \overline{A} \cap \overline{B}$ が示された．

以上述べたことは簡潔に

$$\begin{aligned} x \in \overline{(A \cup B)} &\implies x \notin (A \cup B) & \text{(補集合の定義)} \\ &\implies x \notin A \text{ かつ } x \notin B & \text{(和集合の定義)} \\ &\implies x \in \overline{A} \text{ かつ } x \in \overline{B} & \text{(補集合の定義)} \\ &\implies x \in \overline{A} \cap \overline{B} & \text{(共通部分の定義)} \\ \therefore \ \overline{(A \cup B)} &\subseteq \overline{A} \cap \overline{B} \end{aligned}$$

と書くとわかりやすい．

逆の包含関係 $\overline{A} \cap \overline{B} \subseteq \overline{(A \cup B)}$ も同様に証明することができ，これらの結果を合わせて $\overline{(A \cup B)} = \overline{A} \cap \overline{B}$ の証明を終わる． ∎

集合の演算 $\cup, \cap, \overline{}, \triangle$ は論理演算 $\vee, \wedge, \neg, \oplus$ に対応していて，論理式と同様なことが成り立つ．ただし，$A \triangle B = (A-B) \cup (B-A)$．

(i) $A \cap B = B \cap A$, $A \cup B = B \cup A$, $A \triangle B = B \triangle A$ （可換律（交換律））

(ii) $A \cap (B \cap C) = (A \cap B) \cap C$
 $A \cup (B \cup C) = (A \cup B) \cup C$ （結合律）
 $A \triangle (B \triangle C) = (A \triangle B) \triangle C$

(iii) $A \cap (B \cup C) = (A \cap B) \cup (A \cap C)$
 $A \cup (B \cap C) = (A \cup B) \cap (A \cup C)$ （分配律）

(iv) $\overline{A \cap B} = \overline{A} \cup \overline{B}$
 $\overline{A \cup B} = \overline{A} \cap \overline{B}$ （ド・モルガンの法則）

(v) $A \triangle B = (A \cap \overline{B}) \cup (\overline{A} \cap B) = (A \cup B) \cap (\overline{A} \cup \overline{B})$
 $\overline{A \triangle B} = (A \cap B) \cup (\overline{A} \cap \overline{B})$ （対称差）

3.2 集合の代数：いろんな性質

例 3.6 対称差 $A \triangle B$（$A \oplus B$ とも書く）の性質

(1) 上記の (v) を証明しよう．まず，$x \in (A-B) \iff x \in A$ かつ $x \notin B$ であることは明らかなので，$A - B = A \cap \overline{B}$ である．したがって，

$$\begin{aligned}
A \triangle B &= (A-B) \cup (B-A) = (A \cap \overline{B}) \cup (\overline{A} \cap B) \\
&\stackrel{\text{分配律}}{=} ((A \cap \overline{B}) \cup \overline{A}) \cap ((A \cap \overline{B}) \cup B) \\
&\stackrel{\text{分配律}}{=} ((A \cup \overline{A}) \cap (\overline{B} \cup \overline{A})) \cap ((A \cup B) \cap (\overline{B} \cup B)) \\
&\stackrel{\text{下記注}}{=} (\overline{B} \cup \overline{A}) \cap (A \cup B) \stackrel{\text{可換律}}{=} (A \cup B) \cap (\overline{A} \cup \overline{B}) \\
\overline{A \triangle B} &= \overline{(A \cup B) \cap (\overline{A} \cup \overline{B})} \stackrel{\text{ド・モルガンの法則}}{=} \overline{(A \cup B)} \cup \overline{(\overline{A} \cup \overline{B})} \\
&\stackrel{\text{ド・モルガンの法則}}{=} (\overline{A} \cap \overline{B}) \cup (\overline{\overline{A}} \cap \overline{\overline{B}}) = (\overline{A} \cap \overline{B}) \cup (A \cap B)
\end{aligned}$$

が成り立つ．ここで，任意の集合 X, Y に対して，$(X \cup \overline{X}) \cap Y = Y$, $\overline{\overline{X}} = X$ であることに注意しよう．

(2) $A \triangle B$ をベン図で表す（右図）と，(1) で示したことがヴィジュアルに理解できるであろう． ∎

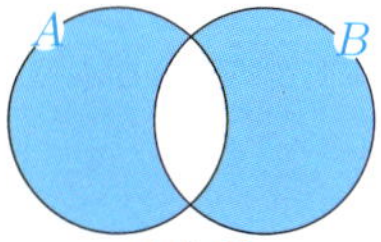

問 3.2 (1) ド・モルガンの法則 (iv) を一般化した $\overline{A \cup B \cup C} = \overline{A} \cap \overline{B} \cap \overline{C}$, $\overline{A \cap B \cap C} = \overline{A} \cup \overline{B} \cup \overline{C}$ が成り立つことを示せ．
(2) ベン図を描いて (v) を証明せよ．

問 3.3 $A \subseteq B$ ならば $\overline{B} \subseteq \overline{A}$ であることを示せ．

集合を元とするような集合のことを**集合族**という．集合 X の部分集合すべてからなる集合族を X の**べき集合**といい，2^X とか $\mathcal{P}(X)$ とか，ドイツ文字 P の花文字を使って $\mathfrak{P}(X)$ で表す．本書では「べき集合」として 2^X を使う：$2^X = \{A \mid A \subseteq X\}$．

有限個の元しか含んでいない集合を**有限集合**といい，そうでないものを**無限集合**という．有限集合 X の元の個数を $|X|$ で表す．X が有限集合ならば $|2^X| = 2^{|X|}$ が成り立つ（証明は第 7 章の例 7.5 (1)）．

例 3.7 集合の元の個数

(1) $|\{0,1\}| = 2$, $|2^{\{0,1\}}| = |\{\{0,1\}, \{0\}, \{1\}, \emptyset\}| = 4$.
(2) $|\emptyset| = 0$, $|2^\emptyset| = |\{\emptyset\}| = 1$.

(3) $|2^{\{0\}}| = |\{\{0\}, \emptyset\}| = 2$, $|\{2^{\{0\}}\}| = |\{\{\{0\}, \emptyset\}\}| = 1$.

$2^{\{0\}}$ は集合 $\{0\}$ と $\emptyset$ を 2 つの元とする '集合の集合' (=集合族) $\{\{0\}, \emptyset\}$ であるのに対し，$\{2^{\{0\}}\}$ は集合族 $\{\{0\}, \emptyset\}$ だけを元とする "集合族の集合"（=「'集合の集合' の集合」．これも集合族という）であるという違いに注意したい．

(4) 集合 $\{0, 1\}$, $2^{\{0,1\}}$, $\emptyset$, $2^{\emptyset}$, $2^{\{0\}}$, $\{2^{\{0\}}\}$ はどれも有限集合であるが，$\mathbb{N}, \mathbb{Z}, \mathbb{Q}, \mathbb{R}$ はいずれも無限集合である．また，$2^{\mathbb{N}}$ なども無限集合である． □

問 3.4 次の集合 X は有限集合か？ 無限集合か？ 有限集合の場合，元を列挙して，$|X|$ を求めよ．$\overline{\mathbb{Z}(4)}$ は $\mathbb{Z}$ の補集合とする．

(1) $2^{\{a,b,c\}}$ (2) $\mathbb{R} \cap (\mathbb{Q} \cup \mathbb{Z})$ (3) $2^{2^{\{a,b\}}}$
(4) $\{|\emptyset|, |\{0\}|, |\{1,2\}|, |\{3,4,5\}|\}$ (5) $\mathbb{N} - \mathbb{Z}$
(6) $\mathbb{Z}(n) = \{z \in \mathbb{Z} \mid z \geqq n\}$ のとき，(a) $\mathbb{Z}(0)$, (b) $\mathbb{Z}(-1) - \mathbb{Z}(2)$, (c) $\mathbb{Z}(-3) \cap \overline{\mathbb{Z}(4)}$

● **和積原理，包除原理**

A, B, C が有限集合のとき，

(1) $|A \cup B| = |A| + |B| - |A \cap B|$,

(2) $|A \cup B \cup C| = |A| + |B| + |C| - |A \cap B|$
$\qquad - |B \cap C| - |C \cap A| + |A \cap B \cap C|$

が成り立つ．これを和積原理とか包含と排除の原理（包除原理）という．

(1) について（左下図参照）：$|A| + |B|$ は $A \cap B$（斜線部分）の元を重複して数えているので，それを差し引くと $A \cup B$ の元の個数 $|A \cup B|$ が得られる．

(2) について（右下図参照）：$|A| + |B| + |C|$ は $A \cap B, B \cap C, C \cap A$ の部分（3つの ◯ の部分）の元を 2 度カウントしている．特に，$A \cap B \cap C$（中央の斜線部分）は 3 度カウントされている．そこで，$|A \cap B|, |B \cap C|, |C \cap A|$ を $|A| + |B| + |C|$ から引くと，$A \cap B \cap C$ の部分は 3 度引かれるので結局カウントされていないことになる．よって，この部分の元の個数 $|A \cap B \cap C|$ を加えると $A \cup B \cup C$ の元の個数が得られる．

(1) 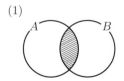   (2)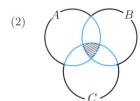

3.2 集合の代数：いろんな性質

例 3.8 ベン図と包除原理

次の問題を考えよう．

『ある大学の数学科 1 年の学生数は 80 名である．第 2 外国語は選択科目で，ドイツ語 (D)，フランス語 (F)，ロシア語 (R) のどれかを選択できる（1 つも選択しなくてもよいし，2 つ以上選択してもよい）．履修人数の調査をしたところ，D, F, R の履修者の延べ人数は 93 人で，D, F, R のすべてを履修している学生は 3 人，2 つ以上を履修している学生は 15 人であった．D, F, R のどれも履修していない学生は何人か？』

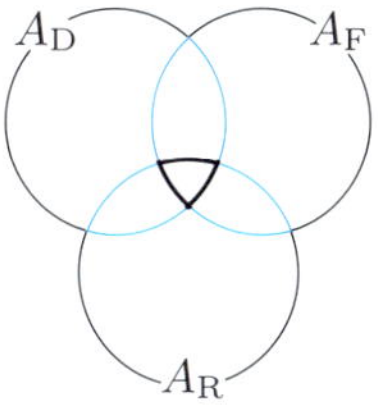

D, F, R それぞれを円で表した右図のようなベン図を考えると，3 つの ◯ の部分はそれぞれ 2 科目の履修者の集合を表し，中央の ⬠ は 3 科目すべての履修者の集合を表している．

D, F, R の履修者の集合をそれぞれ A_D, A_F, A_R とすると，$|A_D| + |A_F| + |A_R| = 93$，$|A_D \cap A_F \cap A_R| = 3$ である．2 つ以上を履修している人数は $|A_D \cap A_F| + |A_F \cap A_R| + |A_R \cap A_D| - 2|A_D \cap A_F \cap A_R| = 15$ 人であるから，D, F, R のどれかを履修している人数は

$$\begin{aligned}
&|A_D \cup A_F \cup A_R| \\
&= |A_D| + |A_F| + |A_R| - |A_D \cap A_F| - |A_F \cap A_R| - |A_R \cap A_D| \\
&\qquad + |A_D \cap A_F \cap A_R| \\
&= |A_D| + |A_F| + |A_R| \\
&\qquad - (|A_D \cap A_F| + |A_F \cap A_R| + |A_R \cap A_D| - 2|A_D \cap A_F \cap A_R|) \\
&\qquad - |A_D \cap A_F \cap A_R| \\
&= 93 - 15 - 3 = 75 \, (人)
\end{aligned}$$

である．よって，D, F, R のどれも選択していない学生の人数は $80 - 75 = 5$ 人である．　□

問 3.5 (1) 例 3.8 において，ドイツ語とフランス語の両方を履修している学生は 7 人，ドイツ語とロシア語の両方を履修している学生は 5 人，ドイツ語だけを履修している学生は 18 人，フランス語だけを履修している学生 25 人であった．ドイツ語，フランス語，ロシア語それぞれの履修人数を求めよ．

(2) 1 から 100 までの整数のうち，2, 3, 5 のどれかで割り切れるものは何個あるか？

3.3 直積:組にして表す

集合は単に要素(元)の集まりであるから $\{x,y\} = \{y,x\}$ であるが,2つの要素 x, y に順序を定めた一組を (x, y) で表す.この場合,$x \neq y$ なら $(x,y) \neq (y,x)$ である.

> 一般に,n 個の要素 $x_1, x_2, \ldots, x_n$ にこの順で順序を定めた一組を $(x_1, x_2, \ldots, x_n)$ で表し,**n-項組**とか **n-タップル** (n-tupple) という.特に,$n = 2$ のとき (x_1, x_2) を**順序対**という.
>
> $(x_1, \ldots, x_n)$ と $(y_1, \ldots, y_n)$ の同等性を
> $$(x_1, \ldots, x_n) = (y_1, \ldots, y_n) \overset{\text{def}}{\iff} (x_1 = y_1) \text{ かつ} \cdots \text{かつ } (x_n = y_n)$$
> によって定義する.

> n 個の集合 $A_1, \ldots, A_n$ それぞれから 1 つずつ元 $a_1, \ldots, a_n$ を取ってきて作った $(a_1, \ldots, a_n)$ すべてからなる集合
> $$A_1 \times \cdots \times A_n = \{(a_1, \cdots, a_n) \mid a_i \in A_i \ (i = 1, \ldots, n)\}$$
> を $A_1, \ldots, A_n$ の**直積**とか**デカルト積**という(本書では'直積'を使う).特に,$A_1 = \cdots = A_n = A$ のとき $A_1 \times \cdots \times A_n$ を A^n と略記して A の **n 乗**という.$A^1 = A$ である.
> $A^1, A^2, \ldots, A^n, \ldots$ 等を総称して A の**累乗**という.

例 3.9 直積
(1) $\{a, b\} \times \{c\} = \{(a, c), (b, c)\}$ (2) $\{a\} \times \{a\} = \{(a, a)\}$
(3) $\{0, 1\}^2 = \{0, 1\} \times \{0, 1\} = \{(0, 0), (0, 1), (1, 0), (1, 1)\}$

問 3.6 次の直積集合の元を列挙せよ.(1) $\{a\}^3$ (2) $\{a, b\}^3$ (3) $(\{0, 1\}^2)^2$

> 次の関係式が成り立つ.A, B, C, D を任意の集合とする.
> (1) $A \times (B \cup C) = (A \times B) \cup (A \times C)$.
> (1') $A \times (B \cap C) = (A \times B) \cap (A \times C)$.
> (2) $A \times B \subseteq C \times D \iff A \subseteq C$ かつ $B \subseteq D$.
> 　特に,$A \times B = C \times D \iff A = C$ かつ $B = D$.

(3) A, B が有限集合のとき，$|A \times B| = |A| \times |B|$.
(4) A が有限集合で n が正整数のとき，$|A^n| = |A|^n$.

例 3.10 直積の性質

(1) 上記の性質のうち，(1), (1′) 以外はほとんど明らかであろう．(1) を証明しよう．(1′) は問とする．

$$\begin{aligned}
(x,y) \in A \times (B \cup C) &\iff x \in A \text{ かつ } y \in B \cup C \\
&\iff x \in A \text{ かつ } (y \in B \text{ または } y \in C) \\
&\iff (x \in A \text{ かつ } y \in B) \text{ または } (x \in A \text{ かつ } y \in C) \\
&\iff (x,y) \in A \times B \text{ または } (x,y) \in A \times C \\
&\iff (x,y) \in (A \times B) \cup (A \times C)
\end{aligned}$$

が成り立つので $A \times (B \cup C) = (A \times B) \cup (A \times C)$ である．

(2) $|\{0,1\} \times \{a,b,c\}| = |\{(0,a),(1,a),(0,b),(1,b),(0,c),(1,c)\}| = 6$.

(3) $|\{\mathbf{F},\mathbf{T}\}^3| = |\{\mathbf{F},\mathbf{T}\} \times \{\mathbf{F},\mathbf{T}\} \times \{\mathbf{F},\mathbf{T}\}|$
$= |\{(\mathbf{F},\mathbf{F},\mathbf{F}),(\mathbf{F},\mathbf{F},\mathbf{T}),(\mathbf{F},\mathbf{T},\mathbf{F}),(\mathbf{F},\mathbf{T},\mathbf{T}),(\mathbf{T},\mathbf{F},\mathbf{F}),$
$(\mathbf{T},\mathbf{F},\mathbf{T}),(\mathbf{T},\mathbf{T},\mathbf{F}),(\mathbf{T},\mathbf{T},\mathbf{T})\}| = 8$.

問 3.7 次は成り立つか？
(1) $A \times (B \times C) = (A \times B) \times C$
(2) $A \times (B \cap C) = (A \times B) \cap (A \times C)$
(3) $(A \cup B) \times (C \cup D) = (A \times C) \cup (B \times D)$
(4) $(A \cap B) \times (C \cap D) = (A \times C) \cap (B \times D)$

● **もう少し進んだ勉強のために**

離散数学では有限集合（あるいは，無限集合の $\mathbb{N}$ や $\mathbb{Z}$）を扱うことが多いが，それはこれらの集合では元が離散的に（すなわち，連続的にではなく，とびとびに）存在するからである．無限集合の元の個数は $1, 2, \ldots$ と数えることができないが，"個数" という概念を一般化したものを**濃度**といい，$\mathbb{N}$ や $\mathbb{Z}$ や $\mathbb{Q}$ の濃度（**可算無限の濃度**という）は等しく，$\mathbb{R}$ の濃度（**連続の濃度**という）とは異なることが知られている．無限集合と濃度については

http://www.f.waseda.jp/moriya/books/DM/sec1.3.2.pdf

を参照されたい．

第4章

関　　　数

> ?! 関数の概念は 17 世紀後半にニュートン(I.Newton)やライプニッツ(G.W.Leibniz)が微積分を発見したときに生まれた．ライプニッツは実行・遂行・作用といった意味のラテン語 functio を基に 1694 年に funtction という語を生み出した（「数」とは無関係）．日本には中国で function の音を漢字化した「函数（ハンシュウ）」が明治時代に輸入されたが，戦後当用漢字（現：常用漢字）になったときに音が同じ「関数」に変わってしまった．関数を $y=f(x)$ のように最初に表したのはオイラー(L.Euler)である（1735 年頃）．

　現代数学は集合と関数なしに語ることはできない．この章では，それほど重要な関数の基礎について学ぶ．

4.1　関数や写像は対応のこと

> 　集合 X のどの元にも 集合 Y のある元が 1 つだけ 対応しているとき，この対応のことを X から Y への**関数**あるいは**写像**という（本書では，主として「関数」を用いる）．f が X から Y への関数であることを
> $$f : X \to Y$$
> と書き表し，X を f の**定義域**（$\mathrm{Dom} f$ で表す）といい，Y を f の**ターゲット**という．また，f によって X の元 x に Y の元 y が対応づけられていることを
> $$f : x \mapsto y \quad \text{とか} \quad f(x) = y \quad (\text{または } x \mapsto f(x))$$
> と書き表す．$f(x)$ を x の**像**という．また，$A \subseteq X$ に対し，A の元を f によって写した像の集合 $\{f(a) \mid a \in A\}$ を $f(A)$ で表す．$f(X)$ を f の**値域**といい，$\mathrm{Range} f$ とか $\mathrm{Im} f$ で表す（$f(X)$ のことを X の像といい，Y のことを f の値域ということもある）．一般に，$f(A) \subseteq f(X) \subseteq Y$ である．

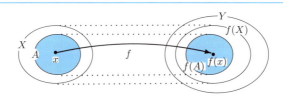

4.2 単射・全射・全単射と逆関数

例 4.1 関数の定義域・像

(1) 実数 x にその絶対値 $|x|$ を対応させる（写す）関数 abs は
$$abs : \mathbb{R} \to \mathbb{R} \text{ s.t. } abs(x) = |x| \quad （または x \mapsto |x|）$$
と書く．s.t. … は「… を満たす」を表す (such that の省略形). abs の定義域は $\mathbb{R}$ ($\mathrm{Dom}\, abs = \mathbb{R}$) であり, ターゲットも $\mathbb{R}$ であり, 値域は $\mathbb{R}_{\geqq 0} = \{x \in \mathbb{R} \mid x \geqq 0\}$ ($\mathrm{Range}\, abs = \mathbb{R}_{\geqq 0}$) であり, $abs(\mathbb{Z}) = \{abs(z) \mid z \in \mathbb{Z}\} = \mathbb{N}$ である.

(2) 整数 z を偶数 $2z$ に写す関数 $even$ の定義域は $\mathbb{Z}$ であり，値域は偶数の集合 $\{2z \mid z \in \mathbb{Z}\}$ である．また，$even(\{0,1,2,3\}) = \{0,2,4,6\}$ であり，$even(\{0\}) = \{0\}$ である（$even(0) = 0$ との違いに注意しよう）．

(3) 実数 x に x の実数平方根を対応させる対応 f を考えよう．$x < 0$ に対して $\sqrt{x}$ は定義されないし，$x > 0$ には 2 つの実数 $\sqrt{x}$ と $-\sqrt{x}$ が対応するので，この対応 f は $\mathbb{R}$ から $\mathbb{R}$ への関数ではない．

f の定義域を $\mathbb{R}_{\geqq 0}$ に制限 ($f : \mathbb{R}_{\geqq 0} \to \mathbb{R}$) しても，$x \in \mathbb{R}_{\geqq 0}$ に $\sqrt{x}$ と $-\sqrt{x}$ が対応することに変わりはない．ただし，このように 2 個以上のものが対応する場合，**多価関数**と呼んで，関数のように扱うこともある． □

問 4.1 次の対応 $f_1 \sim f_6$ は関数か？ 関数の場合，その定義域と値域を求めよ．関数でない場合，関数になるように定義域を変更せよ．
 (1) $f_1(x) = \sin x \ (x \in \mathbb{R})$ (2) $f_2 : \mathbb{R} \times \mathbb{R} \to \mathbb{R}$ s.t. $(x,y) \mapsto x^2 + y^2$
 (3) $f_3 : \mathbb{R} \to \mathbb{R}$ s.t. $x \mapsto \log x$ (4) $x \in \mathbb{R}$ に $f_3(x)/f_1(x)$ を対応させる f_4
 (5) 実数 x, y, z に対し，それを昇順に並び替えたものを対応させる f_6
 (6) 自然数 n と m に対し，互いに素なら **T**，そうでなかったら **F** を対応させる f_5

4.2 単射・全射・全単射と逆関数

$f : X \to Y$ を関数とする．X の任意の元 x_1, x_2 に対して
$$f(x_1) = f(x_2) \implies x_1 = x_2$$
（換言すれば，$x_1 \neq x_2 \implies f(x_1) \neq f(x_2)$）であるとき，すなわち，$X$ の異なる点には Y の異なる点が対応しているとき，f を**単射**あるいは **1 対 1 の関数**という．また，任意の $y \in Y$ に対して $f(x) = y$ となる $x \in X$ が存在するとき，f を**全射**あるいは**上への関数**という．全射かつ単射である関数を**全単射**という．

f が単射なら $f(X) \subseteq Y$ であり，f が全射なら $f(X) = Y$ であり，f が全単射なら $|X| = |Y|$ である．

例 4.2 有限関数の単射・全射・全単射

(1) $A = \{1,2,3,4\}$, $B = \{x,y,z\}$ とし，関数 $f : A \to B$ は $f(1) = x$, $f(2) = y, f(3) = z, f(4) = z$ であるとする．f は全射であるが，$f(3) = f(4)$ だから f は単射でない（一般に，$|A| > |B|$ ならば，A から B へのどんな関数 f' も単射にはならない）．

(2) $C = \{1,2,3\}$, $D = \{a,b,c,d\}$ とし，関数 $g : C \to D$ は $g(1) = a, g(2) = b$, $g(3) = c$ であるとする．g は単射であるが，$g(x) = c$ となる $x \in C$ が存在しないので g は全射ではない（一般に，$|C| < |D|$ ならば，C から D へのどんな関数 g' も全射にはならない）．

(3) $E = \{1,2,3\}$, $F = \{p,q,r\}$ とし，関数 $h : E \to F$ は $h(1) = p, h(2) = q$, $h(3) = r$ であるとする．h は全単射である（一般に，E から F への全単射が存在する必要十分条件は $|E| = |F|$ が成り立つことである．したがって，$|E| \neq |F|$ ならば，E から F への全単射は存在しない）．

(4) 有限集合 A から A への全単射 π を A の**置換**といい，$A = \{a_1, \ldots, a_n\}$ であるとき $\pi = \begin{pmatrix} a_1 & \cdots & a_n \\ \pi(a_1) & \cdots & \pi(a_n) \end{pmatrix}$ で表す（一般に，A から A への関数が全単射であることと全射であることと単射であることは同値である）． ■

問 4.2 例 4.2 (1)〜(4) の括弧内のこと（一般に，…）を証明せよ．

問 4.3 ジャンケンの勝者を表す関数 $J : \{$ グー，チョキ，パー $\}^2 \to \{$ グー，チョキ，パー，あいこ $\}$ は単射か？ 全射か？ 全単射か？

例 4.3 有限とは限らない関数の単射・全射・全単射

(1) 定義域 X の任意の元 $x \in X$ に対して $id_X(x) = x$ であるような関数 id_X を**恒等関数**という．恒等関数は単射である．特に，定義域と値域が等しい恒等関数は全単射である．

例えば，$\mathbb{R}$ から $\mathbb{R}$ への恒等関数 $id_\mathbb{R}(x) = x$ $(x \in \mathbb{R})$ は全単射である．

(2) 実数 x に対し，x の**床** $\lfloor x \rfloor$ および x の**天井** $\lceil x \rceil$ とは，次のように定義される $\mathbb{R}$ から $\mathbb{Z}$ への関数である：

$\lfloor x \rfloor = x$ 以下の最大の整数， $\lceil x \rceil = x$ 以上の最小の整数

例えば，$\lfloor 3.2 \rfloor = 3$, $\lfloor -3.2 \rfloor = -4$, $\lceil 3.2 \rceil = 4$, $\lceil -3.2 \rceil = -3$ である．

どんな $n \in \mathbb{Z}$ にも $\lfloor x \rfloor = n$ かつ $\lceil x \rceil = n$ となる $x \in \mathbb{R}$ が存在する（例えば，$x = n$ のとき）から，$\lfloor \ \rfloor$ も $\lceil \ \rceil$ も $\mathbb{Z}$ の上への関数（全射）である．しかし，例えば $\lfloor 1.0 \rfloor = \lfloor 1.23 \rfloor = 1$ であるから，$\lfloor \ \rfloor$ は 1 対 1（単射）ではない．同様に，$\lceil -1.0 \rceil = \lceil -1.23 \rceil = -1$ であるから，$\lceil \ \rceil$ も 1 対 1（単射）ではない．

日本の高校では $\lfloor x \rfloor$ を $[x]$ と書いて**ガウス記号**と呼ぶが，日本やドイツ以外ではあまり使われない．

(3) (a) $f(x) = x^2$ で定義された $\mathbb{R}$ から $\mathbb{R}$ への関数 f は，$x < 0$ ならば $x \notin f(\mathbb{R})$ だから全射でないし，$x \neq 0$ ならば $x \neq -x$ にもかかわらず $f(x) = f(-x)$ であるから単射でもない．

(b) f の定義域を負でない実数 $\mathbb{R}_{\geqq 0}$ に制限した関数 $f|_{\mathbb{R}_{\geqq 0}}$ は 1 対 1 だが $\mathbb{R}$ の上への関数ではない．

(c) $f|_{\mathbb{R}_{\geqq 0}}$ の値域を $\mathbb{R}_{\geqq 0}$ に制限すると $\mathbb{R}$ の上への関数になるので，1 対 1 かつ上への関数すなわち全単射になる． □

問 4.4 次の関数は単射か？ 全射か？ いずれでもないか？
(1) $f_1(x) = 1 - x^2$ $(x \in [0, \sqrt{2}])$ (2) $f_2 : \mathbb{R} \to \mathbb{R}$ で $f_2(x) = \sqrt{|f_1(x)|}$
(3) $g : \mathbb{R} \to \mathbb{Z}$ s.t. $g(x) = \begin{cases} \lfloor x \rfloor & (x \geqq 0 \text{ のとき}) \\ -\lfloor -x \rfloor & (x < 0 \text{ のとき}) \end{cases}$.
(4) 一夫一婦制の下で，h : 男の集合 → 女の集合 s.t. $m \mapsto$ 'm の妻'

問 4.5 ある小学校の児童の集合を X，児童の実の父親の集合を Y とする．X から Y への対応 $g : x \mapsto$「x の実の父親」は関数である．g は単射か？ 全射か？ 全単射か？ そうでない場合，単射/全射/全単射になる条件を求めよ．

> $f : X \to Y$ が全単射であれば，任意の $y \in Y$ に対して $f(x) = y$ となる $x \in X$ がちょうど 1 つだけ存在するので，y に x を対応させる関数を考えることができる．これを f^{-1} で表し，f の**逆関数（逆写像）**という：
> $$f^{-1} : Y \to X; \quad f^{-1}(y) = x \iff f(x) = y.$$

例 4.4 逆関数
(1) $\mathbb{R}$ から $\mathbb{R}$ への関数 $f(x) = 2x - 1$ は全単射であるから逆関数
$$f^{-1}(x) = \frac{x+1}{2}$$

が存在する．

一般に，$\mathbb{R}$ から $\mathbb{R}$ への関数 $f(x)$ が全単射の場合，$y = f(x)$ とおいて x について解くと y の関数 $x = g(y)$ が得られる．これが f の逆関数である．$y = f(x)$ と $y = g(x) = f^{-1}(x)$ を xy-平面に描くと $y = x$ に関して対称な曲線になる（右図参照）．

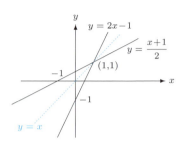

(2) 例 4.3 (3) (c) で述べたように，$\mathbb{R}_{\geqq 0}$ から $\mathbb{R}_{\geqq 0}$ への関数 $f(x) = x^2$ は全単射だから逆関数 $f^{-1}(x) = \sqrt{x}$ が存在する．このとき，$f^{-1}(f(x)) = f^{-1}(x^2) = \sqrt{x^2} = x$ である．実は，任意の定義域 X 上で定義された任意の全単射な関数 $\varphi : X \to X$（φ は全単射なので値域も X になる）に対し，$\varphi^{-1}(\varphi(x))$ も $\varphi(\varphi^{-1}(x))$ も恒等関数である：
$$\varphi^{-1}(\varphi(x)) = \varphi(\varphi^{-1}(x)) = id_X(x) \quad (x \in X)$$

(3) 英小文字に英大文字を対応させる関数 $Cap : \{a, b, c, \ldots, x, y, z\} \to \{A, B, C, \ldots, X, Y, Z\}$ は全単射であり，その逆関数 Cap^{-1} は英大文字に英小文字を対応させる関数である：
$$Cap(a) = A, \quad Cap(b) = B, \quad \ldots, \quad Cap(z) = Z;$$
$$Cap^{-1}(A) = a, \quad Cap^{-1}(B) = b, \quad \ldots, \quad Cap^{-1}(Z) = z$$
□

問 4.6 次の関数の中で逆関数が存在するものはどれか？
(1) $f(x) = 3x^3 - x$ で (a) $f : \mathbb{Z} \to \mathbb{Z}$ の場合, (b) $f : \mathbb{R} \to \mathbb{R}$ の場合
(2) $f(x) = 3x^3 - 2$ で (a) $f : \mathbb{Z} \to \mathbb{Z}$ の場合, (b) $f : \mathbb{R} \to \mathbb{R}$ の場合

問 4.7 次の対応の逆対応を示し，逆関数が存在すれば求めよ．
(1) $f : \mathbb{R} \to \mathbb{R}$ で $f(x) = \sqrt{|1 - x^2|}$
(1′) $f' : \mathbb{R} \to \mathbb{R}$ で $f'(x) = $「$|1 - x^2|$ の平方根」
(1″) $f'' : [-1, 1] \to [0, 1]$ で $f''(x) = \sqrt{|1 - x^2|}$
(2) 正整数の対 (m, n) に m を n で割った余りを対応させる対応 mod
(3) 女の集合から男の集合への対応 $husband : w \mapsto $ 'w の夫'

4.3 合成：2つの関数を結合する

すでに定義されている2つ（以上）の関数を合成して新しい関数を定義することはしばしば使われる有用な手法である．

4.3 合成：2つの関数を結合する

> 関数 $f: X \to Y$ と $g: Y \to Z$ が与えられたとき，
> $$g \circ f: X \to Z \text{ s.t. } x \mapsto g(f(x))$$
> により定義された関数 $g \circ f: X \to Z$ を f と g の**合成**という．

例 4.5 関数の合成

$\mathbb{R}$ から $\mathbb{R}$ への関数 $f(x) = x+1$, $g(x) = 2x$, $h(x) = x^3$ を考えよう．

(1) $g \circ f(x) = g(f(x)) = g(x+1) = 2(x+1)$.

(2) $f \circ g(x) = f(g(x)) = f(2x) = 2x+1$.

(3) $h \circ h(x) = h(h(x)) = h(x^3) = x^9$.

(4) $(f \circ (g \circ h))(x) = f((g \circ h)(x)) = f(g(h(x))) = f(g(x^3)) = f(2x^3) = 2x^3 + 1$ である．一方，$((f \circ g) \circ h)(x) = (f \circ g)(h(x)) = f(g(h(x)))$ でもあるから，$f \circ (g \circ h)(x) = (f \circ g) \circ h(x)$ が成り立っている．

(5) 合成した関数の逆関数を考えてみよう．(2) より，$(f \circ g)^{-1}(x) = \frac{x-1}{2}$ が得られる．一方，
$$(g^{-1} \circ f^{-1})(x) = g^{-1}(f^{-1}(x)) = g^{-1}(x-1) = \frac{x-1}{2}$$
であるから，$(f \circ g)^{-1} = g^{-1} \circ f^{-1}$ が成り立っている．

(6) 同じ関数を繰り返し合成してみよう．

$(f \circ f)(x) = f(f(x)) = f(x+1) = x+2$ である．一方，$(f \circ (f \circ f))(x) = f((f \circ f)(x)) = f(x+2) = x+3$ である． □

問 4.8 次の関数 f と g を合成し，$(f \circ g)^{-1}$ を求めよ．

(1) $\mathbb{Z}$ から $\mathbb{Z}$ への関数 $f: n \mapsto -n$ と $g: n \mapsto n-1$

(2) $f: \mathbb{R} \to [-1, 1]$ s.t. $f(x) = \sin x$ と $g: \mathbb{R} \to \mathbb{R}$ s.t. $g(x) = 2x$. ただし，$\sin x$ ($x \in \mathbb{R}$) は単射ではないが，定義域を $-\frac{\pi}{2} \leq x \leq \frac{\pi}{2}$ に制限すると全単射になるので逆関数が存在する．この逆関数を $\arcsin x$ で表す ($\mathrm{Sin}^{-1}(x)$ と表すこともある)．

(3) $\mathbb{R}_{>0}$ から $\mathbb{R}_{>0}$ への関数 $f(x) = 2^x$ と $g(x) = \log x$

例 4.5 の (4), (5), (6) は次のように一般化できる．

> (4) 任意の全単射な関数 f, g, h に対して
> $$f \circ (g \circ h)(x) = (f \circ g) \circ h(x) \qquad \text{(結合律)}$$
> が定義域の任意の元 x に対して成り立つ．よって，合成はどのような順序で行なっても等しい関数（「等しい」の意味は次項参照）が得られる．

(5) 全単射である任意の関数 f, g に対して
$$(f \circ g)^{-1} = g^{-1} \circ f^{-1} \qquad (*)$$
が成り立つ. $(*)$ のように，関数 φ と ψ が定義域の任意の元 x に対して $\varphi(x) = \psi(x)$ であるとき，φ と ψ は**等しい**といい，
$$\varphi = \psi$$
と書く.

(6) 一般に，自然数 n と任意の全単射な関数 φ に対して，
$$\varphi^n = \overbrace{\varphi \circ (\cdots \varphi \circ (\varphi \circ \varphi) \cdots)}^{n\text{ 個の }\varphi}$$
と定義する（φ の **n 乗**ということもある）.

例 4.6 合成関数の逆関数，関数の n 乗

(1) $h(x) = x-1$, $g(x) = 2x$, $h(x) = \frac{x}{3}$ のとき，
$$\underline{(f \circ (g \circ h))(x)} = \underline{f(g(h(x)))} = f(g(\tfrac{x}{3})) = f(\tfrac{2x}{3}) = \tfrac{2x}{3} - 1$$
であるが，合成の順序を変えても同じ関数が得られる：
$$\underline{((f \circ g) \circ h)(x)} = (f \circ g)(h(x)) = \underline{f(g(h(x)))}.$$

(2) $A = \{a, b\}$, $B = \{1, 2\}$, $C = \{大, 小\}$ とし，$f : A \to B$, $g : B \to C$ が
$$f(a) = 1,\ f(b) = 2,\ g(1) = 小,\ g(2) = 大$$
と定義されているとき，
$$(g \circ f)(a) = g(f(a)) = g(1) = 小,$$
$$(g^{-1} \circ (g \circ f))(b) = g^{-1}((g \circ f)(b)) = g^{-1}(g(f(b)))$$
$$= g^{-1}(g(2)) = g^{-1}(大) = 2$$
である．したがって，
$$(g \circ f)^{-1}(小) = a,\ (g^{-1} \circ (g \circ f))^{-1}(2) = b$$
であるが，次のように計算しても同じ結果になる：
$$(g \circ f)^{-1}(小) = (f^{-1} \circ g^{-1})(小) = f^{-1}(g^{-1}(小)) = f^{-1}(1) = a,$$
$$(g^{-1} \circ (g \circ f))^{-1}(2) = ((g \circ f)^{-1} \circ (g^{-1})^{-1})(2)$$
$$= ((g \circ f)^{-1} \circ g)(2) \qquad (\because (g^{-1})^{-1} = g)$$
$$= ((f^{-1} \circ g^{-1}) \circ g)(2) \qquad (\because 上記 (*))$$

4.3 合成：2つの関数を結合する

$$= (f^{-1} \circ (g^{-1} \circ g))(2) \quad (\because \text{ 結合律})$$
$$= f^{-1}(id_B(2)) \qquad (\because g^{-1} \circ g = id_B)$$
$$= f^{-1}(2) = b.$$

(3) 例 4.5 の f ($f(x) = x + 1$) に対して，$f^n(x) = x + n$ である．

(4) 結合律 (∗) を適用することにより，任意の全単射な関数 f と任意の正整数 m, n に対して $f^m \circ f^n = f^{m+n}$, $(f^m)^n = f^{mn}$ が一般に成り立つ． □

問 4.9 関数 f は集合 $\{(x, f(x)) \mid x \in \mathrm{Dom} f\}$ によって表すことがある．例えば，$A := \{1, 2, 3, 4, 5\}$, $f : A \to A$ で $f = \{(1, 5), (2, 4), (3, 2), (4, 3), (5, 1)\}$ であるとき，次のそれぞれを，存在すれば求めよ．
(1) $\mathrm{Dom} f$ (2) $\mathrm{Range} f$ (3) f^{-1}
(4) $f \circ ((f^{-1} \circ (f \circ f \circ f) \circ f^{-1})(5)$ (5) $f^4(5)$

● **2 変数以上の関数の合成**

$f_i : X^m \to Y$ ($1 \leqq i \leqq n, m \geqq 1$), $g : Y^n \to Z$ のとき，これらの関数の合成 $g(f_1, \ldots, f_n) : X^m \to Z$ を次のように定義する：

$$g(f_1, \ldots, f_n)(x_1, \ldots, x_m) = g(f_1(x_1, \ldots, x_m), \ldots, f_n(x_1, \ldots, x_m))$$

例 4.7 多変数関数の合成
(1) f が1変数関数の場合，$f(g)$ は $f \circ g$ にほかならない．
(2) $\otimes(x, y) = xy$, $f(x) = x^3$, $g(x) = 2x + 1$ と定義したとき，
$\otimes(f, g)(x) = \otimes(f(x), g(x)) = \otimes(x^3, 2x+1) = x^3(2x+1)$.
(3) $\ominus(x, y) = \frac{x}{y}$ と定義したとき，$\tan x = \ominus(\sin, \cos)(x)$.
(4) 正整数 m, n の最小公倍数，最大公約数を値にとる関数をそれぞれ $\gcd(m, n)$, $\mathrm{lcm}(m, n)$ で表す．$\mathrm{lcm}(m, n) \cdot \gcd(m, n) = mn$ が成り立つが，これは $\otimes(\mathrm{lcm}, \gcd)(m, n) = mn$ と表すことができる． □

問 4.10 次の値を求めよ．
(1) $sqrt(x) = \sqrt{x}$ ($x \in \mathbb{R}_{>0}$) とするとき，$sqrt \circ \otimes(\otimes, \ominus)(x, y)$
(2) 2 数 x, y の小さい方（または，大きい方）を値にとる関数を $\min(x, y)$ (または，$\max(x, y)$) とするとき，$\max(\min, \max)(x, y)$
(3) 定義域の任意の元 x に対して $f(x) = c$ であるような関数を**定数関数**といい，定数 c 自身を関数名として使う（すなわち，任意の x に対して $c(x) = c$)．上記の 2 変数以上の関数の合成において，g や f_i ($1 \leqq i \leqq n$) は定数関数であってもよい．このとき，$\mathrm{lcm}(\gcd, 3)(4, 5)$

4.4 いろいろな関数

● **特性関数**

集合 X を固定しておいて，その部分集合 A に対する**特性関数**とは，次のように定義される関数 $\chi_A : X \to \{0, 1\}$ のことである．

$$\chi_A(x) = \begin{cases} 1 & (x \in A \text{ のとき}) \\ 0 & (x \notin A \text{ のとき}) \end{cases}$$

逆に，χ_A が与えられれば $A = \{x \mid \chi_A(x) = 1\}$ が定まるので，X の部分集合 A とその特性関数 χ_A は同じものと考えてよい．

例 4.8 特性関数

(1) $X = \{a, b, c\}$, $A = \{a, c\}$ のとき，$\chi_A(b) = 0$, $\chi_A(a) = \chi_A(c) = 1$ であり，$A = \{x \in X \mid \chi_A(x) = 1\}$ である．

(2) $A = [0, 1]$, $B = (\frac{1}{2}, 1]$ のとき，右図は関数 $\chi_B : A \to \{0, 1\}$ のグラフである．

(3) 集合 A, B に対して
$$\chi_{A \cap B} = \chi_A \chi_B$$
が成り立つ．

問 4.11 χ_A, χ_B で表せ．　(1) $\chi_{A \cup B}$　(2) χ_{A-B}　(3) $\chi_{\overline{A}}$

● **射影**

直積 $X_1 \times \cdots \times X_n$ の元 $(x_1, \ldots, x_n)$ の特定の**成分** x_i を取り出す関数を**射影**といい，π_i で表す：

$$\pi_i : X_1 \times \cdots \times X_n \to X_i \text{ s.t. } (x_1, \ldots, x_n) \mapsto x_i$$

例 4.9 射影

(1) $\pi_2(1.23, 2.0, 0.3) = 2.0$　(2) $\pi_1(\pi_2, \pi_3)(a, b, c) = \pi_1(b, c) = b$

(3) m, n の最大公約数 $\gcd(m, n)$ と最小公倍数 $\mathrm{lcm}(m, n)$ の間には $\mathrm{lcm}(m, n) = \frac{mn}{\gcd(m,n)}$ という関係があるので，最小公倍数は
$$\mathrm{lcm}(m, n) = \oslash(\otimes(\pi_1, \pi_2), \gcd)(m, n)$$
と表すことができる．

4.4 いろいろな関数

問 4.12 値(数値または集合)を求めよ.
(1) $\max(\pi_1, \pi_5)(3, 7, 2, 1, 5)$
(2) 集合 X, Y に対する $\pi_1(X \times Y) \times \pi_2(X \times Y)$
(3) 関数 $y = f(x)$ $(x \in \mathbb{R})$ のグラフは集合 $f = \{(x, f(x)) \mid x \in \mathbb{R}\}$ を図示したものである(問 4.9 (1) 参照). (a) $\pi_1(f)$ (b) $\pi_2(f)$

> ● **単調関数**
>
> 実数関数 $f : \mathbb{R} \to \mathbb{R}$ は,任意の実数 x, y に対して「$x < y$ ならば $f(x) \leqq f(y)$」が成り立つとき**単調増加**であるといい,任意の x, y に対して「$x < y$ ならば $f(x) < f(y)$」が成り立つとき**狭義単調増加**であるという.$\leqq, <$ をそれぞれ $\geqq, >$ に置き換えて,**単調減少**,**狭義単調減少**が定義される.
>
> 実数関数に限らず,順序が定義されている定義域と値域をもつ関数に対しては同様に単調性が定義される(順序については第 10 章参照).

例 4.10 単調関数

(1) 放物線 $f(x) = x^2$ $(x \in \mathbb{R})$ は区間 $(-\infty, 0]$ で狭義単調減少,区間 $[0, \infty)$ で狭義単調増加である.

(2) 実数 x に対して $ladder(x) = \lfloor x \rfloor$ と定義された関数(**階段関数**という)は,n を整数とする区間 $[n, n+1)$ で定数関数であり(広義の 単調増加でもある),区間 $(-\infty, \infty)$ では単調増加である(狭義単調増加ではない).

(3) f, g がともに(狭義の)単調増加/単調減少関数ならば,任意の x, y に対して

$$x \leqq y \implies f \text{ の単調性より } f(x) \leqq f(y)$$
$$\implies g \text{ の単調性より } g(f(x)) \leqq g(f(y))$$

であるから,f と g の合成関数も(狭義の)単調増加/単調減少関数である. □

問 4.13 (狭義の)単調増加あるいは単調減少関数か?
(1) $y = |x|$ $(x \in \mathbb{R})$ (2) $p : \mathbb{N} \to \mathbb{N}$ s.t. $f(n) = $ 'n 以下の素数の個数'
(3) $y = n|\sin \frac{n}{2}\pi|$ $(n \in \mathbb{N})$ (4) $down\_ladder(x) = -\lceil x \rceil$ $(x \in \mathbb{R})$
(5) $f : \mathbb{R} \to \mathbb{R}$ が(狭義)単調増加で全単射のとき,f^{-1}

第5章

数え上げ

> **(?!)** この章でも登場する「n 個のものの中から r 個を取り出す組合せの個数」を日本の中学や高校では $_nC_r$ と書く（C は combination の頭文字）．しかし，米欧（や日本でも大学の数学科）では $\binom{n}{r}$ または $C(n,r)$ と書き，$_nC_r$ は使わない．同様に，順列の個数 $_nP_r$ の代わりに世界では $P(n,r)$ などが使われる（P は permutation の頭文字）．重複組合せ $_nH_r$ も日本独自のものである．さらにいうと，「実数 x 以下の最大の整数」を日本の高校では $[x]$ と書くが，これも日本とドイツ（ガウス J.C.F.Gauß が使ったから）くらいでしか使われない記法である．本書で使う $\lfloor x \rfloor$ が世界で通用する記法である（「x 以上の最小の整数」は $\lceil x \rceil$ で表す）．

離散数学で扱う対象は整数のような離散的なものであり，特に有限個の場合が多い．そのような場合，ある条件を満たす対象が何個あるかを知りたいことがしばしば起こる．この章では，そのような「数え上げ」の基礎について学ぶ．

5.1 順列：順序を付けて並べる

> n 個の元からなる集合 Ω から r 個の相異なる元を取り出して並べたものを "Ω から（または，n 個から）r 個を取り出した**順列**" という．
>
> n 個から r 個を取り出す順列の総数 $_nP_r$ は $n(n-1)(n-2)\cdots(n-r+1)$ である：
>
> $$_nP_r = n(n-1)(n-2)\cdots(n-r+1) = \frac{n!}{(n-r)!}$$
>
> ただし，$0! = 1$ であると定義する．
>
> 特に，n 個のものを並べた順列の総数は $_nP_n = n!$ である．

Ω から最初の 1 個を取り出す取り出し方は n 通りある．この元を Ω から取り去った残りの中から 1 個取り出す取り出し方は $n-1$ 通りある．これを元を Ω から取り去った残りの中から 1 個取り出す取り出し方は $n-2$ 通りある．このように考えていくと，$_nP_r = n(n-1)(n-2)\cdots(n-r+1)$ であることがわかる．

例 5.1 順列

(1) 3 科目の試験をどの 2 つも同じ日とならないように日曜日以外の 1 週間に割当てる方法は，$_6P_3 = 6 \times 5 \times 4 = 120$ 通りある．

(2) 文字 a, A, b, B, c, C の 6 個を全部使ってできる長さが 4 の文字列の個数を求めよう．ただし，同じ文字は 1 回しか使わないとし，先頭の文字は大文字であるとする．

先頭の文字として使えるのは A, B, C の 3 通りある．2 文字目以降の 3 文字は先頭に使った大文字以外の 5 個から選ぶので，その方法は先頭に選んだ文字ごとに $_5P_3 = 5 \times 4 \times 3 = 60$ 通りある．よって，求める文字列の個数は全部で $3 \times 60 = 180$ 通りある．

(3) 男子 A, B, C と女子 a, b, c が 1 列に並び，A と a が隣り合うように並ぶことを考える．隣り合う A と a をまとめて 1 人とみなすと，並び方は 5 人を並べる順列の総数 $_5P_5 = 5! = 120$ 通りに等しい．その並び方それぞれに対し，A, a の並び方は $_2P_2 = 2! = 2$ 通りあるので，求める並び方は $120 \times 2 = 240$ 通りである．

(4) ABCDEFG の 7 文字を 1 列に並べるとき，A, C, E, G がこの順にあるものは何通りあるか考えよう．A, C, E, G を同じ文字（○としよう）と考え，残り 3 文字との順列を作ると，○を 4 個含む 7! 通りの順列の中で 4 個の○がなす順列は 1 通り（A, C, E, G の順のもの）しか数えないので，重複する順列の個数 4! で割った $\frac{7!}{4!} = 210$ が求める順列の個数である． □

問 5.1 次のものの個数を求めよ．
(1) 電話番号の下 4 桁で各数字が全部違うものの個数
(2) 例 5.1 (2) において，末尾の文字も大文字であるような文字列の個数
(3) 例 5.1 (3) において，両端に男子がくる個数
(4) 9×9 の将棋盤に将棋の駒 '飛車' を 9 個並べて，どの 2 つも攻撃しないようにする方法の数．飛車は縦方向と横方向に自由に動くことができる．

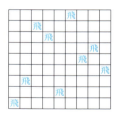

● 円順列

> 異なる n 個のものを円形に並べたものを n 個のものの**円順列**といい，その個数は $(n-1)!$ である．

A, B, C, D の 4 人（一般には n 人）を円形に並べた下図の左側の 4 つは回転すればどれも重なるので円順列としては同じものである．そこで，最右図のように A の位置を固定して考えればよく，残りの 3 ヶ所（一般には $n-1$ ヶ所）

にA以外の3人（一般には$n-1$人）が並ぶ順列それぞれがA, B, C, Dの円順列なので，A, B, C, Dの円順列の総数は$3!$（一般には$(n-1)!$）である．

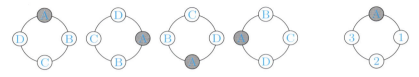

例 5.2 円順列

(1) 6人が円形のテーブルに座ると人数が偶数なので誰も誰かと向かい合って座ることになり，座り方は$5! = 120$通りある．特に，座長（1人）の席が固定されている場合，座り方は$4! = 24$通りである．

(3) 色が異なる8個の玉を糸でつないで首輪にする方法は，$7!$通りある円順列のどれも裏返すと同じものがあるので，$7!/2 = 2520$通りである．

問 5.2 (1) 色の異なる6個の玉を机の上で円形に並べる方法は何通りあるか？
(2) 立方体の6つの面に異なる色を塗る塗り方は何通りあるか？

● 重複順列

n種類のものから，同じものを重複して使うことを許した順列を考えよう．最初に考えるのは，同じものを重複して使う回数に制限がない場合である．

> n個の異なるものから，同じものを繰り返し使うことを許して，r個取り出して並べたものをn個からr個を取り出した**重複順列**という．その総数はn^rである．

例 5.3 重複順列の個数

(1) 1つのサイコロを続けて3回投げるとき，目の出方は

$$\begin{array}{ccccc} 1\text{回目} & \to & 2\text{回目} & \to & 3\text{回目} \\ 6\text{通り} & & 6\text{通り} & & 6\text{通り} \end{array}$$

であるから，目の出方は全部で$6 \times 6 \times 6 = 6^3$通りある．

(2) 元の個数が5の集合の部分集合は，k個目（$k = 1, 2, \ldots, 5$）の元を含めるか含めないかで定まり，それは

$$\begin{array}{ccccccc} 1\text{個目} & \to & 2\text{個目} & \to & \cdots & \to & 5\text{個目} \\ 2\text{通り} & & 2\text{通り} & & \cdots & & 2\text{通り} \end{array}$$

であるから，全部で 2^5 個ある．一般に，$|X| = n$ である集合のべき集合（部分集合を元とする集合）2^X の元の個数は $2^{|X|}$ である．

問 5.3 (1) 5 人がジャンケンをするとき，5 人のグー，チョキ，パーの出し方は何通りあるか？
(2) 0, 1, 2, 3, 4, 5 の 6 個の数字を重複を許して使ってできる整数で
   (a) 6 桁の整数   (b) 6 桁の整数で 5 の倍数であるもの
はそれぞれ何個あるか？
(2') 0, 1, 2, 3, 4, 5 すべてを使ってできる整数の場合はそれぞれ何個か？

次に，同じものを使う回数を制限した場合を考えよう．

> n 個の中に s 種類のものがそれぞれ $q_1, \ldots, q_s$ 個あるとする．$n = q_1 + \cdots + q_s$ である．この中から r 個を取り出して並べる並べ方は
> $$\frac{{}_nP_r}{q_1! q_2! \cdots q_s!}$$
> 通りある．

なぜなら，n 個のものがすべて異なるとすると並べ方は ${}_nP_r$ 通りあるが，ある同種なものが q 個ある場合にそれらを入れ替えたもの（$q!$ 通りある）も同じ並べ方であるのに ${}_nP_r$ の中にカウントされているので，重複度 $q!$ で割る必要があるからである．

例 5.4 重複回数が決められた重複順列
(1) 白の碁石を 10 個と黒の碁石 5 個を一列に並べる並べ方は $\frac{15!}{10! \, 5!}$ 通りある．
(2) 将棋盤上を飛車が右方向か上方向にしか進まないとして，左下隅から右上隅まで移動する道筋の数は $\frac{26!}{13! \, 13!}$ である．なぜなら，右方向に 1 ます進むことを → で，上方向に 1 ます進むことを ↑ で表すと，道筋は 13 個の → と 13 個の ↑ を並べる並べ方に対応するからである．

問 5.4 (1) 右図のような街路において，P から Q まで行く最短経路のうち，次の各場合の個数を求めよ．
  (1) 経路の総数   (2) R を通る経路
  (3) R も S も通る経路 (4) × を通らない経路

5.2 組合せ：順序は考慮しないで選ぶ

順列はいくつかのものの順序を問題にしたが，n 個のものから相異なる r 個を取り出し，順序は考慮に入れずに取り出されたものを元とする集合を考え，これを n 個から r 個を取り出した**組合せ**という．

> n 個から r 個を取り出す組合せの総数（$_nC_r$ あるいは $\binom{n}{r}$ で表す）は
> $$_nC_r = \binom{n}{r} = \frac{_nP_r}{r!} = \frac{n!}{(n-r)!\,r!}$$
> である．$_nC_r$ は $(x+y)^n$ の項 $x^{n-r}y^r$ の係数（**2項係数**という）に等しい．すなわち，
> $$(x+y)^n = x^n + {_nC_1}\,x^{n-1}y + {_nC_2}\,x^{n-2}y^2 + \cdots + {_nC_{n-1}}\,xy^{n-1} + y^n$$
> $$= \sum_{r=0}^{n} {_nC_r}\,x^{n-r}y^r$$

n 個から r 個を取り出す順列の総数は $_nP_r$ であるが，1つの順列 $\langle \omega_1, \ldots, \omega_r \rangle$ の要素の順序を入れ替えたもの（全部で $r!$ 個ある）はそれぞれ異なる順列としてカウントされるのに対して，組合せではこの $r!$ 個の順列はすべて同じものと考えるので，$_nC_r$ は $_nP_r/r!$ で与えられるのである．

例 5.5 組合せの個数

(1) 平面上に 8 個の点が円形に並んでいるとき，これらの点を結ぶ線分は 8 個の点のうちの 2 個を選んだものだから全部で $_8C_2 = 28$ 本ある．

(2) A 社の B 課は男子課員 10 人（内，1 人が課長），女子課員 6 人である．新しいプロジェクトを始めるために 5 人からなる作業部会を置くことになった．次のような構成の作業部会の作り方は何通りあるか？

(a) 男子課員 3 人と女子課員 2 人

(b) 課長と，課長以外の男子課員を少なくとも 1 人含む

それぞれの選び方が何通りあるかを考えよう．

(a) 男子 10 人から 3 人を選ぶ方法は $_{10}C_3 = 120$ 通りあり，それぞれに対して，女子 6 人から 2 人を選ぶ方法は $_6C_2 = 15$ 通りあるから，求める選び方は

$120 \times 15 = 1800$ 通りある.

(b) 課長は必ず選ばれるが, 課長以外の残りの男女 15 人から 4 人を選ぶ方法は $_{15}C_4 = 1365$ 通りある. 課長以外の男子が選ばれない (すなわち, 女子が 4 人選ばれる. 換言すると, 2 人の女子が選ばれない) 方法は $_6C_4 = _6C_2 = 15$ 通りある. よって, 課長以外の男子を少なくとも 1 人含む選び方は $1365 - 15 = 1350$ 通りある. ■

問 5.5 (1) 円周を 8 等分する点から 3 点選んでできる三角形は何個あるか? また, これらの三角形の中で直角三角形は何個あるか?

(2) 異なる 4 個の玉を異なる 5 個の袋に入れるとき, 玉が 1 個も入っていない袋が 3 個であるような入れ方は何通りあるか?

● 重複組合せ

> 異なる n 個のものから, 同じものを何度選んでもよいとして r 個選ぶ選び方を, **n 個から r 個を選ぶ重複組合せ**といい, その総数を $_nH_r$ で表す. $_nH_r = {}_{n+r-1}C_r = {}_{n+r-1}C_{n-1}$ である.

例 5.6 重複組合せ

(1) a, b, c から 2 個選ぶ重複組合せは次の $_3H_2 = 6$ 通りである:
$$aa \quad ab \quad ac \quad bb \quad bc \quad cc$$

(2) 3 個のサイコロを同時に振るとき, 目の出方は 6 つの数 1, 2, 3, 4, 5, 6 の中から重複を許して 3 つの数を選ぶことに等しいから, $_6H_3 = {}_{6+3-1}C_3 = {}_8C_3 = {}_8C_5 = {}_{6+3-1}C_{6-1} = 56$ 通りある.

(3) 10 個のリンゴを 4 人に, 全員が少なくとも 1 個はもらうように分配したい. まず, 4 人に 1 個ずつリンゴを与え, 残りの 6 個を 4 人を重複を許して選んで分配すればよいから, 分配方法の総数は $_4H_6 = {}_{4+6-1}C_6 = {}_9C_6 = 84$ 通りである. ■

問 5.6 (1) 大中小 3 個のサイコロを投げて, 出た目の数をそれぞれ a, b, c とする.
(a) $a > b > c$ の場合, (b) $a \geqq b \geqq c$ の場合, それぞれ何通りあるか?

(2) 5 個のリンゴを 3 人に分配する.
(a) 1 個ももらわない人があってもよいとすると何通りの分配の方法があるか?
(b) 全員が少なくとも 1 個はもらう場合はどうか?

(3) 40 人の投票者が 3 人の候補者に投票する. 棄権も無効票もなければ, 可能な開票結果は何通りあるか? また, 無効票があった場合, 無効票も棄権もあった場合はそれぞれ何通りか?

第6章

確　率

> **?!** 「確率」は probability の訳語であるが，この訳語は藤澤利喜太郎により 1908 年頃に提案されたらしい（松宮哲夫，「確率という用語の由来：その発案者と定着の過程：佐藤良一郎先生の思い出に捧げる」，『数学教育研究』第 21 巻，大阪教育大学数学教室，1992 年，pp.103–109）が，それ以前は「公算」「蓋然率」「確からしさ」などが使われていた．事象 ω が生起する確率は probability の頭文字を使って $P(\omega)$ と表すことが多いが，$\Pr(\omega)$ と表すこともある．

「確率」は「あることが起こる 確 からしさの 率」という意味で命名されたのであろう．「あること」を事象というが，著者の手許にある 4 冊の高等学校数学 A の教科書（出版社や著者は異なる）にはどれも『同じ状態のもとで繰り返すことができ，しかも，どの結果が起こるかが偶然に決まるような実験や観察などを試行といい，試行の結果起こる事柄を事象という』と，まったく同じ言い回しで定義が書いてある．

6.1 「確率」を数学的に定義すると

上述の「試行」や「事象」の定義は，なんとなくわかるものの，数学的には曖昧模糊としている．ギャンブルの賭けに勝つために始まったともいえる確率の研究の歴史は古いが，確率という曖昧なものに対するきちんとした定義は長い間なかったが，ロシアの数学者コルモゴロフ(A.N.Kolmogorov)は以下で述べる公理的確率論を初めて提唱した．

> 集合 Ω (オメガ) が天降り的に与えられたとし，これを**標本空間**といい，Ω の元を**根元事象**(こんげん)と呼ぶ．根元事象は，それ以上分解できない事象を表す．Ω の部分集合（すなわち，いくつかの根元事象の集まり）を**事象**という．Ω 自身は必ず起こる事象を表し，これを**全事象**と呼ぶ．$\emptyset$ は決して起こることのない事象を表し，これを**空事象**(くう)と呼ぶ．

> 2 つの事象 A と B に対し，$A \cup B$ は「A または B が起こる」という事象（**和事象**という）であり（A と B が同時に起こることも含む），$A \cap B$ は「A も B も起こる」という事象（**積事象**という）である，と定義する．また，A に対して，$\overline{A}$ は「A が起こらない」という事象であると定義し，これを A の**余事象**(よ)という．

$A \cap B = \emptyset$ であるとき，A と B は**互いに排反**であるという．これは A と B が同時には起こらないことを意味する．

例 6.1 標本空間，事象

(1) 2 枚のコインを投げて表が出るか裏が出るかを考えよう．表が出ることを H, 裏が出ることを T で表せば，標本空間として $\Omega = \{HH, HT, TH, TT\}$ を考えればよい．例えば，$\{HH\}$ は 2 枚とも表が出たことを表し，$\{HT, TH\}$ は 1 枚が表，他の 1 枚は裏が出たことを表す．

(2) サイコロを 2 回振ってどういう目が出るかを考えよう．標本空間として $\Omega = \{11, 12, \ldots, 65, 66\}$ を考える．$\{11\}$ は 1 の目が続けて出たことを，$\{21, 31, 41, 51, 61\}$ は 2 回目に初めて 1 の目が出たことを表す．

(3) 2 人でジャンケンをしたときの勝ち負けを考える．ジャンケンを 1 回だけする場合，標本空間 Ω_1 として $\{✊, ✋, ✌\}^2$ を考えると，「あいこ」は $\{(✊,✊), (✋,✋), (✌,✌)\}$ で表される．

続けて 2 回ジャンケンをする場合，標本空間 $\Omega_2 = (\{✊, ✋, ✌\}^2)^2$ を考えると，1 回目はどちらかが ✌ で勝ち 2 回目はどちらかが ✊ で勝つ事象は $\{(✌,✋), (✋,✌)\} \times \{(✊,✌), (✌,✊)\}$ で表すことができる．一方，2 人を A, B とするとき，1 回目は A が ✌ で勝ち 2 回目は B が ✊ で勝つ事象は $\{(✌,✋)\} \times \{(✌,✊)\}$ で表される．

問 6.1 次のことを表す適当な標本空間を考え，その部分集合としての事象を考えよ．
(1) トランプ 1 組から 1 枚引く．ハートのエースが出る事象．
(2) 赤・青・白のボールが 1 つずつある．これを大中小 3 つの箱に順に入れる．赤, 青，白の順に小，中，大の箱に入る事象．
(3) サイコロを 6 の目が出るまで振り続ける．3 回目で初めて 6 が出る事象．

● **事象に基づく確率の定義**

Ω を n 個の根元事象からなる標本空間（すなわち，$|\Omega| = n$）とし，どの根元事象も起こり方が同じ程度（つまり，$\frac{1}{n}$）であるとする．このとき，事象 $A \subseteq \Omega$ の起こる**確率** $P(A)$ を

$$P(A) = \frac{|A|}{n}$$

と定義する．また，$A = \{a\}$ のとき，$P(\{a\})$ を $P(a)$ と略記する．

もっと厳密には，確率の定義としてはコルモゴロフによる次の公理的定義が使われるが，本書の範囲内では上記の事象に基づく定義で十分である．

> ● **公理的定義**
> 2^Ω から $\mathbb{R}$ への関数 P が次の条件を満たすとき，P を標本空間 Ω 上の**確率分布**といい，$P(A)$ を事象 A の**確率**という．
> (i) どんな事象 $A \in 2^\Omega$ に対しても $P(A) \geqq 0$.
> (ii) $P(\Omega) = 1$.
> (iii) A と B が <u>互いに排反な事象</u> であるならば，$P(A \cup B) = P(A) + P(B)$ である．したがって，もっと一般に，高々可算個の事象 $A_1, A_2, \ldots, A_n$ がどの2つも互いに排反であるならば，
> $$P\left(\bigcup_{i=1}^n A_i\right) = \sum_{i=1}^n P(A_i)$$
> が成り立つ．

> 公理的定義から，次のような確率に関する基本的な性質が導かれる．
> (iv) 任意の事象 A に対して，$0 \leqq P(A) \leqq 1$.
> (v) $P(\emptyset) = 0$.
> (vi) (**余事象**) A の補集合を $\overline{A}$ で表す．$\overline{A}$ は事象 A が起きないことを表す事象であり，$P(\overline{A}) = 1 - P(A)$ が成り立つ．
> (vii) (**確率の加法定理**) 任意の事象 A, B に対して
> $$P(A \cup B) = P(A) + P(B) - P(A \cap B)$$
> が成り立つ．$A \cap B$ は A と B が同時に起こることを表す事象である．

例 6.2 事象に基づく確率

例 6.1 の (1)〜(3) それぞれについて確率を求めてみよう．

(1) $|\Omega| = 4$ で，$|\{HH\}| = 1$, $|\{HT, TH\}| = 2$ なので，2枚とも表が出る確率は $\frac{1}{4}$ であり，1枚が表で他の1枚が裏となる確率は $\frac{2}{4}$ である．

(2) $|\Omega| = 36$ なので，1 の目が続けて出る確率は $\frac{1}{36}$，2回目に初めて1の目が出る確率は $\frac{5}{36}$ である．

(3) ジャンケンを1回だけする場合，$|\Omega_1| = 9$ で，「あいこ」になる確率は

$\frac{3}{9} = \frac{1}{3}$ である．

続けて 2 回ジャンケンをする場合，$|\Omega_2| = 81$，$|\{(✊,✌), (✌,✊)\} \times \{(✌,✂), (✂,✌)\}| = 4$ なので，1 回目はどちらかが ✊ を出して勝ち 2 回目はどちらかが ✌ を出して勝つ確率は $\frac{4}{81}$ である．また，$|\{(✊,✌)\} \times \{(✌,✂)\}| = 1$ なので，1 回目は A が ✊ を出して勝ち 2 回目は B が ✌ を出して勝つ確率は $\frac{1}{81}$ である． □

問 6.2 標本空間を考えて，事象に基づく確率を求めよ．
(1) 2 個のサイコロを同時に振って，出た目の和が 6 になる確率
(2) トランプの札 52 枚から任意に 5 枚を取り出すとき，5 枚とも ♡ である確率

例 6.3　加法定理，余事象の確率

(1) 目の和が 6 になる事象 A_6，$\cdots$，目の和が 2 になる事象 A_2 の確率を計算すると，$P(A_6) = \frac{5}{36}$，$P(A_5) = \frac{4}{36}$，$P(A_4) = \frac{3}{36}$，$P(A_3) = \frac{2}{36}$，$P(A_2) = \frac{1}{36}$ であり，これらは互いに排反な事象であるから，加法定理により，目の和が 6 以下である事象 $A_{\leqq 6}$ の確率は
$$P(A_{\leqq 6}) = \frac{5}{36} + \frac{4}{36} + \frac{3}{36} + \frac{2}{36} + \frac{1}{36} = \frac{15}{36} = \frac{5}{12}$$
である．もちろん，これは $A_{\leqq 6} = \{15, 24, 33, 42, 51, 14, 23, 32, 41, 13, 22, 31, 12, 21, 11\}$ に対する，事象に基づく確率 $\frac{|A_{\leqq 6}|}{36}$ に等しい．

(2) 目の和が 6 より大きい確率 $A_{>6}$ は，$A_{\leqq 6}$ の余事象の確率に等しく，それは $A_{>6} = 1 - \frac{5}{12} = \frac{7}{12}$ である．

(3) 赤玉 3 個，白玉 7 個が入った箱から 6 個取り出したとき，白玉の個数が赤玉の個数より多い確率を求めよう．

まず，10 個の玉から 6 個を取り出す組合せは $_{10}C_6 = 210$ 通りある．取り出すのは 6 個で赤玉は 3 個しかないので，「赤玉の個数 $\geqq$ 白玉の個数」となるのは「赤玉が 3 個かつ白玉も 3 個」の場合だけであり，そうなる組合せは $_3C_3 \times _7C_3 = 35$ 通りある．「白玉の個数 $>$ 赤玉の個数」は「赤玉の個数 $\geqq$ 白玉の個数」の余事象であり，その確率は $1 - \frac{35}{210} = \frac{5}{6}$ である． □

問 6.3 加法定理や余事象に注目して，次の確率を求めよ．
(1) 5 枚のコインを同時に投げたとき，少なくとも 1 枚は表が出る確率
(2) 袋の中に赤玉が 3 個と青玉が 7 個入っている．この中から同時に 5 個取り出すとき，少なくとも 1 個が赤玉である確率
(3) 3 個のサイコロを投げたとき，出る目の積が偶数である確率

● 条件付き確率

> 条件 A のもとで事象 B が起こることを $B|A$ と書き，その確率を $P(B|A)$ で表す．
>
> **（確率の乗法定理）** $P(A \cap B) = P(A)P(B|A)$
>
> が成り立つ．特に，$P(A \cap B) = P(A)P(B)$ であるとき，すなわち，$P(B|A) = P(B)$ であるとき，A と B は互いに**独立**であるという．

標本空間を Ω とし，$|\Omega| = n$, $|A| = a$, $|B| = b$, $|A \cap B| = c$ とすると，確率の定義から $P(A) = \frac{a}{n}$, $P(A \cap B) = \frac{c}{n}$ で，A が起きる a 回のうち B も起きるのは $|A \cap B| = c$ 回だから $P(B|A) = \frac{c}{a}$ であり，$P(A \cap B) = \frac{c}{n} = \frac{a}{n} \times \frac{c}{a} = P(A)P(B|A)$ が成り立つ．

例 6.4 条件付き確率と乗法定理

(1) 例 6.1 (1) において，$A = \{HH\}$, $B = \{HH, HT, TH\}$ とすると，$P(A|B)$ は 2 枚中の少なくとも 1 枚が表であるという条件 B の下で 2 枚とも表が出るという事象 A の確率を表し，それは $\frac{1}{4}/\frac{3}{4} = \frac{1}{3}$ である．実際，$P(A|B)$ は $B = \{HH, HT, TH\}$ の中の $A = \{HH\}$ だけが起こることであるから，確率は $\frac{|A|}{|B|} = \frac{1}{3}$ である．

(2) 例 6.1 (1) を再び考える．$A_1 = \{HH, HT\}$ は 1 番目のコインの表が出ることを表し，$A_2 = \{HH, TH\}$ は 2 番目のコインの表が出ることを表すが，明らかに A_1 と A_2 は独立である．実際，$P(A_1) = P(A_2) = \frac{1}{2}$, $P(A_1 \cap A_2) = P(HH) = \frac{1}{4} = P(A_1)P(A_2)$ が成り立っている．

(3) 赤玉 5 個と白玉 4 個が入った袋から，A が白玉を 1 個取り出し（この事象を A とすると $P(A) = \frac{4}{9}$ である），そのあと B も白玉を 1 個取り出す（この事象を B とする）とする．B は A が行なわれたという条件のもと（赤玉は 5 個残り，白玉は 3 個になっている）で行なうので $P(B|A) = \frac{3}{8}$ であり，2 人とも白玉を取り出す確率は $P(A \cap B) = P(A)P(B|A) = \frac{4}{9} \times \frac{3}{8} = \frac{1}{6}$ である． □

問 6.4 (1) 例 6.1 (2) において，$B = \{21, 31, 41, 51, 61\}$, $A = \{21, 31\}$ とするとき，$A|B$ の意味をいい，その確率 $P(A|B)$ を求めよ．また，このようなやや奇妙な事象（の確率）を考える必要がある例を示せ．

(2) 2 つのサイコロを同時に振ったら少なくとも一方は 1 の目であったという．2 つの目の和が偶数である確率を求めよ．また，2 回とも 1 が出ることと 2 回とも 6 が出ることは互いに独立ではないが，それを確率の乗法定理で確かめよ．

反復試行

> 同じ条件の下で同じ試行を繰り返し行なうとする．各回の試行が独立であるとき，その試行によって起こる事象（A とする）の確率は毎回変わらない．このような試行を**ベルヌーイ試行**という．
>
> 事象 A が起こる確率が p である（したがって，A の余事象 $\overline{A}$ が起こる確率は $q = 1 - p$ である）ようなベルヌーイ試行を n 回行なったとき，そのうちの k 回で事象 A が起こる確率は ${}_nC_k\, p^k q^{n-k}$ である．ただし，$p^0 = q^0 = 1$ とする．

例 6.5 ベルヌーイ試行

(1) コインを 10 回投げて，そのうちの 5 回が表である確率は ${}_{10}C_5 (\frac{1}{2})^5 (\frac{1}{2})^5 = \frac{63}{256}$ である．

(2) 10 円硬貨 4 枚と 100 円硬貨 2 枚が入っている財布から毎回硬貨を 1 枚取り出して元へ戻す．この試行を 5 回繰り返すとき，10 円硬貨が少なくとも 2 回取り出される確率を求めよう．

1 回の試行で 10 円硬貨が取り出される確率は $\frac{4}{6}$ である．「10 円硬貨が少なくとも 2 回取り出される」という事象を A とすると，A の余事象 $\overline{A}$ は「10 円硬貨は 0 回または 1 回取り出される」である．

(i) 10 円硬貨が 0 回取り出される確率は ${}_5C_0 (\frac{2}{3})^0 (1 - \frac{2}{3})^5 = \frac{1}{243}$ であり，(ii) 10 円硬貨が 1 回取り出される確率は ${}_5C_1 (\frac{2}{3})^1 (1 - \frac{2}{3})^4 = \frac{10}{243}$ であるから，$P(\overline{A}) = \frac{1}{243} + \frac{10}{243} = \frac{11}{243}$ である．したがって，求める確率は $P(A) = 1 - P(\overline{A}) = \frac{232}{243}$ である． □

問 6.5 確率を求めよ．

(1) A と B がジャンケンを 5 回行なうとき，A が 3 勝 2 敗となる確率

(2) 数直線上の原点 O から出発し，サイコロを振って出た目が 3 か 6 ならば $+2$ だけ，それ以外ならば -1 だけ動く．サイコロを 6 回投げて原点に戻ってくる確率

6.2 期待値 ≒ 平均

期待値とは，誰もが馴染みのある言葉で言うと「平均」のことであるが，確率 1 とは限らない「期待される平均値」のことである．数学的には以下で述べるように定義する．まず，高校数学の教科書の定義を見てみよう．

ある試行において，事象 $A_1, A_2, \ldots, A_n$ は排反事象で，そのうちのどれか 1 つが必ず起こるとする．このとき，$p_i = P(A_i)\ (i = 1, 2, \ldots, n)$ とすると，$\sum_{i=1}^{n} p_i = 1$ である．また，$A_1, A_2, \ldots, A_n$ が起こるとき，ある数量/変量/項目 X が $A_1, A_2, \ldots, A_n$ ごとにそれぞれ $x_1, x_2, \ldots, x_n$ という値を取るとする．このとき，$\sum_{i=1}^{n} x_i p_i$ を X の**期待値**という．

例 6.6 期待値

(1) 1 から 10 までの数字が 1 つずつ書かれたカードが 10 枚ある．このカードをよく切ってから 1 枚を抜き出したとき，カードに書かれている数の期待値を求めよう．数字 $1, 2, \ldots, 10$ が書かれているカードが抜き出される確率はどの数字 N についても同じ $\frac{1}{10}$ なので，$\sum_{N=1}^{10} N \times \frac{1}{10} = 5.5$ である．

(2) サイコロを 3 回振るとき，3 の目が出る回数の期待値を求めよう．

サイコロを 1 回振って 3 の目が出る確率は $\frac{1}{6}$ であり，3 回振って 3 の目が出る回数は $0, 1, 2, 3$ のいずれかである．サイコロを 3 回振ることはベルヌーイ試行なので，$k = 0, 1, 2, 3$ それぞれについて，3 の目が k 回出る確率は

$k = 0$ のとき，${}_3C_0 (\frac{1}{6})^0 (\frac{5}{6})^3 = \frac{125}{216}$, $\quad k = 1$ のとき，${}_3C_1 (\frac{1}{6})^1 (\frac{5}{6})^2 = \frac{75}{216}$,

$k = 2$ のとき，${}_3C_2 (\frac{1}{6})^2 (\frac{5}{6})^1 = \frac{15}{216}$, $\quad k = 3$ のとき，${}_3C_3 (\frac{1}{6})^3 (\frac{5}{6})^0 = \frac{1}{216}$

である．よって，求める期待値は

$$0 \times \frac{125}{216} + 1 \times \frac{75}{216} + 2 \times \frac{15}{216} + 3 \times \frac{1}{216} = \frac{1}{2}$$

である． ■

問 6.6 (1) 赤玉と白玉が 2 個ずつ入っている箱から 2 個同時に取り出したときの赤玉の個数を N とする．N の期待値を求めよ．

(2) トランプの ♡ の A, 2, 3, …, 10, J, Q, K が 1 枚ずつ計 13 枚が入った箱から 1 枚取り出して種類を調べたら箱に戻し，もう一度 1 枚を取り出す．A, 2, 3, …, 10, J, Q, K には比重 $w(A) = 100, w(2) = w(3) = \cdots = w(10) = 1, w(J) = w(Q) = w(K) = 10$ が付いていて，2 枚のカードの比重の合計が X だったら $169X$ 円もらえるゲームがある．参加料が 2000 円だったとき，このゲームに参加することは損か，得か？

6.2 期待値≒平均

本書では期待値の定義としては上述のもので十分であるが，もう少し厳密かつ一般的には以下のように定義する．まず，'いろんな事象' の集まりとその事象に付随して生じる '量' を次のように定義する．

> Ω を標本空間とする．Ω からある集合 Δ への関数 X を Ω 上の**確率変数**という．X と Δ の元 x に対して，$P(\{\omega \in \Omega \mid X(\omega) = x\})$ を
> $$P(X = x)$$
> と表す．$P(X = x)$ は「X が値 x をとる確率」を表している．$P(X \leqq x)$，$P(x_1 \leqq X \leqq x_2)$ なども同様に定義される．したがって，Ω がたかだか可算集合であるならば
> $$P(X = x) = \sum_{X(\omega) = x} P(\omega)$$
> である．X が値 x をとる確率を各 $x \in \Delta$ について表したもの
> $$\{P(X = x)\}_{x \in \Delta}$$
> を確率変数 X の**確率分布**という．特に，$|\Delta| = n$ で，どの $x \in \Delta$ についても $P(X = x) = \frac{1}{n}$ であるとき，X は**一様分布**に従うという．

また，'平均' に相当する "期待値" を次のように定義する．

> X を実数値をとる確率変数とするとき，
> $$E[X] = \sum_x (x \cdot P(X = x))$$
> と定義し，$E[X]$ を X の**期待値**という．標本空間 $\Omega = \{\omega_1, \ldots, \omega_n\}$ 上の確率変数 X に対して，定義より
> $$E[X] = \sum_x (x \cdot P(X = x)) = \sum_{i=1}^n X(\omega_i) P(\omega_i)$$
> が成り立つ．したがって，X が一様分布に従っている（すなわち，$P(X = x) = \frac{1}{n}$ が成り立っている）とき，
> $$E[X] = \frac{1}{n} \sum_{i=1}^n X(\omega_i)$$
> が成り立つ．すなわち，$E[X]$ は $X(\omega_1), \ldots, X(\omega_n)$ の算術平均に等しい．この意味で，$E[X]$ のことを X の**平均**あるいは**平均値**ともいう．

例 6.7 確率変数と期待値

例 6.6 の (1), (2) を，確率変数を使って表してみよう．

(1) 標本空間を $\Omega = \{1, 2, \ldots, 10\}$ とし，抜き出されたカードに書かれている数を表す確率変数を X とすると，$P(X=n) = \frac{1}{10}$ $(n=1, 2, \ldots, 10)$ だから，

$$E[X] = \sum_{n=1}^{10} n \cdot X(n) = \sum_{n=1}^{n} n \cdot \frac{1}{10} = 5.5$$

である．

(2) 標本空間を $\Omega = \{0, 1, 2, 3\}$ とし，3 の目が出る回数を値とする確率変数を X とすると，$k \in \Omega$ に対して，$P(X=k) = {}_3\mathrm{C}_k \left(\frac{1}{6}\right)^k \left(\frac{5}{6}\right)^{3-k}$ であり，求める期待値は

$$E[X] = \sum_{k \in \Omega} k \cdot P(X=k) = \sum_{k \in \Omega} k \cdot {}_3\mathrm{C}_k \left(\frac{1}{6}\right)^k \left(\frac{5}{6}\right)^{3-k} = \frac{1}{2}$$

である． □

問 6.7 (1) 2 枚のコインを投げて行なうゲームを考える．表 1 枚につき 300 円獲得でき，裏 1 枚につき 200 円支払わなければならないとする．表裏の出方が等確率であるとき，獲得金額の期待値を求めよ．

(2) 1 回につき 800 円支払って行なう次のようなゲームがある．2 個のサイコロを振り，2 つの目の和が r だったら $100r$ 円獲得でき，特に，目が $(1, 1)$ の場合と $(6, 6)$ の場合にはさらにボーナスとして 1000 円獲得できる．このゲームをやってもうけることができるか？

> 平均値と並んで重要な値に分散と標準偏差がある．これらは分布のばらつきの度合いを示すためのもので，確率変数 X の**分散**は
> $$Var[X] = E[(X - E[X])^2]$$
> によって定義され，$Var[X]$ の平方根を X の**標準偏差**という．これらの値が大きいほど平均（期待値）からのかけ離れ程度やばらつきが大きいことを表している．

例 6.8 2 項分布とその期待値と分散

各回の成功確率が p であるベルヌーイ試行において，n 回の試行のうち何回成功するかを値に取る確率変数を X とすると，すでに学んだように，$P(X=k) = {}_n\mathrm{C}_k p^k q^{n-k}$ である．これを満たす確率分布を **2 項分布**という．2 項分布に従う確率変数 X の期待値と分散は次の式で与えられる：

$$E[X] = np, \quad Var[X] = npq.$$

□

第7章
数学的帰納法と再帰的定義

> (?!) 演繹 (deduction) は，一般的/普遍的な前提から，個別的/特殊な結論を導き出す論理的な推論方法である．これに対し，帰納 (induction) は，特殊な事例から一般的/普遍的な規則/法則を見出そうとする推論方法である．演繹においては前提が真であれば結論も必然的に真であるが，帰納においては前提が真であるからといって結論が真であることは保証されない，そういう推論方法である．
> 数学的帰納法には名前に「帰納」が入っているが，数学的帰納法を用いた証明は帰納ではなく演繹論理の一種である．0（あるいは 1）から始めて次々と命題の正しさが"伝播"されていき，任意の自然数に対して命題が成り立つことが証明されていく様子が帰納のように見えるため「(数学的) 帰納法」という名前がつけられたのである．
> 数学的帰納法の原理ないしは類似の考え方は 17 世紀にパスカル，フェルマー，ベルヌーイがすでに使っていたが，現代的な厳密で体系的な数学的帰納法の原理は 19 世紀に入ってブール，ド・モルガン，ペアノ，デデキントらによって確立されたものである．　　B.Pascal　P.de Fermat　J.Bernoulli　G.Boole　A.de Morgan　G.Peano　R.Dedekind
> 一方，再帰的定義，再帰的アルゴリズムは，「再発する」「繰り返す」を意味する動詞 recur の名詞 recursion や形容詞 recursive の訳語であり，上述の「帰納」という意味はもたないが，数学的帰納法との原理的な共通性/類似性から，recursive… に対し「帰納的 …」という用語が使われることがある（帰納的定義，帰納的関数/集合/言語など）．

　数学的帰納法は，ある命題が $n=1$ のときに正しいとするところから始めて，$n=k$ のときに正しいことを仮定して $n=k+1$ のときにも正しいことを示すことによって，その命題はすべての自然数 n に対して正しいと結論する'証明の手法'であるのに対し，$n=1$ のときの形から始めて，$n=k$ のときの形を使って $n=k+1$ のときの形を定義する'定義の手法'を再帰的定義 (recursive definition) とか帰納的定義 (inductive definition) という．この両者（数学的帰納法と再帰的定義）は，どことなく似ているというだけではなく，一方が理解できれば他方も理解できるような，密接な関係にある．離散数学の対象は自然数のように"離散的なもの"であるから，離散数学の学習には数学的帰納法と再帰的定義の理解が必要不可欠である．

7.1　再帰的定義：自分を使って自分を定義する

　再帰的定義を学ぶ前に数学的帰納法について学ぶというのが常道であるが，本書では再帰的定義を先に学ぶ．ほとんどの場合，再帰的に定義されたものに関する命題は数学的帰納法で証明できるが，再帰的定義を身に付ければその命題が成り立つこと自体がほとんど自明に思われるようになるであろう．

　実数のように値が飛び飛びでなく連続的な対象（数学的には，連続濃度をもつという．濃度とは個数の概念を一般化したもの）と違い，有限集合や可算無限

の濃度をもつ集合（$\mathbb{N}$や$\mathbb{Z}$や$\mathbb{Q}$など）に関する集合，関数，性質，関係などは，次のように段階を追って定義することができる．

> ● **再帰的定義**（集合 S を定義する例）
> (i) **初期ステップ** S の元となるものをいくつか（有限個）列挙する．
> (ii) **再帰ステップ** すでに S の元であることがわかっているものを使って S の新しい元を定める方法を述べる．
> (iii) **限定句** 初期ステップをもとにして再帰ステップを有限回適用して得られるものだけが S の元であることを述べる．このような限定句は当然のこととして述べないことが多い．
>
> このような定義方法を**再帰的定義**とか**帰納的定義**という．

再帰的定義を身に付けるにはできるだけたくさんの例を知るのが一番である．

例 7.1 いろんなものを再帰的に定義する

(1) 集合 E を次のように定義する：
(i) 初期ステップ $0 \in E$ である．
(ii) 再帰ステップ $n \in E$ ならば $(n \pm 2) \in E$ である．
(iii) 限定句 (i), (ii) を有限回適用して得られるものだけが E の元である．
$0 \in E$ だから $(0 \pm 2) = \pm 2 \in E$, $\pm 2 \in E$ だから $(\pm 2 \pm 2) = \pm 4 \in E$, $\cdots$
という具合に E の元のすべてが定まる．再帰ステップにおいて，E を定義するのに E 自身に戻っている．これが再帰という命名の由来である．

E は偶数の集合である：$E = \{2n \mid n \in \mathbb{Z}\}$．

(1') (1) では偶数とは何かを集合によって定義した（E の元のことを偶数と呼ぶ）が，同じことを次のように定義することもできる：
(i) 初期ステップ 0 は偶数である．
(ii) 再帰ステップ n が偶数ならば $(n \pm 2)$ も偶数である．
(iii) 限定句 (i), (ii) によって定まるものだけが偶数である．

(2) 自然数 n の**階乗** $n!$ は次のように再帰的に定義することができる．まず，自然数の順序対の集合 $F \subseteq \mathbb{N} \times \mathbb{N}$ を次のように定義する：
(i) $(0, 1) \in F$．
(ii) $(n, f) \in F$ ならば $(n+1,\ f \cdot (n+1)) \in F$．
(iii) (i), (ii) で定まるものだけが F の元である．

$(n, f) \in F$ のとき，f を n の階乗といい，$f = n!$ と書く．

階乗を別の 2 通りの方法でも再帰的に定義してみよう．

(2′) 関数 $f : \mathbb{N} \to \mathbb{N}$ を次のように再帰的に定義する：

(i) $f(0) = 1$.

(ii) $n \in \mathbb{N}$ ならば，$f(n+1) = (n+1) \times f(n)$.

例えば，$f(3) = 3 \times f(2) = 3 \times (2 \times f(1)) = 3 \times (2 \times (1 \times f(0))) = 3 \times (2 \times (1 \times 1)) = 6$ である．$f(n)$ を n の階乗といって，$n!$ で表すのである．

この例 (2′) と次の例 (2″) では限定句『(i), (ii) 以外の対象に対しては定義されない』を省略している．

(2″) 表記法も含めた，階乗の再帰的定義

(i) $0! = 1$.

(ii) $n \in \mathbb{N}$ ならば，$(n+1)! = (n+1) \times n!$.

これは (2′) の表現を変えただけであるが，○! という表記も同時に定義している．

(3) ひらがなを使った**回文**とは何かを次のように定義する．

(i) ひらがな 1 文字，または同じひらがなを 2 個並べたものは回文である．

(ii) ○が回文で，□が任意のひらがな 1 文字のとき，□○□は回文である．

(ii) (i), (ii) で定まる，ひらがなを並べた文字列だけを回文という．

例えば，(i) により，'ぶ' は回文である．'ん' はひらがなだから，回文 'ぶ' の前後に 'ん' を付けた 'んぶん' は回文である．よって，'んぶん' の前後にひらがな 'し' を付けた 'しんぶんし' は回文である．

同様に，'ささ' から始めて，'かささか'（傘坂．東京都文京区にある坂（正しくは，'からかさ坂' と読む））も 'さかささかさ'（逆さ逆さ）も回文である． ■

問 7.1 (1) 例 7.1 (2) において，例 7.1 (1) と同様に，F と $n!$ がどのように定義されていくかを示せ．同様に，例 7.1 (2″) についても示せ．

(2) 回文の例を考えよ．ひらがな以外の文字を使った回文も考えよ．

問 7.2 再帰的に定義せよ．限定句が必要か不要かも考慮せよ．

(1) 英字だけを使った文字列の長さ（文字列 x の長さを $|x|$ で表す）

(2) 関数 $sum(n) = \sum_{i=0}^{n} i$

(3) 定数の数列 $a_n = 3$ $(n = 1, 2, \ldots)$

(4) 整数 $n \geqq 2$ の素因数の個数．ただし，p が素数で $p^k \mid n$ の場合，n の素因数 p は k 個あると考えるものとする．

(5) 最初の 2 項は任意の整数で，それ以降の項は直前の 2 項の和である数列 $\{f_n\}_{n \geqq 0}$

(6) 先祖・子孫関係（例えば，A の祖先とはどのようなものかを定義せよ）

7.1.1 アルゴリズムを再帰的に定義する

問 7.2(6) のように, 集合・関数・数列などとは違う '概念' も再帰的定義によって定義することができるが, 重要なのは以下に示す例のようにアルゴリズムも再帰的に定義できることである. **アルゴリズムは計算の手順のことである**. アルゴリズムの良し悪しは計算時間や必要なメモリ量を大きく左右する. ある種の再帰的定義によって効率の良いアルゴリズムが得られることが知られている.

例 7.2 アルゴリズムの再帰的定義

(1) **ユークリッドの互除法**　非負整数 m, n の最大公約数を $\gcd(m, n)$ で表す. ユークリッドの互除法とは, $\gcd(m, n)$ を求める次のような再帰的アルゴリズムのことである（再帰的に定義されたアルゴリズムのことを**再帰的アルゴリズム**という）. $x, y \in \mathbb{Z}$ のとき, $x \bmod y$ は x を y で割った余りを表す.

$$\gcd(m, n) = \begin{cases} m & (n = 0 \text{ のとき}), \\ \gcd(n, m \bmod n) & (n > 0 \text{ のとき}). \end{cases}$$

例えば, 次のように計算が進行する：

$\gcd(20, 55) = \gcd(55, 20) = \gcd(20, 15) = \gcd(15, 5) = \gcd(5, 0) = 5.$

このアルゴリズムが正しいことは次のようにわかる. まず,

(i) $\gcd(n, 0) = n$, (ii) $\gcd(m, n) = \gcd(n, m)$ であることや,

(iii) $m \geq n$ のとき $\gcd(m, n) = \gcd(m - n, n)$ が成り立つことは明らかであろう. (iii) を $m < n$ になるまで繰り返すと

(iv) $\gcd(m, n) = \gcd(m \bmod n, n)$

が得られるので, これと (ii) より, 求めること

$\gcd(m, n) = \gcd(m \bmod n, n) = \gcd(n, m \bmod n)$

が得られる.

(2) $a_1, a_2, \ldots, a_n$ の最大値は

$$\max\{a_1, a_2, \ldots, a_n\} = \begin{cases} a_1 & (n = 1 \text{ のとき}) \\ \max\{a_1, \max\{a_2, \ldots, a_n\}\} & (n \geq 2 \text{ のとき}) \end{cases}$$

あるいは

$\max\{a_1, a_2, \ldots, a_n\}$
$= \begin{cases} a_1 & (n = 1 \text{ のとき}) \\ \max\{\max\{a_1, \ldots, a_{\lfloor \frac{n}{2} \rfloor}\}, \max\{a_{\lfloor \frac{n}{2} \rfloor+1}, \ldots, a_n\}\} & (n \geq 2 \text{ のとき}) \end{cases}$

あるいは

7.1 再帰的定義：自分を使って自分を定義する

$$\max\{a_1, a_2, \ldots, a_n\} = \begin{cases} a_1 & (n=1 \text{ のとき}) \\ \max\{\max\{a_1, a_3, \ldots, a_{n\text{以下の最大奇数}}\}, \\ \quad \max\{a_2, a_4, \ldots, a_{n\text{以下の最大偶数}}\}\} & (n \geqq 2 \text{ のとき}) \end{cases}$$

のように求めることができる．

(3) 正整数 n の 10 進数表示に下から 3 桁おきにコンマ ',' を入れるアルゴリズム comma(n) は次のように再帰的に定義できる：
 (i) $n \leqq 999$ の場合，n を書き出して終わり．
 (ii) $n \geqq 1000$ の場合，comma($x \div 1000$ の商) を実行し，その後ろにコンマを 1 つ書き，それに続けて $n \bmod 1000$ を書き出す．

例えば comma(12345) を実行すると，comma(12) を実行し，その後ろに ',' を書いて，それに続けて 345 を書き出すが，下線部で 12 が先に書き出されるので，最終結果として 12,345 が書き出される． □

問 7.3 次の再帰的に定義された関数やアルゴリズムがどのようなものかを示せ．
(1) $q : \mathbb{N} \times (\mathbb{N} - \{0\}) \to \mathbb{N}$ を次のように定義する：
$$\begin{cases} q(0, y) = 0 \\ q(x+1, y) = \begin{cases} q(x, y) & ((x \bmod y) + 1 < y \text{ のとき}) \\ q(x, y) + 1 & ((x \bmod y) + 1 = y \text{ のとき}) \end{cases} \end{cases}$$
(2) 自然数 n に関する関数 $k(n)$：
 (i) $n \leqq 9$ ならば $k(n) = 1$．
 (ii) $n \geqq 10$ ならば $k(n) = k(n \div 10 \text{ の商}) + 1$．
(3) 自然数 n を入力とするアルゴリズム $z(n)$：
 (i) $n \leqq 9$ のとき，$n = 0$ だったら $z(n) = 1$ を，$n \neq 0$ だったら $z(n) = 0$ を出力する
 (ii) $n \geqq 10$ のとき，$z(n \div 10 \text{ の商}) + z(m \bmod 10)$ を出力する

例 7.3 再帰的アルゴリズムの実行順序

例 7.2 (3) が実行される順序を考えてみよう．

例えば comma(12345678) を実行すると，まず comma(12345) が実行されるが，",678" が出力されるのは comma(12345) の実行が終わってからである．その comma(12345) の実行は，まず comma(12) の実行がされ，それが終わると ",345" が出力される．comma(12) の実行ではただちに "12" が出力される．つまり，comma(12345678) の実行順序は次ページの図において各項目の右肩に黒数字で示したようになる．

comma(12345678) を実行すると comma(12345) が呼び出されて実行され，comma(12345) を実行すると comma(12) が呼び出されて実行される．このような呼び出しを**再帰呼び出し**という． □

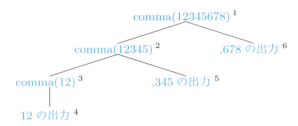

問 7.4 （ハノイの塔の問題）5 円玉や 50 円玉のように，中心部に穴が開いている円盤が n 枚あり，それらは大きさ（直径）がすべて異なる．3 本の杭 A, B, C があり，n 枚の円盤は大きさの順に A の杭に挿してある（下図）．1 回に 1 枚ずつの円盤（各杭の 1 番上に置かれているもの）を他の杭に移し替えることによって，最初 A にあった n 枚すべてをそっくり C へ移し替えたい．ただし，杭 A, B, C は自由に使ってよいが，小さい円盤が大きい円盤の下になるようなことがあってはいけないものとする．

この有名な問題を解く（再帰的でない）アルゴリズムを考え出すのはかなりむずかしいが，再帰的な考え方をすると容易に解くことができる：

再帰的アルゴリズム Hanoi(n, A, B, C)
/* A にある n 枚の円盤を B を作業用に使って最終的に C に移す */
1. $n=1$ だったら A から C に移して終了
2. 以下，$n>1$ の場合：
2.1. A の最下部の円盤 1 枚はないものと考え，Hanoi($n-1$, A, C, B) を実行する
2.2. A に残った 1 枚（n 枚の中で最も大きい円盤）を C に移す
2.3. Hanoi($n-1$, B, A, C) を実行する /* B の $n-1$ 枚を C の 1 枚の上に重ねる */

Hanoi(3, A, B, C) の実行順序を考察し，円盤を 1 枚ずつ移動させる順序を求めよ．
　ハノイの塔の問題はバラモンの塔または**ルーカスタワー**（Lucas' Tower：リュカの塔）とも呼ばれている．フィボナッチ数の研究で知られるフランスの数学者 E.A. リュカが 1883 年に発売したゲーム『ハノイの塔』がルーツの創作話であり，ハノイとは無関係である．

7.2 数学的帰納法:再帰的定義と相性抜群

最も基本的な数学的帰納法(単に**帰納法**ともいう)は次のようなものである.

> ① **数学的帰納法**(基本形)
>
> $P(n)$ は自然数 n に関する命題とする. $P(n)$ がすべての自然数 n に対して成り立つことを証明するには,次の (a) と (b) が成り立つことを証明すればよい.
>
> (a) 基礎ステップ $P(0)$ が成り立つ.
> (b) 帰納ステップ k を任意の自然数とする.<u>$P(k)$ が成り立つならば $P(k+1)$ も成り立つ</u>.
>
> 下線部を**帰納法の仮定**という.
>
> [注意] 自然数に 0 を含めない場合には,基礎ステップを
>   「$P(1)$ が成り立つ」
> とする.

例 7.4 数学的帰納法による証明

(1) 任意の自然数 n に対して
$$\sum_{i=0}^{n}(2i+1) = (n+1)^2 \tag{7.1}$$
が成り立つことを数学的帰納法で証明しよう.「等式 (7.1) が成り立つ」という命題を $P(n)$ とする.

(基礎ステップ) $n=0$ のとき,
$$左辺 = \sum_{i=0}^{0}(2i+1) = (2 \cdot 0 + 1) = 1 = (0+1)^2 = 右辺$$
だから $P(0)$ は成り立つ.

(帰納ステップ) k を任意の自然数とし,$P(k)$ が成り立つと仮定する.すなわち,
$$\sum_{i=0}^{k}(2i+1) = (k+1)^2 \qquad \text{(帰納法の仮定)}$$
であるとする.このとき,
$$\sum_{i=0}^{k+1}(2i+1) = \sum_{i=0}^{k}(2i+1) + 2(k+1) + 1$$

であり，帰納法の仮定を使うと
$$= (k+1)^2 + (2k+3) = ((k+1)+1)^2$$
である．すなわち，$P(k+1)$ が成り立つ．

以上より，任意の自然数 n に対して $P(n)$ が成り立つ．

(2) 3つの連続する整数の3乗の和は9で割り切れることを証明しよう．

整数 m が整数 n を割り切ることを $m \mid n$ で表す．3つの連続する整数を $n, n+1, n+2$ とする．$n \leqq -2$ のとき，$-(n+2), -(n+1), -n$ は連続する自然数で，かつ
$$9 \mid (-(n+2))^3 + (-(n+1))^3 + (-n)^3$$
$$\iff 9 \mid n^3 + (n+1)^3 + (n+2)^3$$
であるから，任意の整数 $n \geqq -1$ に対して
$$9 \mid n^3 + (n+1)^3 + (n+2)^3$$
が成り立つことを証明すればよいが，それは任意の自然数 $n \geqq 0$ に対して
$$9 \mid (n-1)^3 + n^3 + (n+1)^3$$
が成り立つことを証明することと同値であるから，これを数学的帰納法で証明しよう．

（基礎ステップ）$n = 0$ のとき，$(-1)^3 + 0^3 + 1^3 = 0$ は9で割り切れるから ok である．

（帰納ステップ）$n = k$ のとき成り立つと仮定する（帰納法の仮定）：
$$9 \mid \underline{(k-1)^3 + k^3 + (k+1)^3}.$$
$n = k+1$ のとき，
$$k^3 + (k+1)^3 + (k+2)^3$$
$$= (k-1)^3 + k^3 + (k+1)^3 + ((k+2)^3 - (k-1)^3)$$
$$= \underline{(k-1)^3 + k^3 + (k+1)^3} + 9(k^2 + k + 1) \qquad (7.2)$$
であるから，帰納法の仮定より，(7.2) は9で割り切れる． ∎

問 7.5 任意の自然数 n に対して成り立つことを数学的帰納法で証明せよ．ただし，(4) だけは $n \geqq 1$ とする（$n = 1$ を基礎ステップとすればよい）．
 (1) $(0 + 1 + 2 + \cdots + n)^2 = 0^3 + 1^3 + 2^3 + \cdots + n^3$ \qquad (2) $2^{n-1} \leqq n!$
 (3) $0^2 + 1^2 + 2^2 + \cdots + n^2 = \frac{n(n+1)(2n+1)}{6}$ \qquad (4) $\frac{1}{2n} \leqq \frac{1 \cdot 3 \cdot 5 \cdots (2n-1)}{2 \cdot 4 \cdot 6 \cdots (2n)} \leqq \frac{1}{\sqrt{n+1}}$

7.2 数学的帰納法：再帰的定義と相性抜群

例 7.5 自然数が隠れている命題を数学的帰納法で証明する

(1) A が有限集合ならば $|2^A| = 2^{|A|}$ であることを証明しよう．自然数 $n = |A|$ に関する命題 $P(n)$:

任意の A に対して，$|A| = n$ ならば $|2^A| = 2^n$ である

がすべての自然数 n に対して成り立つことを示せばよい．見かけは自然数に関する命題でなくても，このように自然数に関する命題に置き換えることができ，それを数学的帰納法によって証明することがしばしばある．そのような場合，

『○○に関する数学的帰納法で証明する』

という言い方をする．この例の場合，$|2^A| = 2^{|A|}$ であることを，A の元の個数 $|A|$ に関する数学的帰納法で証明する．

（基礎ステップ）$|A| = 0$ すなわち A が空集合 $\emptyset$ のとき，$\emptyset$ の部分集合は $\emptyset$ だけ（すなわち，$2^\emptyset = \{\emptyset\}$）であるから，$|2^\emptyset| = 1 = 2^0$．よって，$P(0)$ は成り立つ．

（帰納ステップ）$P(k)$ が成り立つと仮定する．すなわち，<u>どんな集合 X に対しても，$|X| = k$ ならば $|2^X| = 2^k$ である</u>とする．$|A| = k+1$ のとき，A の元 a を1つ取り出し，$B = A - \{a\}$ とおこう．$A = B \cup \{a\}$ であるから，A の部分集合には a を含むものと含まないものとがあり，それらはそれぞれ「B の部分集合に a を加えたもの」と「B の部分集合そのもの（a を加えないもの）」である．しかも，それらの集合はすべて異なる．すなわち，

$$2^A = \{S \cup \{a\} \mid S \in 2^B\} \cup \{S \mid S \in 2^B\}$$

が成り立つ．帰納法の仮定（下線部分）により $|2^B| = 2^k$ であるから，$|2^A| = 2^k + 2^k = 2^{k+1}$．$A$ は任意にとったのだから，これで $P(k+1)$ が成り立つことがいえた．

帰納法の仮定の部分（下線部）は省略して述べないことがある．

(2) 3つの正方形を連結した形を**トリオミノ**といい，□□□ と ⌐□ の2種類がある（正方形の個数によって，**テトリス**（正方形4個），**ペントミノ**（正方形5個）など，いろんなパズルがある）．

右図は，縦横 4×4 の正方形に，1辺が 1 の正方形 3 個を連結した L 字形のトリオミノ（上図右のもの） 5 個をタイルとして貼ったものであるが，斜線部の正方形 1 個の部分が貼られずに残っている．このように 1×1 正方形 1 個だけが貼られずに残っている $2^n \times 2^n$ 正方形を **$2^n \times 2^n$-1 欠損正方形** と呼ぶことにする．

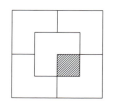

任意の $2^n \times 2^n$-1 欠損正方形には（欠損している 1×1 正方形がどこにあっても）$\frac{1}{3}(2^{2n} - 1)$ 個の L 字形トリオミノを重ならないように敷き詰めることができる．このことを n に関する帰納法で証明しよう．

（基礎ステップ）$n = 1$ のとき，$2^1 \times 2^1$-1 欠損正方形は L 字形トリオミノ自体（$\frac{1}{3}(2^2 - 1) = 1$）であるから ok. 欠損部としては右下・右上・左下・左上の 4 ヶ所がありうるが，回転すればどこにあっても同じである．

（帰納ステップ）$2^{k+1} \times 2^{k+1}$-1 欠損正方形を考える（右図参照．斜線部の 1×1 正方形が欠損しているとする）．$2^{k+1} \times 2^{k+1}$-1 欠損正方形を中央で 4 個の $2^k \times 2^k$ 正方形に分割し，欠損している 1×1 正方形は左上の $2^k \times 2^k$ 正方形の中にあるとする（他の場合は，$2^{k+1} \times 2^{k+1}$-1 欠損正方形を回転させて 1×1 正方形が左上に来るようにすれ

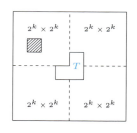

ばよい）．帰納法の仮定より，この左上の $2^k \times 2^k$-1 欠損正方形には $\frac{1}{3}(2^{2k} - 1)$ 個の L 字形トリオミノを敷き詰めることができる．

右上図に示したように L 字形トリオミノ T を置き，右上・左下・右下の 3 個の $2^k \times 2^k$ 正方形それぞれは T の部分が欠損している $2^k \times 2^k$-1 欠損正方形であるとみなす．帰納法の仮定より，これらの $2^k \times 2^k$-1 欠損正方形はそれぞれ $\frac{1}{3}(2^{2k} - 1)$ 個の L 字形トリオミノを敷き詰めることができるので，最初の $2^{k+1} \times 2^{k+1}$-1 欠損正方形は $\frac{1}{3}(2^{2k} - 1) \times 4 + 1 = \frac{1}{3}(2^{2(k+1)} - 1)$ 個の L 字形トリオミノを敷き詰めることができる．

これで帰納法による証明は終わったが，実は $n = 5$ の場合を除き，任意の $n \times n$-1 欠損正方形（n は 2 の累乗に限らない）に L 字形トリオミノだけを敷き詰めることができる必要十分条件は $n^2 - 1$ が 3 で割り切れることであることが知られている．因みに，ペントミノの場合，8×8 正方形は中央に 2×2 の

穴がある場合は敷き詰めることができるが，穴がない場合には敷き詰めることはできない．このことを利用し，2人が交互にペントミノを置いていき，置けなくなった方が負けになるゲームがある（先手必勝法がある）． □

7.2.1 数学的帰納法のヴァリエーション

数学的帰納法には様々なヴァリエーションがあり，証明したい対象に応じてそれぞれ役立つ．

> ② 有限個の例外を除く数学的帰納法
> 「命題 $P(n)$ は，すべての自然数 n に対して成り立つわけではないが，n_0 以上のすべての自然数に対しては成り立つ」ということを証明するには，次の (a), (b) を証明すればよい．
> (a) 基礎ステップ　$P(n_0)$ が成り立つ．
> (b) 帰納ステップ　任意の $k \geqq n_0$ に対して，もし $P(k)$ が成り立つならば $P(k+1)$ も成り立つ．

数学的帰納法の基本形①は，この帰納法②の特別の場合（$n_0 = 0$ の場合）である．

例 7.6　有限個の例外がある命題を帰納法で証明する

凸 n 角形（$n \geqq 3$）の内角の和は $(n-2) \times 180°$ であることを証明しよう．

基礎ステップは $n = 3$ すなわち三角形の場合であり，確かに $(3-2) \times 180° = 180°$ が成り立っている．

帰納ステップ：$k+1$ 角形 P（$k \geqq 3$）を考えよう．P の隣接する3つの頂点（順に A, B, C とする）を任意に選び A と C を結ぶ対角線 AC を引くと，P は三角形 ABC と，B 以外の頂点からなる k 角形 Q とに分割される（右図）．

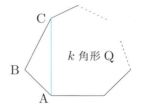

帰納法の仮定より，k 角形の内角の和は $(k-2) \times 180°$ だから，P の内角の和は Q の内角の和 $(k-2) \times 180°$ に三角形 ABC の内角の和 $180°$ を足したもの，すなわち

$$((k-2) \times 180 + 180)° = ((k+1) - 2) \times 180°$$

であり，帰納ステップの成り立つことが示された． □

問 7.6 $n \geq 4$ ならば $2^n < n!$ であることを証明せよ（問 7.4 (2) とは違うことに注意）．

次のヴァリエーションは，有限個の例外を除く数学的帰納法②の帰納ステップ (b) をさらに厳しくしたものである．条件が厳しくなっているだけに帰納ステップにおける証明が簡単になることが多く，使いやすい帰納法である．

> ③ **完全帰納法** （**数学的帰納法の第 2 原理**ともいう）
>
> $n \geq n_0$ であるすべての自然数 n に対して $P(n)$ が成り立つことを証明するには，次の (a), (b) を証明すればよい．
> (a) 基礎ステップ　$P(n_0)$ が成り立つ．
> (b) 帰納ステップ　任意の $k \geq n_0$ に対して，$P(n_0), P(n_0+1)$,
> …, $P(k-1), P(k)$ の どれも 成り立つならば $P(k+1)$ も成り立つ．
> 特に，$P(n)$ がすべての自然数に対して成り立つことを証明するには，$n_0 = 0$ とすればよい．

例 7.7 完全帰納法を使う

(1) 例 7.6 を完全帰納法③で証明し，帰納法②と比べてみよう．
基礎ステップは同じである．帰納ステップでは，P の任意の 2 頂点 A, B を選んでそれらを結ぶ対角線 AB を引く．これによって P は 2 つの多角形 Q_1 と Q_2 に分割される．それぞれを k_1 角形，k_2 角形とすると，P が $k+1$ 角形であるから，$k_1 + k_2 = (k+1) + 2$ である．

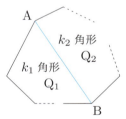

$k_1, k_2 \leq k$ であるから完全帰納法における帰納法の仮定より，Q_1 の内角の和，Q_2 の内角の和はそれぞれ $(k_1 - 2) \times 180°$, $(k_2 - 2) \times 180°$ である．よって，P の内角の和は

$$(k_1 - 2) + (k_2 - 2) = (k_1 + k_2) - 4 = ((k+1) - 2) \times 180°$$

であり，帰納ステップが成り立つことが示された．

(2) 3 円切手と 5 円切手だけあれば，8 円以上のすべての郵便料金を支払うことができることを示そう．郵便料金額に関する完全帰納法による．

(基礎ステップ) 郵便料金が 8 円ならば，3 円切手 1 枚と 5 円切手 1 枚で支払うことができるので ok．

(帰納ステップ) 郵便料金が k 円（$k \geqq 9$）のとき，次の 2 通りの場合が考えられる．

場合 1：少なくとも 1 枚の 5 円切手を使って k 円の支払いができる場合：
この 5 円切手の代わりに 2 枚の 3 円切手を使えば $k+1$ 円を支払うことができる．

場合 2：3 円切手だけを使って k 円の支払いができる場合：
この場合，$k \geqq 9$ であるから 3 円切手は 3 枚以上使われている．したがって，この 3 枚の 3 円切手の代わりに 2 枚の 5 円切手を使えば $k+1$ 円を支払うことができる． □

問 7.7 2 以上の任意の整数 n は素数であるかまたは素数の積であることを完全帰納法で証明せよ．

問 7.8 数学的帰納法で証明せよ（(1), (2), (3) の順に証明する）．
(1) 任意の整数 $m, n \geqq 0$ に対し，その最大公約数 $\gcd(m, n)$ は整数 $a, b \in \mathbb{Z}$ を選んで $\gcd(m, n) = am + bn$ と表すことができる．
(2) $n \geqq 2$ とする．任意の整数 $a_1, a_2, \ldots, a_n \geqq 0$ に対し，それらの最大公約数 $\gcd(a_1, a_2, \ldots, a_n)$ は，$n \geqq 3$ の場合，
$$\gcd(a_1, a_2, \ldots, a_n) = \gcd(a_1, \gcd(a_2, \ldots, a_n))$$
と表すことができる．
(3) $n \geqq 2$ とする．任意の整数 $a_1, a_2, \ldots, a_n \geqq 0$ に対し，それらの最大公約数は整数 $s_1, s_2, \ldots, s_n \in \mathbb{Z}$ を選んで
$$\gcd(a_1, a_2, \ldots, a_n) = s_1 a_1 + s_2 a_2 + \cdots + s_n a_n$$
と表すことができる．

7.2.2 再帰的に定義したものを数学的帰納法で証明する

例 7.8 再帰的に定義されたことに関する命題を数学的帰納法で証明する

(1) 関数 $q : \mathbb{N} \times (\mathbb{N} - \{0\}) \to \mathbb{N}$ を
$$q(m, n) = \begin{cases} 0 & (m < n \text{ のとき}) \\ q(m - n, n) + 1 & (m \geqq n > 0 \text{ のとき}) \end{cases}$$
と定義する．$q(m, n) =$ '$m \div n$ の商' であることを m に関する完全帰納法で

証明しよう．

（基礎ステップ）$m < n$ のとき，'$m \div n$ の商' は確かに 0 であるから ok. 基礎ステップが，$m = 0$ だけでなく $m = 0, 1, \ldots, n-1$ まで含んでいることに注意する．

（帰納ステップ）$m \geqq n > 0$ のとき，$m - n < m$ であるから帰納法の仮定より，$q(m-n, n) = $ '$(m-n) \div n$ の商' が成り立っている．すなわち，このときの余りを r とすると，$m - n = q(m-n, n) \cdot n + r$ $(0 \leqq r < n)$ である．よって，$m = (q(m-n, n) + 1) \cdot n + r$ であるが，これは $\underline{m \div n \text{ の商が } q(m-n, n) + 1 \text{ である}}$ ことを表している．一方，q の定義より，$m \geqq n$ のとき $q(m, n) = q(m-n, n) + 1$ であるから，$q(m, n)$ は '$m \div n$ の商' に等しい．

(2) 左括弧 '[' と右括弧 ']' からなる文字列すべての集合を W とする．
$$W = \{\, \lambda,\ [,\ ],\ [[,\ [],\ ][,\ ]],\ [[[,\ [[],\ \ldots,\ ]]],\ \ldots \,\}$$
である．ただし，特別の場合として，空の文字列を λ で表し，文字列に含めている．こういった文字列のうち，**整合括弧列**であるものを次のように定義する．

(i) 空の文字列 λ は整合括弧列である．

(ii) α が整合括弧列ならば $[\alpha]$ も整合括弧列である．また，α と β がともに整合括弧列ならば $\alpha\beta$ も整合括弧列である．

(iii) (i), (ii) によって定まるものだけが整合括弧列である．

したがって，整合括弧列は長さが短いものから順に
$$\lambda,\ [],\ [[]],\ [][],\ [][][],\ [][[]],\ [[]][],\ [[[]]],\ \ldots$$
である．ここで，文字列の**長さ**とは文字列に現れる文字の総数のことで，文字列 w の長さを $|w|$ で表す．例えば，$|\lambda| = 0$, $|[| = 1$, $|[]| = 2$, $|[[[| = 3$ である．

関数 $f: W \to \mathbb{N}$ を
$$f(w) = (w \text{ の中に現れる [の個数}) - (w \text{ の中に現れる] の個数}).$$
と定義すると次のことが成り立つ：

w が整合括弧ならば
$$f(w) = 0 \text{ かつ } \forall u\, \forall v \in W\, [\, uv = w \text{ ならば } f(u) \geqq 0\,] \qquad (7.3)$$
ただし，$u, v \in W$ に対し，uv は u の後ろに v を並べた文字列 ($\in W$) を表す．

(7.3) を w の長さ $|w|$ に関する帰納法で証明しよう．

（基礎ステップ）$w = \lambda$ のとき，(7.3) は明らかに成り立つ．

7.2 数学的帰納法：再帰的定義と相性抜群

（帰納ステップ）$w \neq \lambda$ とする.

$w \in W$ が整合文字列だとすると，整合文字列の定義より，$w = [\alpha]$ となる整合文字列 α が存在するか，または $w = \alpha\beta$ となる整合文字列 α, β が存在する.

$\underline{w = [\alpha] \text{ の場合}}$：$\alpha$ は整合文字列かつ $|\alpha| < |w|$ であるから帰納法の仮定により，$f(\alpha) = 0$ かつ $\alpha = uv$ となる任意の $u, v \in W$ に対し $f(u) \geqq 0$ である.

まず，$w = [\alpha]$ であるから $f(w) = f(\alpha) + 1 - 1 = 0$ が成り立っている. 一方，$w = [\alpha] = uv \, (u, v \in W)$ だとすると，$\alpha = u'v'$ となる $u', v' \in W$ が存在して $u = [u'$ である（すなわち，u は w の先頭の一部分である. このことを，u は w の**接頭辞**であるという）か，または $u = [\alpha]$ である（すなわち，u は w 全体に一致する）. 前者の場合は $f(u) = f(u') + 1 \geqq 1$ であり，後者の場合は $f(u) = f(\alpha) = 0$ である. いずれの場合も $f(u) \geqq 0$ が成り立っている.

$\underline{w = \alpha\beta \text{ の場合}}$：$\alpha \neq \lambda, \beta \neq \lambda$ と仮定しても一般性を失わない. α は整合括弧列でありかつ $|\alpha| < |w|$ であり，β も整合括弧列でありかつ $|\beta| < |w|$ であるから帰納法の仮定により，

(a) $f(\alpha) = 0$, (a') u が α の接頭辞ならば $f(u) \geqq 0$,
(b) $f(\beta) = 0$, (b') v が β の接頭辞ならば $f(v) \geqq 0$

がそれぞれ成り立つ. このとき, (a),(b) より $f(w) = f(\alpha) + f(\beta) = 0$ である. 一方, u が $w = \alpha\beta$ の接頭辞ならば, $\underline{u\text{ は }\alpha\text{ の接頭辞}}$ であるか, または $\underline{\beta\text{ の接頭辞 }v\text{ が存在して }u = \alpha v}$ である. $\underline{\text{前者の場合}}$ は (a') より $f(u) \geqq 0$ であり, $\underline{\text{後者の場合}}$ は (a),(b') より $f(y) = f(\alpha) + f(v) = f(v) \geqq 0$ である. □

問 7.9 (7.3) の逆

$$f(w) = 0 \text{ かつ } \forall u \forall v \in W \, [\, uv = w \text{ ならば } f(u) \geqq 0 \,]$$
$$\text{が成り立つならば } w \text{ は整合括弧である} \tag{7.4}$$

も成り立つことを証明せよ.

問 7.10 $n \, (n \geqq 2)$ 個のチップを積んだ山がある. この山を k 個と $n - k$ 個の2つの山にランダムに分けて，積 $k(n-k)$ を計算する. 2つの山のうち2個以上のチップがあるものをさらにランダムに2つの山に分けて，分けられたチップの個数の積を前の積に加える. この操作をすべての山がチップ1個だけになるまで繰り返す（この操作は再帰的であることに注意する）. こうして得られた積の和は分け方によらない一定値 $\frac{n(n-1)}{2}$ であることを数学的帰納法で証明せよ.

数学的帰納法による証明は容易であるが，なぜそのような一定値になるのかという理屈がわかりにくいという難点がある. 理屈がわかるような証明も考えてみよ.

第8章

関　　　　係

> **(?!)** 数学では様々な分野に〇〇閉包 (closure) という用語が登場する．それらに共通するのは，ある種の不完全さがあるもの（まだ開いているもの）に補充をして包み込んで閉じる (close) というイメージである．この章で登場する関係の反射/推移閉包も，反射性/推移性を満たしていないものに 最小限の補充 をして反射性/推移性を満たすようにしたものである．下線部と類似のイメージから，ある種の操作をそれ以上 変化が生じなくなるまで繰り返し適用 した結果（生成）を指すこともある．

数学では，'と等しい'とか，'より大きい'とか，'に平行である'といった2つあるいはそれ以上のものの間の "関係" をしばしば考える．こういった概念は数学的には対象となるものの集まりであるいくつかの集合の直積によって表すことができる．

8.1　2項関係って，どんな関係？

2つのものの間の関係から始めよう．

> 集合 A, B の直積 $A \times B$ の部分集合 $R \subseteq A \times B$ を **A から B への2項関係**，あるいは単に A から B への関係という．特に，A から A 自身への関係を **A の上の関係**ともいう．
> $(a, b) \in R$ であるとき a と b は **R の関係にある**といい，
> $$a R b$$
> とも書く．a と R の関係にある元の全体を $R(a)$ と書く．すなわち，
> $$R(a) = \{b \mid a R b\}.$$

例 8.1　2項関係

(1) $A = \{a, b, c, d\}$, $B = \{1, 2, 3, 4\}$ で，
$$R = \{(a, 1), (a, 2), (b, 2), (c, 1), (c, 3), (c, 4)\}$$
のとき，R は A から B への2項関係であり，
$$R(a) = \{1, 2\},\ R(b) = \{2\},\ R(c) = \{1, 3, 4\},\ R(d) = \emptyset$$
である．また，例えば $(a, 1) \in R$ は $a R 1$ とも書く．

(2) 「夫婦である」という関係は，女の集合から男の集合への2項関係
$$Wife = \{(x, y) \mid y\ は\ x\ の妻である\} \quad (x\,Wife\,y \iff y\ は\ x\ の妻)$$

8.1 2項関係って，どんな関係？

であるとも，男の集合から女の集合への 2 項関係
$Husband = \{(x,y) \mid y\text{ は }x\text{ の夫である}\}$　($x\,Husband\,y \iff y\text{ は }x\text{ の夫}$)
であるとも，人間の集合の上の 2 項関係
$Spouse = \{(x,y) \mid x\text{ と }y\text{ は夫婦である}\}$　($x\,Spouse\,y \iff x\text{ と }y\text{ は夫婦}$)
であるとも考えられる（いずれも，同性婚を排した場合）．

$Wife(x)$ は x の妻の集合，$Husband(x)$ は x の夫の集合（ともに，1 人ではないかもしれない）であり，x が男ならば $Spouse(x) = \{y \mid y\text{ は }x\text{ の妻}\}$ であり，x が女ならば $Spouse(x) = \{y \mid y\text{ は }x\text{ の夫}\}$ である．

(3) $\mathbb{Z}$ 上の 2 項関係
$$\div = \{(m,n) \in \mathbb{Z}^2 \mid \exists l \in \mathbb{Z}\text{ s.t. } n = lm\}$$
は「n は m で割り切れる」という関係を表し，通常は $(m,n) \in \div$ であることを $m \mid n$ と書く．

(4) $C = \{(x,y) \in \mathbb{R}^2 \mid x^2 + y^2 \leqq 1\}$ は「(x,y) は半径が 1 の円の内部または円周上の点である」ということを表す，実数 x と実数 y の間の関係である．

(5) $\mathbb{R}^2$ の上の 2 項関係 $D = \{((x,y),(u,v)) \in \mathbb{R}^2 \times \mathbb{R}^2 \mid x^2 + y^2 = u^2 + v^2\}$ は「(x,y) と (u,v) は同じ円周上の点である」という関係を表す（ただし，別の解釈もできる）．

(6) 定義より，集合 A に対し，$\emptyset$ も，$A \times A$ も，$\{(a,a) \mid a \in A\}$ も A の上の 2 項関係である．これらをそれぞれ A の空関係，全関係，恒等関係と呼ぶ．A の上の恒等関係を記号 id_A で表す．　□

問 8.1 次の 2 項関係はどのような関係か？
(1) $\mathcal{P}$ は 2^X 上の 2 項関係で，$(A,B) \in \mathcal{P}$ ならば $A \subseteq B$ かつ $|A| < |B|$ である．
(2) 自然数に関する 2 項関係 $LE : m\,LE\,n \overset{\text{def}}{\iff} \exists l \in \mathbb{N}\,[n = l + m]$
(3) $Q \subseteq \mathbb{Z}^2$ かつ $Q(Q(m)) = 9m$
(4) $E = \{(x,y) \in \mathbb{R}^2 \mid x \geqq y\text{ かつ }y \geqq x\}$　(5) $F = \{(x,y) \in \mathbb{R}^2 \mid x^2 + y^2 < 0\}$
(6) 実数上の 2 項関係 $A : (a,b) \in A \overset{\text{def}}{\iff} a < b\text{ または }a = b\text{ または }a > b$

関係には「向き」がある．a から見た b との関係 R も，b から見ると a との関係であり，それらは別物である．b の側から見た関係は
$$R^{-1} = \{(b,a) \mid a \in A,\ b \in B,\ a\,R\,b\}$$
と定義できる．R^{-1} は B から A への関係である．これを R の逆関係という．

> 定義より，$R^{-1}(b)$ は b と R^{-1} の関係にあるような A の元の全体を表す：$R^{-1}(b) := \{a \in A \mid b R^{-1} a\} = \{a \in A \mid a R b\}$.
> 定義より明らかに $(R^{-1})^{-1} = R$ である．

例 8.2　逆関係

例 8.1 の (1)〜(6) それぞれの逆関係を求めてみよう．

(1) R^{-1} は B から A への 2 項関係
$$R^{-1} = \{(1,a), (2,a), (2,b), (1,c), (3,c), (4,c)\}$$
であり，例えば $R^{-1}(2) = \{a, b\}$ である．

(2) $Wife$ の逆関係は $Husband$ であり，$Husband$ の逆関係は $Wife$ である．また，$Spouse$ の逆関係は $Spouse$ 自身である．

(3) $m \mid^{-1} n \iff n$ は m の約数．

(4) $(x,y) \in C \iff x^2 + y^2 \leq 1 \iff y^2 + x^2 \leq 1 \iff (y,x) \in C$ である．すなわち，$x\,C\,y \iff y\,C\,x$（したがって，$C^{-1} = C$）であるが，このような性質をもつ関係は**対称的**であるという．

(5) (2) の Spouse も (5) の D も対称的な関係である：$\text{Spouse}^{-1} = \text{Spouse}$, $D^{-1} = D$.

(6) 空関係，全関係，恒等関係それぞれの逆関係は自分自身である．

(7) 集合の包含関係 $A \subseteq B$（A は B に含まれる）の逆関係 $A \subseteq^{-1} B$ は「A は B を含む（すなわち，$A \supseteq B$）」を表す．　□

問 8.2　例 8.2 の (7) や問題文の（）内に書いたように，次の関係の逆関係を言葉で表せ．
(1) 実数 x と y の関係 $x \geq y$ （x は y 以上）
(2) 実数 x と y が等しいという関係
(3) $Root \subseteq \mathbb{R}_{>0} \times \mathbb{R}_{>0} : x\,Root\,y \overset{\text{def}}{\iff} x = \sqrt{y}$ （x は y の正の平方根）
(4) a が b の親であるという関係 P　　(5) a が b を好きであるという関係 $Love$

8.2　関数は2項関係の特別の場合である

X から Y への関数は X から Y への 2 項関係の特別な場合である．すなわち，X から Y への 2 項関係 R が，任意の $x \in X$ に対して $|R(x)| = 1$ を満たしている（すなわち，どの $x \in X$ にも Y の元 $R(x)$ が一意に対応してい

る）ならば，R は X から Y への関数である．このとき，$X \times Y$ の部分集合としての R は**関数のグラフ**（すなわち，定義域の元 $x \in X$ とのときの関数値 $R(x) \in Y$ との対 $(x, R(x))$ の集合）にほかならない．

> 関数の場合と同様に，A から B への関係 R を
> $$R : A \to B$$
> と書くことにする（本書だけが用いる記法であり，一般的な記法ではない）．そして，R の**定義域**と**値域**をそれぞれ次のように定義する：
> $$\mathrm{Dom}\, R = \{a \in A \mid aRb\text{ となる } b \in B \text{ が存在する}\},$$
> $$\mathrm{Range}\, R = \{b \in B \mid aRb\text{ となる } a \in A \text{ が存在する}\}.$$
> また，$R : A \to B$, $S : B \to C$ であるとき，R と S の**合成関係**（または，単に**合成**という）$S \circ R : A \to C$ を
> $$S \circ R = \{(a,c) \in A \times C \mid aRb \text{ かつ } bSc \text{ となる } b \in B \text{ が存在する}\}$$
> で定義する．合成のことを**積**ともいう．

例 8.3　2 項関係の合成

(1) R を $A = \{a, b, c\}$ の上の 2 項関係 $R = \{(a,b), (a,c), (b,c)\}$ とし，S を A から $B = \{x, y, z, w\}$ への 2 項関係 $S = \{(a,w), (b,x), (c,y), (c,z)\}$ とすると，

$$
\begin{aligned}
S \circ R &= \{(a,x), (a,y), (a,z), (b,y), (b,z)\}, \\
R \circ R &= \{(a,c)\}, \\
R^{-1} \circ R &= \{(a,a), (a,b), (b,a), (b,b)\}, \\
R \circ R^{-1} &= \{(b,b), (b,c), (c,b), (c,c)\}
\end{aligned}
$$

である．

2 項関係は次のような，関数を表すのと同様な図（**有向グラフ**と呼び，第 11 章以降で詳しく述べる）で表すとわかりやすい．例えば，下図の黒色の太線は $(a,b) \in R$ かつ $(b,x) \in S$ なので $(a,x) \in S \circ R$ であることを表している．

矢印の向きを逆にしたものが逆関係である．例えば，
$$(S \circ R)^{-1} = \{(x,a), (y,a), (y,b), (z,a), (z,b)\}$$
であることが図から容易にわかる．

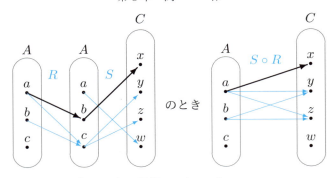

(2) 平面上の 2 つの点に関する関係 X と Y を

$$(x,y)\,X\,(x',y') \overset{\text{def}}{\iff} (x,y) \text{ と } (x',y') \text{ は } x \text{ 軸に関して対称}$$
$$(x,y)\,Y\,(x',y') \overset{\text{def}}{\iff} (x,y) \text{ と } (x',y') \text{ は } y \text{ 軸に関して対称}$$

と定義すると,

$$(x,y)\,Y \circ X\,(x',y')$$
$$\iff \exists (u,v)\,[\,(x,y)\,X\,(u,v) \text{ かつ } (u,v)\,Y\,(x',y')\,]$$

であるが, X と Y の定義より, $(u,v) = (x,-y)$ かつ $(x',y') = (-u,v)$ であるから,

$$(x,y)\,Y \circ X\,(x',y') \iff (x',y') = (-x,-y)$$

である (右図参照). したがって,

$$(x,y)\,(Y \circ X) \circ (Y \circ X)\,(x',y') \iff (x',y') = (x,y)$$

が成り立つ. すなわち, $(Y \circ X) \circ (Y \circ X)$ は恒等関係 $id_{\mathbb{R}^2}$ であり, $(Y \circ X)^{-1} = Y \circ X$ である.

(3) 親子の関係を $P = \{(x,y) \mid x \text{ は } y \text{ の親である}\}$ とするとき, $P \circ P$ は祖父母–孫の関係を表す:

$$P \circ P = \{(x,z) \mid \exists y\,[\,(x,y) \in P \text{ かつ } (y,z) \in P\,]\}$$
$$= \{(x,z) \mid x \text{ は } z \text{ の祖父母}\}.$$

また, $P \circ (P \circ P)$ は '祖父母の父母'–'孫の子' の関係, すなわち曽祖父母–曽孫 (ひまご) の関係を表す: $P \circ (P \circ P) = \{(x,z) \mid z \text{ は } x \text{ の曽孫である}\}$.

$(P \circ P) \circ P$ も $P \circ (P \circ P)$ と同じ関係を表している. 実際, <u>任意の 2 項関係 $R : A \to B$, $S : B \to C$, $T : C \to D$ に対して, **結合律**</u>

8.2 関数は 2 項関係の特別の場合である

$$T \circ (S \circ R) = (T \circ S) \circ R$$

が成り立つ（問 8.4）．

(4) $n \in \mathbb{N}$ とするとき，$\mathbb{N}$ の上の 2 項関係 ρ_n（ローエヌ）を

$$x \, \rho_n \, y \overset{\text{def}}{\iff} x = ny$$

と定義すると，

$$x \, \rho_m \circ \rho_n \, y \iff x = mn\, y,$$

$$x \, \underbrace{\rho_n \circ \rho_n \circ \cdots \circ \rho_n}_{k} \, y \iff x = n^k y,$$

$$\rho_m \circ \rho_n = \rho_n \circ \rho_m$$

などが成り立つ． □

問 8.3 次の 2 項関係の合成関係を求めよ．

(1) 同じ円周上の 2 点 P_1 と P_2 が r_θ の関係にある $\overset{\text{def}}{\iff}$ 中心角 P_1OP_2 が $\theta°$，と定義したとき，$r_{\theta_1} \circ r_{\theta_2}$．

(2) $\mathbb{Z} \times \mathbb{Z}$ 上の 2 点 (x, y) と (x', y') が $M_\rightarrow$, $M_\leftarrow$, $M_\uparrow$, $M_\downarrow$ の関係にあることをそれぞれ

$(x,y) M_\rightarrow (x',y') \overset{\text{def}}{\iff} (x',y')=(x+1,y)$, $(x,y) M_\leftarrow (x',y') \overset{\text{def}}{\iff} (x',y')=(x-1,y)$,
$(x,y) M_\uparrow (x',y') \overset{\text{def}}{\iff} (x',y')=(x,y+1)$, $(x,y) M_\downarrow (x',y') \overset{\text{def}}{\iff} (x',y')=(x,y-1)$

で定義するとき，

(a) $M_\rightarrow \circ M_\rightarrow$ (b) $M_\leftarrow \circ M_\rightarrow$ (c) $M_\uparrow \circ M_\rightarrow$
(d) $M_\uparrow \circ M_\uparrow \circ M_\uparrow$ (e) $M_\downarrow \circ M_\rightarrow \circ M_\downarrow \circ M_\downarrow$

(2$'$) (2) の (a)〜(e) の逆関係

(2$''$) (2) において，恒等関係になるような $M_\rightarrow$, $M_\leftarrow$, $M_\uparrow$, $M_\downarrow$ の合成

(3) $\mathbb{Z}$ の上の 2 項関係 F を $aFb \overset{\text{def}}{\iff} \frac{a}{b} \in \mathbb{Z}$ で定義したとき，$F \circ F$．

問 8.4 2 項関係の合成が結合律を満たすこと，すなわち，任意の 2 項関係 R_1, R_2, R_3 に対して，$R_3 \circ (R_2 \circ R_1) = (R_3 \circ R_2) \circ R_1$ が成り立つことを証明せよ．

任意の 2 項関係 R と S に対し，

$$(S \circ R)^{-1} = R^{-1} \circ S^{-1}$$

が成り立つ．それは次のように示すことができる：

$(x, y) \in (S \circ R)^{-1}$

$\iff (y, x) \in S \circ R$ 　　　　　　　　　　　　（「逆関係」の定義）

$\iff z$ が存在して $(y, z) \in R$ かつ $(z, x) \in S$ 　　（「合成」の定義）

$\iff z$ が存在して $(z, y) \in R^{-1}$ かつ $(x, z) \in S^{-1}$ 　（「逆関係」の定義）

$\iff (x, y) \in R^{-1} \circ S^{-1}$. 　　　　　　　　　　（「合成」の定義）

特に，$(R \circ R)^{-1} = R^{-1} \circ R^{-1}$ である．後ほど，$\circ$ を積と見立て $R \circ R$ を R^2 と書くが，その書き方に従うと，$(R^2)^{-1} = (R^{-1})^2$ である．これを R^{-2} と書くことにする．

例 8.4 合成関係の逆関係

例 8.3 の (2) について考えてみよう．

$(x, y)\, Y \circ X\, (x', y')$ は，(x, y) の x 軸に関して対称な点 (u, v) が存在し（すなわち，$(x, y)\, X\, (u, v)$ であり），(u, v) の y 軸に関して対称な点が (x', y') である（すなわち，$(u, v)\, Y\, (x', y')$ である）ことを表すが，

$$(x', y')\, (Y \circ X)^{-1}\, (x, y) \iff (x', y')\, X^{-1} \circ Y^{-1}\, (x, y)$$

であるから，$(x', y')\, (Y \circ X)^{-1}\, (x, y)$ は，(x', y') の y 軸に関して対称な点 (u, v) が存在し（すなわち，$(x', y')\, Y^{-1}\, (u, v)$ であり），それの x 軸に関して対称な点が (x, y) である（すなわち，$(u, v)\, X^{-1}\, (x, y)$ である）ことを表す．

x 軸（y 軸）に関して対称であるという点で X（または Y）は X^{-1}（または Y^{-1}）と同じ 2 項関係であること（$X^{-1} = X$，$Y^{-1} = Y$）に注意する．□

問 8.5 $R : A \to B$，$S : B \to C$，$T : C \to D$ とするとき，$(T \circ S \circ R)^{-1} = R^{-1} \circ S^{-1} \circ T^{-1}$ であることを証明せよ（$\circ$ は結合律を満たすことに注意）．

例 8.5 2 項関係を「向きのある操作」とみると理解しやすいことがある

例 8.3 の (2) は「x 軸あるいは y 軸に関して対称である関係」というよりも「ある点に対し，その点の x 軸あるいは y 軸に関して対称な点を求める操作」と考えると，その合成関係や逆関係の意味がよりよく理解できる．すなわち，$P\, X\, Q$（または，$P\, Y\, Q$）は「点 P の x 軸（または，y 軸）に関する対称な点を Q とする操作」だと考えると，その逆関係 $Q\, X^{-1}\, P$（または，$Q\, Y^{-1}\, P$）は「点 Q を x 軸（または，y 軸）に関して対称な点 P に戻す操作」である．また，$P\, (Y \circ X)\, R$ は，点 P をまず x 軸に関して対称な点（Q とする）に移し，続いて Q を y 軸に関して対称な点 R に移すことを表す．一方，R を y 軸に関して対称な点 Q に戻し，さらに続けて Q を x 軸に関して対称な点 P に戻す操作は $R\, Y^{-1}\, Q$ と $Q\, X^{-1}\, P$ の合成 $R\, (X^{-1} \circ Y^{-1})\, P$ である．この操作で R は P に戻るが，それは $R\, (Y \circ X)^{-1}\, P \iff R\, (X^{-1} \circ Y^{-1})\, P$ が成り立つことを意味する．□

問 8.6 例 8.4, 例 8.5 と同様な考え方（2 項関係を操作と考える）で説明をせよ．
(1) 例 8.3 の (4)
(2) 文字 S を $[S]$ に書き換える操作を $\to$ で表し（すなわち，$S \to [S]$），S を SS に書き換える操作を $\twoheadrightarrow$ で表す（すなわち，$S \twoheadrightarrow SS$）．例えば $aSbSc$ のように $\to$ や $\twoheadrightarrow$ を適用できる箇所が複数ある場合（例えば $aSbSc$ の場合は 2 箇所の S に適用可能である）には複数の操作結果が可能である（例えば，$aSbSc \to a[S]bSc, aSbSc \to aSb[S]c, aSbSc \twoheadrightarrow aSSbSc, aSbSc \twoheadrightarrow aSbSSc$ のどれも成り立つ）．合成 $\to \circ \to, \to \circ \twoheadrightarrow, \twoheadrightarrow \circ \to, \twoheadrightarrow \circ \twoheadrightarrow$ それぞれを SS に適用した結果と，それらの逆関係それぞれを $[S]SS[S]$ に適用した結果を示せ（例えば $\to \circ \to$ を SS に適用した結果は $[S][S]$ または $[[S]]S$ または $S[[S]]$ であり，$(\to \circ \twoheadrightarrow)^{-1}$ を $[S]SS[S]$ に適用した結果は $SSS[S]$ または $[S]SSS$ である）．

8.3　2項関係の累乗と(反射)推移閉包

親子関係を何重にも繰り返したものが先祖–子孫関係であるように，同じ関係を何回か繰り返すことによって表すことができるものは多い．2 項関係 R を 2 回繰り返した関係は合成 $R \circ R$ であり，合成を '積' と呼んだことからわかるように，$R \circ R$ を R の 2 乗と呼び，$R \circ R \circ R$ を R の 3 乗と呼ぶ，… は自然なことである．合成は結合律を満たすので，$R \circ R \circ R$ などは合成の順序を無視してよい（合成の順序を表す ( ) を付ける必要がない）ことに注意して次のように累乗を定義する．

> R を A の上の 2 項関係とするとき，R の**べき乗**（**累乗**）を
> $$\begin{cases} R^0 = id_A = \{(a,a) \mid a \in A\} \\ R^{n+1} = R^n \circ R \quad (n = 0, 1, 2, \dots) \end{cases}$$
> によって定義する．id_A は A の上の恒等関係である．R^n を R の **n 乗**という．合成は結合律を満たすから，$R^n \circ R$ の代わりに $R \circ R^n$ によって定義しても同じである．

この定義により，$R^1 = R$ が成り立つことに注意しよう．なぜなら，

$aR^1b \implies a(R^0 \circ R)b$ 　　　　　　　　（べき乗の定義による）

　　$\implies c$ が存在して aR^0c かつ cRb 　　（合成の定義による）

　　$\implies a = c$ かつ $cRb,$ すなわち aRb 　　（R^0 の定義による）

だからである.

関係の積,累乗に続いて,和と共通部分を次のように定義する.

> 定義域も値域も共通の 2 つの関係 $R, S : A \to B$ に対して,R と S を $A \times B$ の部分集合とみたときの和集合 $R \cup S$ および共通部分 $R \cap S$ をそれぞれ R と S の**和**,**共通部分**という.
>
> この定義より,次のことが成り立つ:
> $$a(R \cup S)b \iff aRb \text{ または } aSb,$$
> $$a(R \cap S)b \iff aRb \text{ かつ } aSb.$$

例 8.6 関係の和・共通部分

(1) $\mathbb{R}$ の上の 2 項関係 $<$ と $=$ の和は $\leqq$ であり,$\leqq$ と $\geqq$ の共通部分は $=$ である:
$$x(< \cup =)y \iff x < y \text{ または } x = y \iff x \leqq y,$$
$$x(\leqq \cap \geqq)y \iff x \leqq y \text{ かつ } x \geqq y \iff x = y.$$

(2) 問 8.6 (2) の 2 項関係 $\to$ と $\twoheadrightarrow$ について考える.$\to(SS) = \{[S]S, S[S]\}$ であり $\twoheadrightarrow(SS) = \{SSS\}$ であるから,$(\to \cup \twoheadrightarrow)(SS) = \{[S]S, S[S], SSS\}$ であり $(\to \cap \twoheadrightarrow)(SS) = \emptyset$ である.

2 項関係 R に対して,$R(a) = \{b \mid aRb\}$ であることを思い出そう. ■

問 8.7 次の条件を満たす,A の上の 2 項関係 R, S の例を示せ.
(1) $R \cup R^{-1} = id_A$ (2) $R \cap R^{-1} = \emptyset$ (3) $R \cup R^{-1} = R \cap R^{-1}$
(4) $(R \cup S)^{-1} = R^{-1} \cup S^{-1}$ (5) $(R \cap S)^{-1} = R^{-1} \cap S^{-1}$

最後に,2 項関係 R に対して,単一の n 乗 R^n ではなく,"何乗かであること" を和を使って次のように定義する.

> R を A の上の 2 項関係 とするとき,
> $$R^* = \bigcup_{n=0}^{\infty} R^n, \qquad R^+ = \bigcup_{n=1}^{\infty} R^n$$
> によって定義される A の上の 2 項関係 R^*, R^+ をそれぞれ R の**反射推移閉包**,**推移閉包**という.
>
> R^* は 0 乗以上であることを,R^+ は 1 乗以上であることを表す.

2 項関係 R を "向きのある操作" とみるとき，R の（反射）推移閉包は以下に述べるような重要な意味と使い方がある．

> R を A の上の 2 項関係とし，x, y を A の元とする．$x R^n y$ が成り立つことは
> $$x = z_0, \ z_0 R z_1, \ z_1 R z_2, \ \ldots, \ z_{n-1} R z_n, \ z_n = y$$
> を満たす A の元 $z_1, z_2, \ldots, z_{n-1}$ が存在することと同値である．この一連の関係式はまとめて
> $$x = z_0 R z_1 R z_2 R \cdots z_{n-1} R z_n = y$$
> と略記してもよい．
>
> R^* および R^+ の定義より，
> $$\begin{aligned} x R^* y &\iff x R^n y \text{ を満たす } n \geq 0 \text{ が存在する} \\ &\iff x = y \text{ または } x R^+ y, \\ x R^+ y &\iff x R^n y \text{ を満たす } n \geq 1 \text{ が存在する}, \\ R^* &= R^+ \cup id_A \end{aligned}$$
> が成り立つ．

例 8.7 2 項関係の n 乗，反射推移閉包，推移閉包

(1) $A = \{a, b, c, d\}$ の上の 2 項関係 $R = \{(a, b), (a, c), (b, c)\}$ を考えよう．$R^2 = \{(a, c)\}$，$R^3 = R^4 = \cdots = \emptyset$ であるから，$R^+ = R$，$R^* = R \cup \{(a, a), (b, b), (c, c), (d, d)\}$ である．

例 8.3 の (1) のような図を描くと，R^n ($n = 1, 2, \ldots$) は容易に求められる．

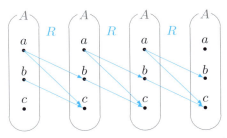

最も左の A の中の a から $\to$ でたどれるのは $a \to b \to c$ だけ，b からは $b \to c$ だけ，c からはたどれない．このことから $R^2(a) = \{c\}$，$R^2(b) = R^2(c) = \emptyset$，$R^3(a) = R^3(b) = R^3(c) = \emptyset$ が得られ，したがって $R^2 = \{(a, c)\}$，$R^3 = \emptyset$ で

あることが得られる.

R は A から自分自身である A への2項関係であるから，A は右のような図（有向グラフという）で表すことができ，この有向グラフの上で点 x から $\to$ を n 回たどって点 y へ到達できることが $xR^n y$ となる必要十分条件である.

(2) $B=\{0,1,2\}$ の上の関係 $S=\{(0,1),(1,2),(2,0)\}$ を考えると，$S^2=\{(0,2),(1,0),(2,1)\}$，$S^3=\{(0,0),(1,1),(2,2)\}=S^0$ である．一般に，$i \geqq 0$ について $S^{3i}=S^0, S^{3i+1}=S^1, S^{3i+2}=S^2$ であり，$S^*=B \times B$ である.

(3) $\mathbb{N}$ の上の2項関係 R を $nRm \overset{\text{def}}{\iff} n=m+1$ によって定義すると，
$$nR^0 m \iff n=m,$$
$$nR^1 m \iff n=m+1,$$
$$\cdots,$$
$$nR^k m \iff n=m+k$$
である（証明は k に関する数学的帰納法）．したがって，
$$nR^* m \iff \exists k \geqq 0 [nR^k m]$$
$$\iff \exists k \geqq 0 [n=m+k] \iff n \geqq m$$
である．つまり，R^* は $\geqq$ を表す．

同様に，$nR^+ m \iff n>m$ である．すなわち，R^+ は $>$ を表す．

(4) 人間の集合の上の2項関係 S を，$aSb \overset{\text{def}}{\iff} a$ は b の親，で定義すると，$aS^k b$ は a が b の k 代前の先祖であることを表し，$aS^* b$ は a が b の先祖（$a=b$ の場合を含む）であることを表し，$aS^+ b$ は a が b の先祖（$a=b$ の場合を含まない）であることを表す． ∎

問 8.8 次の2項関係 $R \subseteq \{-2,-1,0,1,2\}$，$S \subseteq \{a,b,c,d,e,f\}$ を有向グラフで表し，$(R^{-1})^n, S^n \ (n=0,1,2)$ を求めよ．
(1) $R=\{(-2,0),(-2,2),(-1,0),(-1,1),(0,1),(0,2),(1,-1),(2,-2)\}$
(2) $S=\{(a,a),(a,b),(a,e),(b,c),(c,d),(c,e),(d,a)\}$

例 **8.8** 操作や遷移としての2項関係と（反射）推移閉包

すでに何度も述べているように，2項関係は，化学作用あるいは物理的作用や人為的操作（数学用語では，作用あるいは変換）によって物質やシステムなどの状態が遷移する過程を表すものとみると，作用や操作の効果，あるいはその作用や操

8.3 2項関係の累乗と(反射)推移閉包

作を受ける物質やシステムの性質を研究するためのツールとしてとても役立つ．特に，n 乗は作用や操作を <u>ちょうど n 回適用した結果</u> を表すのに対し，(反射)推移閉包は作用や操作を <u>何回か（回数は問わない．0 回も含む）適用した結果</u> を表す．

(1) 実数列 $\{x_n\}_{n\geq 0}$ は，$\mathbb{R}$ 上で値が順に定まっていく 2 項関係 X であると考えることができる：

$$x_n \, X \, x_{n+1} \ (n=0,1,2,\ldots)$$

$\mathrm{Dom}\, X \neq \mathbb{R}$ であるから，X は関数ではない．

(2) 例 7.2 (1) のユークリッドの互除法

$$\gcd(m,n) = \begin{cases} m & (n=0 \text{ のとき}) \\ \gcd(n, m \bmod n) & (n>0 \text{ のとき}) \end{cases}$$

は $(m,n) \in \mathbb{N}_{>0} \times \mathbb{N}$ に適用すると $(n, m \bmod n)$ を結果とする，$\mathbb{N} \times \mathbb{N}$ の上の 2 項関係 GCD である：

$$(m,n)\, \mathrm{GCD}\, (m',n') \overset{\mathrm{def}}{\iff} n \neq 0 \text{ かつ } (m',n') = (n, m \bmod n).$$

これは，(m,n) と GCD の関係にある値の集合 $\mathrm{GCD}(m,n) = \{(n, m \bmod n)\}$ によって表すこともできる．$\mathrm{GCD}(m,n)$ は $\mathrm{GCD}((m,n))$ の略記である．

任意の $m, n \in \mathbb{N}$ に対して，$(m,n)\, \mathrm{GCD}^*\, (d,0)$ となる $d \in \mathbb{N}$ が必ず存在し，そのような d は m と n の最大公約数である．

(3) 問 8.6 (2) の文字列の書き換え操作 $\rightarrow$ と $\twoheadrightarrow$ に加え，文字 S を消去する操作 $\triangleright$ を考える：$\triangleright = \{(\alpha S \beta, \alpha\beta) \mid \alpha, \beta \text{ は任意の文字列}\}$．

例えば，

$$S \rightarrow SS \rightarrow [S]S \triangleright [\,]S \rightarrow [\,][S] \twoheadrightarrow [\,][SS] \triangleright [\,][S] \rightarrow [\,][[S]] \triangleright [\,][[\,]]$$

が成り立つ．$\rightarrow \cup \twoheadrightarrow \cup \triangleright$ を $\Rightarrow$ で表すと，$\Rightarrow^*$ は上の例のように，$\rightarrow, \twoheadrightarrow, \triangleright$ のどれかを合計 0 回以上適用する操作を意味し，

$$\{w \mid S \Rightarrow^* w \text{ かつ } w \text{ は } [\text{ と }] \text{ だけからなる文字列}\}$$

は例 7.8 (2) で定義した整合括弧列の集合 W に等しい． □

問 8.9 例 8.8 (3) について答えよ．
(1) $\lambda, [\,], [\,][\,], [[\,[\,][\,]]][\,] \in W$ であることを示せ．λ は空の文字列である．
(2) $\alpha, \beta \in W$ とするとき，*depth* と *width* を次のように定義する：
$\ \ depth(\lambda) = 0,\ depth([\alpha]) = depth(\alpha) + 1,\ depth(\alpha\beta) = \max\{depth(\alpha), depth(\beta)\}$,

$width(\lambda) = 0$, $width([\,]) = 1$,
$\alpha \neq \lambda$ のとき $width([\alpha]) = width(\alpha)$, $width(\alpha\beta) = width(\alpha) + width(\beta)$.
$[[[\,][\,]][\,]$ の $depth$, $width$ を求め，$depth$, $width$ と $\to$, $\twoheadrightarrow$, $\triangleright$ との関係を求めよ．

問 8.10 便宜的に，$[12] = \{0, 1, \ldots, 12\}$ と定義する．将棋盤の上で駒 ○ を動かす操作 $M_○$ は，将棋盤を格子点の集合 $[12]^2$ で表すとき，この集合の上の 2 項関係
$(x,y) ○ (x',y') \iff (x,y)$ の位置にある駒 ○ を (x',y') に移動することができる
として表すことができる．例えば，$M_{桂馬} = \{((x,y),(x',y')) \in [12]^2 \times [12]^2 \mid (x',y') = (x \pm 1, y+2)\}$ である．将棋盤の左下隅（座標は $(0,0)$）から駒 ○ を移動してたどり着くことが可能な位置は
$$reachable(○) = \{(x,y) \in [12]^2 \mid (0,0)\, M_○^*\, (x,y)\}$$
と表すことができる（ただし，盤上には駒が 1 つも置かれていないとする）．

(1) ○ = 歩, 桂馬, 角, 飛車 について，$reachable(○)$ を求めよ．ただし，$M_歩(x,y) = \{(x, y+1)\} \cap [12]^2$, $M_角(x,y) = \{(x \pm 1, y \pm 1)\} \cap [12]^2$, $M_{飛車}(x,y) = \{(x \pm 1, y), (x, y \pm 1)\} \cap [12]^2$ である（角と飛車の動きは限定している）．
(2) $(0,0)\, M_○^+\, (0,0)$ を満たす ○ はどれか？
(3) $\{(x,y) \mid (0,0)\, M_○^*\, (x,y)\} = [12]^2$ が成り立つ ○ はどれか？

8.4 2項関係の表し方いろいろ

2項関係 $R \subseteq A \times B$ の表し方として，これまでに
(i) $A \times B$ の部分集合として表す
(ii) $a \in A$ に対して $R(a)$ を示す
(iii) $b \in B$ に対して $R^{-1}(b)$ を示す
(iv) 有向グラフで表す

を使ってきたが，R が有限集合の場合には表や座標型の図で表すこともできる．例えば，$R = \{(哺乳類, 4), (昆虫, 6), (クモ, 8), (タコ, 8), (イカ, 10)\}$ は次のように表すことができる．

	4	6	8	10
哺乳類	○	×	×	×
昆虫	×	○	×	×
クモ	×	×	○	×
タコ	×	×	○	×
イカ	×	×	×	○

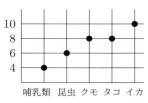

問 8.11 (1) 上記の例の R を (iii), (iv) の方法で表せ．
(2) 問 8.8 の R を表や座標型の図で表せ．

第 9 章

同 値 関 係

> **⁉** '図形の合同' を表すのに日本で使われている記号 $\equiv$ を最初に用いたのはハンガリーの数学者ボーヤイ (W.Bolyai)(1897 年) だという．一方，ガウス (K.F.Gauss) は，この章で登場する '整数の合同' を表すための記号として $\equiv$ を用い，現在でも同じ意味で使われている．
> ボーヤイ以前，図形の合同を表す記号として，ライプニッツ (G.W.Leibniz) は 1710 年にベルリン大学の学術誌に発表した論文で $\simeq$ を使い，ドイツの天文学者モルヴァイデ (K.B.Mollweide) は 1824 年に $\cong$ を使い，現在では多くの国で $\cong$ が使われている（例外的に，日本や韓国では $\equiv$ を使っている）．TeX では $\equiv$ を表すコマンドは \equiv (equivalence = 同値) であり，$\cong$ は \cong (congruence = 合同) であるので，同値関係を表すのに記号 $\equiv$ を用いるのは妥当といえよう．

 等しいとはどういうことであろうか？ 大きいとか小さいとはどういうことであろうか？ このような誰もが当たり前だと思うことをきちんと説明できるか，疑問に思うかは数学を学ぶ上でとても大事なセンスである．この章と次の章では，等しいとか大小関係といった概念を数学ではいかに表すか，そしてそれらが離散数学の分野でもいかに重要であるかを学ぶ．

9.1 同値関係：似たものを類別する

2 つのものが等しいという関係 '=' は 2 項関係であるが，これは次のような性質をもつ：

(i) どんなものも自分自身と等しい（任意の a について，$a = a$）．
(ii) a と b が等しいならば b と a も等しい．
(iii) a と b が等しく b と c が等しいならば，a と c も等しい．

一般に，この 3 つの性質をもつ 2 項関係を同値関係という．すなわち，同値関係は '等しい' という概念を一般化したものであり，次のように定義される．

> R を集合 A の上の 2 項関係とする．
> (i) **反射律**：任意の $a \in A$ に対して aRa が成り立つとき，R は反射的であるという．
> (ii) **対称律**：任意の $a, b \in A$ に対して $aRb \implies bRa$ が成り立つとき，R は対称的であるという．

(iii) **推移律**：任意の $a, b, c \in A$ に対して aRb かつ $bRc \implies aRc$
が成り立つとき，R は推移的であるという．

(i), (ii), (iii) の性質を満たす2項関係 R を**同値関係**という．

例 9.1 同値関係である2項関係と同値関係でない2項関係

(1) $A = \{a, b, c\}$ のとき，$R = \{(a,a), (a,b), (b,a), (b,b), (c,c)\}$ は A の上の同値関係であるが，$S = \{(a,a), (a,b), (a,c), (b,a), (b,c), (c,c)\}$ は同値関係ではない．このことは R や S の有向グラフを描いてみればよくわかる．

(i) 同値関係では反射律が成り立っているので，どの点 $x \in A$ にも自分から自分への矢印（**自己ループ**と呼ぶ向きのある**有向辺**）があるが，S の点 b にはそれがない．

(ii) 同値関係では対称律が成り立っているので，点 x から点 y への有向辺があれば点 y から点 x への有向辺もなければならないが，S の点 a と c の間や b と c の間にはそれが成り立っていない．

(iii) 同値関係では推移律が成り立っているので，点 x から点 y への有向辺と点 y から点 z への有向辺があれば点 x から点 z への有向辺もなければならないが，S の点 a, b の間ではそれが成り立っていない（(b, b) がない）．

(2) 実数の上の大小関係 $\leq$ は反射律と推移律を満たすが対称律を満たさないので同値関係ではない．

(3) 平面上の2つの図形が'**合同である**'という関係，'**相似である**'という関係は，いずれも平面図形の上の同値関係である．

(4) L を平面上の直線の集合とする．$l_1 \parallel l_2 \stackrel{\text{def}}{\iff} l_1$ と l_2 は平行，と定義すると $\parallel$ は L の上の同値関係である．

(5) 関数 $f: X \to Y$ が与えられたとき，$x_1, x_2 \in X$ に対して
$$x_1 \sim x_2 \stackrel{\text{def}}{\iff} f(x_1) = f(x_2)$$
と定義すれば，$\sim$ は X の上の同値関係である． ■

9.1 同値関係：似たものを類別する

問 9.1 例 9.1 (1) について答えよ．
(1) S に最小限の有向辺を加えて S が同値関係となるようにせよ．
(2) 一般に，2 項関係の有向グラフが同値関係であるための条件を求めよ．

問 9.2 次の 2 項関係のうち，同値関係であるものはどれか？
(1) 集合 $\{1,2,3,4,5,6\}$ の上の 2 項関係 $R = \{(1,1), (1,2), (2,1), (2,2), (3,3), (3,4), (5,5)\}$．$R$ の有向グラフを描いて答えよ．
(2) '日' の集合の上の '同じ曜日である' という関係
(3) 自然数の上の関係 $\approx : n \approx m \overset{\text{def}}{\iff} n$ と m は 1 以外の公約数をもつ
(4) 2 つの空でない集合 A, B に対し，$A \sim_1 B \overset{\text{def}}{\iff} A \cap B \neq \emptyset$ により定義された関係 $\sim_1$．$A \sim_2 B \overset{\text{def}}{\iff} A \cup B \neq \emptyset$ により定義される関係 $\sim_2$ についてはどうか？
(5) 英単語の間の '頭文字が同じ' という関係や '同じ文字を含む' という関係
(6) R を平面図形の間の同値関係とする．平面図形の間の '面積が等しく R が成り立つ' という関係

問 9.3 R, S が同値関係のとき，次のそれぞれは同値関係か否か？
(a) $R \cap S$ (b) $R \cup S$ (c) $R \circ S$ (d) R^{-1} (e) R^2 (f) R^*

R を集合 A の上の同値関係とする．このとき，A の元 a と R の関係にあるような A の元すべての集合

$$[a]_R = \{b \in A \mid a R b\}$$

のことを a を含む（R の）**同値類**といい，a を同値類 $[a]_R$ の**代表元**という（あとでわかるように，$[a]_R$ のどの元も $[a]_R$ の代表元である）．

R がわかっているときは $[a]_R$ を $[a]$ と略記する．

● **同値類の性質**

(1) 反射律により aRa が成り立つから，$a \in [a]$ である．

(2) 同値類 $[a]$ の定義より $b \in [a] \iff bRa$ であり，同様に $a \in [b] \iff aRb$ である．一方，対称律により $aRb \iff aRb$ が成り立つから，$b \in [a] \iff bRa \iff aRb \iff a \in [b]$ である．したがって，同値類のどの元もその同値類の代表元である．

(3) $b, c \in [a]$ とすると，(2) より aRb かつ bRa かつ aRc かつ cRa が成り立つ．したがって，bRa と aRc より推移律により bRc が成り立つ．すなわち，$b, c \in [a] \implies bRc$ が成り立つ．

(4) $[a] = [b]$ とすると,(1) より $a \in [a] = [b]$ であるから,(2) により aRb が成り立つ.逆に,aRb が成り立つとすると $[a] = [b]$ が成り立つことを証明できる(問 9.4)ので,$aRb \iff [a] = [b]$ である.

(5) $[a] \cap [b] \neq \emptyset \iff [a] = [b]$ であることを示そう.$[a] \cap [b] \neq \emptyset$ とすると $[a] \cap [b]$ の元 c が存在する.$c \in [a]$ より aRc が成り立ち,$c \in [b]$ より bRc が成り立つ.よって,対称律により cRb が成り立ち,aRc と cRb から推移律により aRb が成り立つから,(4) により $[a] = [b]$ であることが導かれる.逆 $[a] = [b] \implies [a] \cap [b] \neq \emptyset$ は明らかである.

(6) $\bigcup_{a \in A}[a] = A$ が成り立ち(問 9.4),(2) によると同値類は集合として互いに素であるから,A は R の同値類によって分割される(**分割**とは,互いに素な集合の和となっていること.**類別**ともいう).

以上のことをまとめておこう:

R を集合 A の上の同値関係とする.A の任意の元 a, b, c に対し,次のことが成り立つ.
(1) $a \in [a]$.
(2) $b \in [a] \iff aRb \iff bRa \iff a \in [b]$.
(3) $b, c \in [a] \implies bRc$ かつ cRb.
(4) $aRb \iff [a] = [b]$.
(5) $[a] = [b]$,$[a] \cap [b] = \emptyset$ のどちらか一方だけが必ず成り立つ.
(6) $\bigcup_{a \in A}[a] = A$(A は同値類によって分割される).

問 9.4 同値類の性質 (4) の $aRb \implies [a] = [b]$ および (6) を示せ.

同値類の性質 (6) により,集合 A の上の同値関係 R によって A は同値類に分割される.R の同値類を元とする集合を A/R と書き,A の R による**商集合**という:

$$A/R = \{\,[a]_R \mid a \in A\,\}.$$

例 9.2 同値類と商集合

(1) 現在・過去を含めた人間の集合の上の '母語が同じ' という関係を $\approx$ で表そう:

9.1 同値関係：似たものを類別する

徳川家康 ≈ 夏目漱石 ≈ 瀬戸内寂聴 etc.,

リンカーン大統領 ≈ アガサ・クリスティ ≈ マイケル・ジャクソン etc.

母語とは幼少期から自然に習得する言語のことで，母国語とは違いどの人も母語は 1 つだけであると考えることにすると ≈ は同値関係であり，≈ により人間の集合はいくつかの同値類

[夏目漱石]$_{≈}$ = 日本語を母語とする人すべてからなる集合，

[リンカーン大統領]$_{≈}$ = 英語を母語とする人すべてからなる集合，

$\cdots$

に類別される．

(2) 問 9.2 (2) の '日' の集合 DAY の上の '同じ曜日である' という関係は同値関係であり，その同値類は，'月曜日である日の集合'，'火曜日である日の集合'，$\cdots$，'日曜日である日の集合'，の 7 つである：

(3) 例 9.1 (5) の同値関係 $\sim$: $x_1 \sim x_2 \overset{\text{def}}{\iff} f(x_1) = f(x_2)$ において，それぞれの $y \in Y$ に対して $f^{-1}(y)$ は $\sim$ の同値類の 1 つであり，

$$X/\sim = \{[f^{-1}(y)]_\sim \mid y \in Y\}$$

である．

(4) 例 9.1 (1) において，$A = \{a, b, c\}$ の上の同値関係 R の同値類は左下図の点線で囲んだ 2 つの部分 $X = \{(a,a), (a,b), (b,a), (b,b)\}$ と $Y = \{(c,c)\}$ である：$A/R = \{X, Y\}$．

S は同値関係ではないが，S に $(c,a), (b,b), (c,b)$ を加えた S'（右下図参照）は同値関係であり，その同値類は S' 自身 1 つだけである．

この例が示すように，同値類のグラフはどの頂点にも自己ループがあり，どの 2 頂点間にも両向きの辺があるようなものである． □

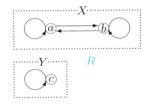 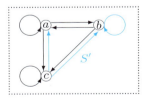

問 **9.5** 問 9.2 の 2 項関係のうち同値関係である (5) と (6) の同値類を求めよ．

9.2 合同式：整数の上の同値関係

> 2 以上の整数 m を 1 つ固定し，整数 x, y に対して
> $$x \equiv_m y \stackrel{\text{def}}{\iff} m \mid (x-y)$$
> と定義する．$m \mid (x-y)$ は，「m は $x-y$ を割り切る」ことを表す．$\equiv_m$ は $\mathbb{Z}$ 上の同値関係である．なぜなら，任意の $x, y, z \in \mathbb{Z}$ に対して，
>
> (i) $m \mid (x-x)$．すなわち，$x \equiv x \pmod{m}$（反射律）
> (ii) $m \mid (x-y) \iff m \mid (y-x)$ が成り立つのは明らかである．すなわち，$x \equiv y \pmod{m} \implies y \equiv x \pmod{m}$（対称律）
> (iii) $m \mid (x-y)$ かつ $m \mid (y-z)$ とすると，$x-y = km, y-z = lm$ となる $k, l \in \mathbb{Z}$ が存在するので，$x-z = (k+l)m$ は m で割り切れる．よって，$x \equiv y \pmod{m}$ かつ $y \equiv z \pmod{m} \implies x \equiv z \pmod{m}$（推移律）が成り立つからである．
>
> $x \equiv_m y$ のとき，x と y は m を**法**として**合同**であるといい，
> $$x \equiv y \pmod{m}$$
> と書き，このような式を**合同式**という．

問 9.6 $x \equiv y \pmod{m}$ である必要十分条件は x を m で割った余りと y を m で割った余りが等しいことである．このことを証明せよ．

例 9.3 合同

(1) $82 - 22 = 60$ は 3 で割り切れるので，82 と 22 は 3 を法として合同である．すなわち，$82 \equiv 22 \pmod{3}$ である．$\equiv$ は対称律を満たすので，$22 \equiv 82 \pmod{3}$ も成り立つ．

(2) 35 を 11 で割った余りは 2 であり，24 を 11 で割った余りも 2 であるから，$35 \equiv 24 \pmod{11}$ でありかつ $24 \equiv 35 \pmod{11}$ が成り立つ．

(3) $1 \equiv -2 \pmod{3}$ かつ $4 \equiv 1 \equiv -2 \pmod{3}$ なので，推移律により $4 \equiv -2 \pmod{3}$ が得られる．

問 9.7 a, b, m, n, k を $m > 0, n > 1, k > 0$ である整数とするとき，次のことが成り立つことを示せ．

(1) $a \equiv b \pmod{n} \implies ka \equiv kb \pmod{n}$
(2) $a \equiv b \pmod{mn} \implies a \equiv b \pmod{n}$
(3) $a \equiv b \pmod{n} \iff ka \equiv kb \pmod{kn}$

9.2 合同式：整数の上の同値関係

例 9.4 合同式を使って問題を解く

リンゴを段ボール箱に詰めた．1 段に 12 個ずつ詰めたら 7 個余った．リンゴは全部で 90 個以上 100 個以下であったという．リンゴは何個あったか？

リンゴの個数を x とすると，

$$x \equiv 7 \pmod{12}$$

と表すことができる．定義よりこれは $12 \mid (x-7)$ と同値なので，$x - 7 = 12k \ (k \in \mathbb{Z})$ と表すことができる．

$$\therefore \ x = 12k + 7 \ (k \in \mathbb{Z}).$$

これを満たす $90 \leqq x \leqq 100$ の範囲にある x は 91 だけである． ∎

例 9.5 $\equiv$ は同値関係だから $\mathbb{Z}$ はその同値類で分割される

特に，同値関係 $\equiv_m$ において，$m = 3$ の場合を考えてみよう．以下では，$[a]_{\equiv_3}$ を $[a]$ と略記する．$\equiv_m$ の同値類は

$[0] = \{3k \mid k \in \mathbb{Z}\}$,
$[1] = \{3k + 1 \mid k \in \mathbb{Z}\}$,
$[2] = \{3k + 2 \mid k \in \mathbb{Z}\}$

の 3 つで，$\mathbb{Z}$ はこれら 3 つの集合に分割される：

一般に，$[n] = \{mk + n \mid k \in \mathbb{Z}\}$ とするとき，

$\mathbb{Z}/\equiv_m \, = \{[0], [1], \ldots, [m-1]\}$ （$\mathbb{Z}_m$ とか $\mathbb{Z}/(m)$ とか $\mathbb{Z}/m\mathbb{Z}$ とも書く）

である．$0 \leqq i, j \leqq m - 1$ かつ $i \neq j$ ならば $[i] \cap [j] = \emptyset$ であり，$i \geqq m$ ならば $[i] = [i \bmod m]$ である．$\mathbb{Z}/\equiv_m$ の元を m を法とする**剰余類**という．因みに，$\mathbb{Z}/\equiv_m$ は加法 $[x] + [y] = [(x+y) \bmod m]$ と乗法 $[x] \cdot [y] = [(x \cdot y) \bmod m]$ で閉じていて，環と呼ばれる代数系の性質（加法に関して可換群，乗法に関して結合律を満たし可換で単位元をもち，加法と乗法の間に分配律が成り立つ）を満たすので，**剰余類環**という．代数系については第 15 章を参照のこと． ∎

問 9.8 (1) $\mathbb{Z}$ を偶数と奇数に分割するように合同式で表せ．
(2) $\mathbb{Z}_5$ の同値類の個数を求め，特に $[1]_{\equiv_5}$ を具体的に示せ．
(3) $\mathbb{Z}_2, \mathbb{Z}_3, \mathbb{Z}_6$ の関係を求めよ．一般に，$l = mn$ のとき，$\mathbb{Z}_m, \mathbb{Z}_n, \mathbb{Z}_l$ の関係について考えよ．

● **合同式の基本的性質** （一部既出）

m, n を正整数とし，$a, b, a', b', c, k, r, a_0, a_1, \ldots, a_n$ を任意の整数とする．$a \equiv a' \pmod{m}$ かつ $b \equiv b' \pmod{m}$ であるとき，次のことが成り立つ．

(i) $a + b \equiv a' + b' \pmod{m}$
(ii) $a - b \equiv a' - b' \pmod{m}$
(iii) $ka \equiv kb \pmod{m}$
(iv) $ab \equiv a'b' \pmod{m}$
(v) $a^r \equiv (a')^r \pmod{m}$ （ただし，$r \geqq 0$）
(vi) $ka \equiv kb \pmod{km} \iff a \equiv b \pmod{m}$
(vii) $a \equiv b \pmod{mn} \implies a \equiv b \pmod{n}$
(viii) $\underline{c \text{ と } m \text{ が互いに素ならば}}$，
$$ac \equiv bc \pmod{m} \implies a \equiv b \pmod{m}$$
(ix) $\underline{c \neq 0 \text{ のとき}}$，
$$ac \equiv bc \pmod{mc} \implies a \equiv b \pmod{m}$$
(x) $x \equiv y \pmod{m}$
$\implies a_n x^n + \cdots + a_1 x + a_0 \equiv a_n y^n + \cdots + a_1 y + a_0 \pmod{m}$

例 9.6 合同式の性質を使う

(1) 上記の合同式の性質のうち，(i), (vi), (vii) は問 9.7 で証明済みなので，(ii)~(v) を証明しよう．(viii)~(x) は問 9.9 とする．

$a \equiv a' \pmod{m}$ かつ $b \equiv b' \pmod{m}$ であることより，

$$m \mid (a - a') \text{ かつ } m \mid (b - b') \text{ すなわち } a - a' = k_a m, \, b - b' = k_b m$$

を満たす整数 k_a, k_b が存在する．よって，

(ii) $(a - b) - (a' - b') = (k_a - k_b)m$ だから $m \mid ((a - b) - (a' - b'))$ であり，したがって $a - b \equiv a' - b' \pmod{m}$ が成り立つ．

(iii) は (ii) と同様．

(iv) $ab - a'b' = (a'k_b + b'k_a)m + k_a k_b m^2$ であるから $m \mid (ab - a'b')$ であり，したがって $ab \equiv a'b' \pmod{m}$ が成り立つ．

(v) は (iii) を $r - 1$ 回適用すればよい．

(2) 次の合同式を満たす整数 x を求めてみよう：
$$3x + 12 \equiv 6 \pmod{8}$$
$12 \equiv 12 \pmod{8}$ であるから，合同式の性質 (ii) により，両辺から 12 を引くと
$$3x \equiv 6 - 12 \equiv -6 \pmod{8}$$
が得られる．3 と 8 は互いに素なので，合同式の性質 (viii) により両辺を 3 で割ると
$$x \equiv -2 \pmod{8}$$
が得られ，$x = 8k - 2 \ (k \in \mathbb{Z})$ である．これで十分であるがついでに合同式の推移律を使ってみよう．$-2 \equiv 6 \pmod 8$ であるから，これと $x \equiv -2 \pmod{8}$ とに合同式の推移律を適用すると $x \equiv 6 \pmod{8}$ が得られるので，$x = 8k + 6 \ (k \in \mathbb{Z})$ と表すこともできる．

(3) $1001 = 7 \times 11 \times 13$ であることに注意して，10^{3000} を 11 で割ったときの余りを求めよう．

$1000 \equiv -1 \pmod{11}$ であるから，合同式の性質 (v) により，
$$1000^{1000} \equiv (-1)^{1000} \pmod{11}.$$
一方，$10^{3000} = 1000^{1000}$，$(-1)^{1000} = 1$ であるから $10^{3000} \equiv 1 \pmod{11}$．よって，余りは 1 である． □

問 9.9 (viii)〜(x) を証明せよ．(viii), (ix) では，下線部の仮定がないと成り立たない例を示せ．

問 9.10 (1) 合同式 $5x - 4 \equiv 11 \pmod 9$, $-9 \leqq x \leqq 9$ を満たす x を求めよ．
(2) $4x \equiv 3 \pmod{19}$ を解け．
(3) $x^9 \equiv 8 \pmod 3$ を満たす x を求めよ．

例 9.7 九去法

合同式の性質 (v) より，任意の正整数 k に対して，
$$10 \equiv 1 \pmod 9 \text{ なので } 10^k \equiv 1 \pmod 9$$
であるから，合同式の性質 (x) より，x が 10 進数
$$x = a_n 10^n + a_{n-1} 10^{n-1} + \cdots + a_1 \times 10 + a_0 \quad (0 \leqq a_0, a_1, \ldots, a_n \leqq 9)$$
であるならば
$$x \equiv a_n + a_{n-1} + \cdots + a_1 + a_0 \pmod 9$$
が成り立つ．すなわち，10 進数 x を 9 で割った余りは，x の各桁の和を 9 で

割った余りに等しい．したがって，例えば $2017418 + 359 = 2017777$ の左右両辺の各項の各桁の和を9で割った余りは等しいはずである．この例では，左辺の各項の各桁の和 $(2+0+1+7+4+1+8)+(3+5+9) = 40$ を9で割った余りは4であり，右辺（項は1つだけである）の各桁の和 $2+0+1+7+7+7+7 = 31$ を9で割った余り4であり，両者は確かに等しい（等しければ計算が正しいわけではないが，等しくなければ計算は正しくない）．この事実はすでに江戸時代から計算が正しいかどうかの検算に使われており，**九去法**と呼ばれている．

①9の代わりに3でも同じことが成り立つ．② また，各桁の和を計算する際，最終的に9で割った余りを求めるのであるから，計算途中の各桁の和が9を超え次第それから9を引いて，いつでも9未満の値として計算を進めてもよい．さらに，上記の例のような足し算だけの式に限らず，引き算や掛算が入っている式でもよい． ◻

問 9.11 (1) ①，② が成り立つことを説明せよ．
(2) $123456 \times 7890 + 24680 \times 13579 = 130918756$ を九去法で検算せよ．

● もう少し進んだ勉強のために

同値関係や合同式は離散数学に限らず数学全般において重要なものである．もう少し詳しいことは拙著（守屋悦朗/著，『離散数学入門』，サイエンス社，初版 2006 年）や，やや易しめの数論あるいは代数の参考書（例えば，ジョセフ・H・シルヴァーマン/著・鈴木治郎/訳，『初めての数論』，原著第 3 版，初版 2007 年．新妻弘・木村哲三/著，『群・環・体入門』，共立出版，初版 1999 年）を読まれたい．合同式に関しては合同式の解法，フェルマーの小定理，オイラーの定理や中国式剰余定理などが本書よりも少し進んだ入門事項であり，拙著『離散数学入門』や『例解と演習 離散数学』（サイエンス社，初版 2011 年）では，自然数の定義から始めて，同値関係を使って整数や有理数を定義する方法を示している．

フェルマーの小定理：p を素数，a を任意の整数とするとき，$a^p \equiv a \bmod p$ が成り立つ．特に，p と a が互いに素であるならば $a^{p-1} \equiv 1 \bmod p$ が成り立つ．

オイラーの定理：任意の正整数 n と任意の整数 a に対して，a と n が互いに素ならば $a^{\varphi(n)} \equiv 1 \bmod n$ が成り立つ．ただし，正整数 n に対して，$\varphi(n)$ は $\{1, 2, \ldots, n\}$ の中で n と互いに素な数の個数を表す．

第10章

順　　序

> **⁉** 不等号 $<, >$ は，イギリスの天文学者・数学者ハリオット（T.Harriot）が初めて用いた（1631年）が，当時のイギリスではオートレッド（W.Oughtred）が考えた記号 $\sqsubset, \sqsupset$ の方が多く用いられていた．$\leqq, \geqq$ を最初に用いたのは，フランスのピエル・ボーガ（1734年）らしい．日本の初等中等教育では $\leqq, \geqq$ を用いるが，欧米や数学の学術論文では $\leq, \geq$ や $\leqslant, \geqslant$ と書く場合が多い．
> 　等号 $=$ は，1557年頃イギリスの医者・数学者レコード（R.Record）が代数学書で用いたのが最初と言われている．彼は $=$ を用いる理由として「2つの平行線くらい等しいものは他にないから」と言っている．当時は ‖ や æ（ラテン語 aequus「等しい」）とか œ が使われていて（ラテン語では æ と書く ae と œ と書く oe を区別しない），$=$ はさほど普及しなかったが，1631年にハリオットが復活させた．最初は2本の線が非常に長かったが，徐々に短くなったという．

　前章に続いてこの章では，大小関係という概念を2項関係の1つとして数学的にきちんと考えてみる．同値関係と並んで，順序という概念は離散数学に限らず数学全般で重要なものの1つである．

10.1 数の大小関係を一般化する

10.1.1 半順序

　数の大小関係 $\leqq$ は次のような性質をもっている：
(1) 任意の $x \in \mathbb{R}$ に対して $x \leqq x$ である．
(2) 任意の $x, y \in \mathbb{R}$ に対して，$x \leqq y$ かつ $y \leqq x$ なら $x = y$ である．
(3) 任意の $x, y, z \in \mathbb{R}$ に対して，$x \leqq y$ かつ $y \leqq z$ なら $x \leqq z$ である．

(1) を反射律，(3) を推移律ということはすでに述べたが，(2) を**反対称律**と呼ぶ．このような3つの性質をもつ2項関係は数の大小関係 $\leqq$ を一般化したものであり，例えば，集合の間の包含関係 $\subseteq$ も (1), (2), (3) を満たす．すなわち，A, B, C を任意の集合とするとき，
(1) $A \subseteq A$　(2) $A \subseteq B$ かつ $B \subseteq A \Longrightarrow A = B$
(3) $A \subseteq B$ かつ $B \subseteq C \Longrightarrow A \subseteq C$
が成り立つ．

> 　一般に，A の上の2項関係 R が次の性質 (i)〜(iii) を満たすとき，R を A の上の**半順序**または単に**順序**という．

(i) 反射律: 任意の $a \in A$ に対して aRa が成り立つ.
(ii) 反対称律: 任意の $a, b \in A$ に対して, aRb かつ $bRa \Longrightarrow a = b$ が成り立つ.
(iii) 推移律: 任意の $a, b, c \in A$ に対して, aRb かつ $bRc \Longrightarrow aRc$ が成り立つ.

例 10.1 半順序

(1) ジャンケン (グー, チョキ, パー) に対して, グーはチョキより強く, チョキはパーより強く, パーはグーより強いというのが普通使われているルールであろう. このルールによる「強い」という 2 項関係は半順序ではない (グーはチョキより強く, チョキはパーより強いがグーはパーより強いわけではないので推移律が成り立たない).

(2) すでに述べたように, 実数の上の大小関係 $\leq$ や $\geq$ は半順序である.

(3) 集合の包含関係 $\subseteq$ や $\supseteq$ は, ある集合 X のべき集合 $2^X = \{A \mid A \subseteq X\}$ の上の 2 項関係と考えるのが自然であり, これらは上述したように半順序である.

(4) 自然数の間の 2 項関係 | を,

$$n \mid m \overset{\text{def}}{\Longleftrightarrow} n \text{ は } m \text{ を割り切る}$$

と定義すると, | は $\mathbb{N} - \{0\}$ の上の半順序である.

(5) 英字 $a, b, \ldots, z, A, B, \ldots, Z$ に対して, 次のように 2 項関係 $\sqsubset$ を定義しよう: $a \sqsubset A \sqsubset b \sqsubset B \sqsubset \cdots \sqsubset z \sqsubset Z$.

同様に, 仮名 (ひらがなとカタカナ) に対しても

$$あ \sqsubset ア \sqsubset い \sqsubset イ \sqsubset \cdots \sqsubset ん \sqsubset ン$$

と定義する (濁音 (がぎぐげごガギグゲゴ...) や半濁音 (ぱぴぷぺぽパピプペポ...) や拗音 (きゃきゅきょキャキュキョ...) は考えていない). 英字と仮名の間には関係 $\sqsubset$ が定義されていないことに注意する.

反射律や推移律が成り立たない (定義されていない) ので, $\sqsubset$ は半順序ではない. しかし, $\sqsubset$ の反射推移閉包 $\sqsubset^*$ では反射律や推移律が成り立つので, $\sqsubset^*$ は半順序である. ただし, 英字と仮名の間では相変わらず $\sqsubset^*$ は定義されていないままである.

(6) (5) を基にして, $\sqsubset$ を次のように, 英字や仮名からなる文字列の上の 2 項関係に拡張する. $a_1, a_2, \ldots, a_m, b_1, b_2, \ldots, b_m$ $(m, n \geq 1)$ を英字または仮名とする:

10.1 数の大小関係を一般化する

$a_1 a_2 \cdots a_m \sqsubset b_1 b_2 \cdots b_n$
$\stackrel{\text{def}}{\iff} \exists k\ (1 \leq k < \min\{n,m\})\ [\forall i\ (1 \leq i \leq k)\ [a_i = b_i]\ \text{かつ}\ (a_{k+1} \sqsubset b_{k+1})]$
または $m < n$ かつ $\forall i\ (1 \leq i \leq m)\ [a_i = b_i]$

上記の条件を図で表すと，$A = a_1 a_2 \cdots a_m$, $B = b_1 b_2 \cdots b_n$ とするとき，$A = a_1 a_2 \cdots a_m \sqsubset b_1 b_2 \cdots b_n = B$ となるのは次の場合である．

$A=$ | $a_1 \cdots a_k$ | a_{k+1} | $\cdots$ | a_m |
$B=$ | $a_1 \cdots a_k$ | b_{k+1} | $\cdots$ | b_n |

$a_{k+1} \sqsubset b_{k+1}$

または

$A=$ | $a_1 \cdots a_m$ |
$B=$ | $a_1 \cdots a_m$ | $b_{k+1} \cdots b_n$ |

$m < n$

このように定義した $\sqsubset$ は推移律を満たす（反対称律に関しては，そもそも $\alpha \sqsubset \beta$ かつ $\beta \sqsubset \alpha$ となるような α, β は存在しないから反対称律も満たしているといってよい）が反射律を満たさない．しかし，$\sqsubset$ を $\sqsubseteq = \sqsubset \cup\, id_X$ により定義する（X は $\sqsubset$ の定義域）と $\sqsubseteq$ は反射律を満たす（しかも，$\alpha \sqsubseteq \beta$ かつ $\beta \sqsubseteq \alpha$ となるのは $\alpha = \beta$ の場合だけであるから反対称律も満たす）ので半順序であり，英字からなる任意の文字列（あるいは，仮名からなる任意の文字列）α, β に対して，$\alpha \sqsubset \beta$ または $\alpha = \beta$ または $\beta \sqsubset \alpha$ のどれかが必ず成り立っている（英字と仮名が混じっている文字列同士では $\sqsubset$ が成り立たない）．例えば，

かな $\sqsubset$ かなえる $\sqsubset$ カナ $\sqsubset$ カナもじ $\sqsubset$ カナモジ $\sqsubset$ カモメ

である（当然，$\sqsubset$ を $\sqsubseteq$ で置き換えた関係も成り立つ）．辞書では，英小文字だけの場合やひらかなだけの場合，このような順序で単語を並べているため，$\sqsubseteq$ のことを**辞書式順序**という（注意：英和辞典で大文字が混じっている場合や国語辞典でカタカナが混じっている場合は上述の並べ方とは少し異なる）． ◻

問 10.1 次の 2 項関係それぞれは半順序か否か？

(1) 正整数の間の倍数であるという関係（一般に，半順序 R の逆関係 R^{-1} が半順序になるかどうかについても考えてみよ）

(2) 英単語の間で，一方が他方の一部分になっているという関係（文字列 α が文字列 β の一部分（**部分語**という）であるとは，$\beta = \gamma \alpha \delta$ となる文字列 γ, δ が存在することである）

(3) 英単語の間の '1 つ以上共通文字を含んでいる' という関係

(4) 実数の間の '等しい' という関係

(5) 本の間の 'ページ数が多くかつ値段が高い' という関係（一般に，半順序 R と S の共通部分 $R \cap S$ が半順序になるかどうかについても考えてみよ）

問 10.2 (1) 例 10.1 (4) の半順序 | を $\mathbb{Z}-\{0\}$ の上の半順序となるように拡張せよ．
(2) 例 10.1 (6) に定義に従って辞書式順序で並べよ：motion, animal, B, Norway, among, b, Morocco, bronze, maximum, Newton, Monday, news

10.1.2 全順序

$\mathbb{R}$ の上の大小関係 $\leqq$ は次の性質

(iv) 任意の $x, y \in \mathbb{R}$ に対して $x \leqq y$ または $y \leqq x$ のいずれかが成り立つ

を満たすのに，$\subseteq$ については "比較不能" な集合（$A \subseteq B$ も $B \subseteq A$ も成り立たない2つの集合のこと）が存在するため，$\subseteq$ は (iv) を満たさない．そのため，少なくとも半順序の条件 (i), (ii), (iii) を満たす（さらに (iv) を満たしていて**も**よい）2項関係を半順序と呼び，(i), (ii), (iii), (iv) すべてを満たす2項関係を全順序と呼び区別する．

A の上の2項関係 R が次の性質 (i)〜(iv) を満たすとき，R を A の上の**全順序**または**線形順序**という．
 (i) 反射律： 任意の $a \in A$ に対して aRa が成り立つ．
 (ii) 反対称律： 任意の $a, b \in A$ に対して，aRb かつ $bRa \Longrightarrow a = b$
   が成り立つ．
 (iii) 推移律： 任意の $a, b, c \in A$ に対して，aRb かつ $bRc \Longrightarrow aRc$
   が成り立つ．
 (iv) 任意の $a, b \in \mathbb{R}$ に対して aRb または bRa のいずれかが成り立つ．

aRb も bRa も成り立たないとき，a と b は**比較不能**であるという．

例 10.2 半順序と全順序

(1) 例 10.1 で取り上げた半順序 (2)〜(6) のうち全順序でないものは (3) と (4) である．(3) はすでに述べたように比較不能な集合が存在するからであり，(4) の |（割り切る）については，一方が他方で割り切れないような2つの整数（例えば，3 と 10）が存在するからである．

(2) $\preceq$ を集合 A の上の全順序とする．また，A の元 m に対して，$m \preceq a$ となる A の元 $a \neq m$ が存在しないとする．$\preceq$ の反対称律により A の任意の元 a に対して $a \preceq m$ が成り立つ．したがって，この m は順序 $\preceq$ の下で A の**最大元**といってよい．

同様に，$\preceq'$ を集合 A' の上の全順序とし，A' の元 m' に対して，$a' \preceq m'$ となる A' の元 $a' \neq m'$ が存在しないとする．$\preceq'$ の反対称律により A' の任意の元 a' に対して $m' \preceq a'$ が成り立つ．この m' は順序 $\preceq'$ の下で A' の**最小元**といってよい．同様なことは半順序の場合には必ずしも成り立たない．

さて，さらに $A \cap A' = \emptyset$ であるとき，$A \cup A'$ の上の 2 項関係 $\preceq''$ を

$$x \preceq'' y \overset{\text{def}}{\iff} \begin{cases} x \preceq y & (x, y \in A \text{ のとき}) \\ x \preceq' y & (x, y \in A' \text{のとき}) \end{cases}$$

かつ $m \preceq'' m'$ である，と定義すると $\preceq''$ は全順序である．半順序の場合，同様な $\preceq''$ は A に最大元 m，A' に最小元 m' が存在するときに定義できる．

のちほどハッセ図について学ぶと，以上述べたことの理由がよく理解できるであろう． □

問 10.3 問 10.1 で考察した半順序のうち全順序となるものはどれか？ 特に，(e) については問 10.1 の解答で示したように，定義域が同じ半順序 R と S の共通部分 $R \cap S$ は半順序であるが，全順序の場合にも同じことが成り立つか？

10.1.3 擬順序

$\leqq$ や $\geqq$ に限らず $<$ や $>$ も順序ではないのか，と誰もが思うであろう．実際，$\leqq, \geqq$ と $<, >$ は等号の場合を含むか含まないかだけの違いしかない．

R を A の上の半順序とする．R' を

$$x R' y \overset{\text{def}}{\iff} x R y \text{ かつ } x \neq y$$

と定義すれば（すなわち，$R' = R - id_A$），次の (i)′, (ii)′, (iii)′ が成り立つ．このような性質をもつ R' を**擬順序**という．

(i)′ 非反射律：任意の $a \in A$ に対して $a R' a$ が成り立たない．
このことを $a \not{R'} a$ と書く．
(ii)′ 非対称律：任意の $a, b \in A$ に対して，$a R' b \implies b \not{R'} a$．
(iii)′ 推移律：任意の $a, b, c \in A$ に対して，$a R' b$ かつ $b R' c \implies a R' c$．
逆に，(i)′, (ii)′, (iii)′ が成り立つような 2 項関係 R' に対して，R を

$$x R y \overset{\text{def}}{\iff} x R' y \text{ または } x = y$$

と定義すれば（すなわち，$R = R' \cup id_A$），(i), (ii), (iii) が成り立つ．

このように，半順序 R と擬順序 R' は本質的に同じものであって，等号を含むか否かの区別を明瞭にしたいとき以外は特に両者を区別して呼ぶ必要はない．

> 集合 A の上で半順序/全順序/擬順序 R が定義されているとき，(A,R) を**半順序集合/全順序集合/擬順序集合**という．

例 10.3 擬順序

(1) 全順序は半順序でもあるが，擬順序集合 (A,R) には比較不能な対 $(a,a), a \in A$ が存在する（$a\not{R}a$）ので，擬順序は全順序ではない．

(2) $(\mathbb{R}, \leqq)$ は全順序集合であり，$(\mathbb{R}, <)$ は擬順序集合である．

(3) $A = \{a,b,c,d,e,f\}$, $R = \{(a,a),(a,b),(a,c),(a,d),(b,b),(c,c),(c,d),(d,d),(e,e),(e,f),(f,f)\}$ とすると (A,R) は半順序集合であり，$R' = R - id_A$, $R'' = R' \cup \{(a,e),(a,f)\}$ とすると (A,R') や (A,R'') は擬順序集合である（下図参照）． □

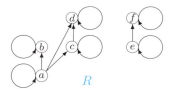
R
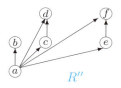
R''

問 10.4 半順序集合，全順序集合，擬順序集合，どれでもない，で分類せよ．

(a) $X = \{x,y,z\}$, $R = \{(x,x),(x,y),(x,z),(y,y),(y,z)\}$ のとき (X,R)
(b) 英単語の上の 2 項関係 $\sqsubseteq^*$　　(c) 英単語の上の 2 項関係 $\sqsubseteq^+$
(d) 英単語の上の 2 項関係 $\sqsubseteq^* \cap (\sqsubseteq^*)^{-1}$　　(e) $(\mathbb{Z}, \geqq)$
(f) $A = \{1,2,3\}$, $1 > 2, 2 > 3, 1 > 3$ かつこれ以外の $>$ は成り立たないような $(A, >)$

10.2 最大・極大・上界・上限

我々は「自分より大きいものがない」ようなものは「一番大きい」と思いがちであるが，それは違う概念であることに注意したい．

> 半順序集合 $(A, \leqq)$ あるいは擬順序集合 $(A, <)$ の元 a_0 に対して，$a_0 < a$ となる A の元 a が存在しないとき，a_0 を A の**極大元**という．a_0 は $\leqq$（あるいは $<$）に関して**極大**であるともいう．

10.2 最大・極大・上界・上限

すなわち，A の極大元 a_0 は次を満たすようなものである：
$$(a_0 \in A) \text{ かつ } \forall a \in A[a_0 \leqq a \Longrightarrow a = a_0]$$
同様に，**極小**，**極小元**が定義される．

では，最大であるとはどういうことなのであろうか？

半順序集合 $(A, \leqq)$（あるいは擬順序集合 $(A, <)$）の元 a_0 が A のどの元 a に対しても $a \leqq a_0$（あるいは $A - \{a_0\}$ のどの元 a に対しても $a < a_0$）であるとき，a_0 を A の**最大元**といい，$\max A$ で表す：
$$a_0 = \max A \overset{\text{def}}{\Longleftrightarrow} a_0 \in A \text{ かつ } \forall a \in A[a \leqq a_0] \quad ((A, \leqq) \text{ の場合})$$
a_0 は A の中で（$\leqq$ あるいは $<$ に関して）**最大**であるともいう．同様に，**最小**，**最小元** $\min A$ が定義される．

最大元，最小元は存在すればそれぞれ唯一つである（問 10.6）．

例 10.4 最大・最小，極大・極小

(1) 半順序集合 $(2^A, \subseteq)$ において，A は最大元であり，$\emptyset$ は最小元である．特に，$A = \{a, b, c\}$ とするとき，$(2^A - \{\emptyset, A\}, \subseteq)$ には最大元も最小元も存在せず，$\{a, b\}, \{b, c\}, \{c, a\}$ はそれぞれ極大元であり，$\{a\}, \{b\}, \{c\}$ はそれぞれ極小元である．一般に，この例のように極大元や極小元は唯一つとは限らない．また，極大元同士や極小元同士は互いに比較不能である．

(2) 通常の数の大小関係 $\leqq$ の下で，$\mathbb{N}$ の最小元は 0 であり，$\mathbb{N}$ に最大元は存在しない．

(3) 実数の開区間 $(0, 1)$ には最大元，極大元，最小元，極小元は存在しない． □

問 10.5 例 10.3 (3) において，$(A, R), (A, R'')$ の極大元・極小元，最大元・最小元を（あれば）求めよ．

問 10.6 最大元，最小元は存在すれば唯一つであることを示せ．

A を半順序集合 $(X, \leqq)$ の部分集合とする．A の任意の元 a に対して $a \leqq x_0$ であるような，X の元 x_0 が存在するとき，A は**上に有界**であるといい，x_0 を A の**上界**（じょうかい）という．A の上界全体の集合に最小元が存在するとき，この元を A の**最小上界**とか**上限**といい，$\sup A$ で表す．

同様に，**下に有界**，**下界**，**最大下界**（**下限**，inf A で表す）が定義される．A が上に有界であっても上限が存在するとは限らず，上限が存在してもそれは A の元であるとは限らないが，$\sup A \in A$ ならば $\sup A = \max A$ である．下限についても同様である．

例 10.5 上界・下界，上限・下限

(1) $X = 2^{\{a,b,c\}}$ とする．半順序集合 $(X, \subseteq)$ において，$A = \{\{a\}, \{a,b\}\}$ の上界は $\{a,b\}$ と $\{a,b,c\}$ であり，上限は $\{a,b\}$ であり，これは最大元でもある：$\sup A = \{a,b\} = \max A$．また，$A$ の下界は $\{a\}$ と $\emptyset$ であり，下限は $\{a\}$ であり，最小元でもある：$\inf A = \{a\} = \min A$．

$B = \{\{a\}, \{b,c\}\}$ の上界，下界はそれぞれ $\{a,b,c\}$，$\emptyset$ だけであり，それぞれ上限，下限でもあるが B の元ではない．一般に，任意の $A, B \subseteq X$ に対して，$\sup(\{A, B\}) = A \cup B$，$\inf(\{A, B\}) = A \cap B$ である．

次節でハッセ図について学んでから，あらためて例 10.6 (2) の図 (b) を見ると上述のことは一目瞭然である．

(2) $(\mathbb{R}, \leqq)$ において，$\{x \in \mathbb{R} \mid x \geqq 1\}$，$\{x \in \mathbb{R} \mid x \leqq 0\}$ はそれぞれ開区間 $(0, 1)$ の上界すべて，下界すべての集合である（これらの集合自体を集合 $(0, 1)$ の上界あるいは下界という）．よって，$(0, 1)$ の上限は 1，下限は 0 である．

一方，$[0, 1]$ の上界は $[1, \infty)$，上限は 1 であり（$1 \in [0, 1]$ なので $1 = \max[0, 1]$ でもある），下界は $(-\infty, 0]$，下限は 0 である（$0 = \min[0, 1]$ でもある）．

$\mathbb{R}$ 自身は上にも下にも有界でない．

(3) 人間の間の "先祖–子孫" 関係は擬順序である（x は x 自身の先祖であり子孫でもあると定義すれば半順序になる）．「先祖の方が子孫より大きい」と大小関係を定義しておくと，ある人 x とそのいとこ y に対し，x と y に共通の祖父母およびその先祖はいずれも $\{x, y\}$ の上界である．x と y の子孫は誰でも $\{x, y\}$ の下界であり，x, y に子供が一人しかいないならばそれは $\{x, y\}$ の下限である．

問 10.7 上界・上限，下界・下限があれば求めよ．
(1) $(\mathbb{R}, \leqq)$ において $(0, 2) \cup [2, 5]$ (2) $(\mathbb{R}, \leqq)$ において $\mathbb{N}$
(3) 例 10.1 (4) で定義した $\mathbb{N}$ の上の半順序 $\mid$ の下で $\{18, 20, 40\}$

10.3 ハッセ図：順序関係を図で表す

半順序集合の要素間の関係が視覚的にわかりやすいのは有向グラフによる表現である．例 10.1 (4) で定義し問 10.7 (3) で考察した，$\mathbb{N}$ の上の半順序 | は $\mathbb{N}$ の部分集合 $\{2, 3, \ldots, 11, 12\}$ の上でも半順序であり（問 10.8），その有向グラフは次のようになる．

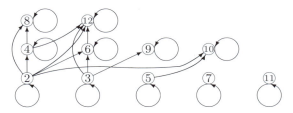

問 10.8 (A, R) が半順序集合で A' が A の部分集合のとき，(A', R) も半順序集合であることをその有向グラフを用いて説明せよ．

上の例からわかるように，半順序集合の有向グラフは辺がたいそう混み入ったものになる．半順序は反射律，推移律を満たすから，すべての頂点に自己ループ（自分から出て自分へ入る辺）があり，a から b へ辺があり b から c へ辺があれば a から c へも辺があるからである．すべての頂点にあるもの（自己ループ）はわざわざ描く必要がないし，推移律は「辺をたどって行ける 2 頂点 a, b の間には a から出て b へ入る **直結** の辺もある」ということなので $a \to b \to c$ であるときに $a \to c$ まで描く必要はないであろう．このようにして簡単にした有向グラフを考案者ハッセ (H. Hasse) に因んでハッセ図という．

> (A, R) を半順序集合とし，$x, y \in A$ とする．$x < y$（すなわち，$x \leqq y$ かつ $x \neq y$）であり，かつ，$x < z < y$ となる $z \in A$ が存在しないとき，y は x より **直接大きい** ということにし，
> $$R' = \{(x, y) \in A \times A \mid y \text{ は } x \text{ より直接大きい}\}$$
> とおく．2 項関係 (A, R') の有向グラフのことを半順序集合 (A, R) のハッセ図という．$(x, y) \in R'$ であるとき平面上で頂点 y を頂点 x の上方に描くと約束すれば，辺の向きはすべて上向きになるか，またはすべて下向きになるかである（問 10.9）ので向きを省略することができる．

問 10.9 半順序集合 (A, R) のハッセ図ではすべての辺を上向きにできるか，すべての辺を下向きにできる．その理由を説明せよ．

例 10.6 半順序/全順序/擬順序をハッセ図で表す

(1) $(\{1, 2, 3, \ldots, 11, 12\}, \mid)$ のハッセ図：

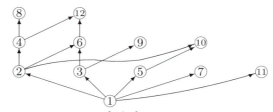

(2) 下図の (a) は半順序集合 $(2^{\{a,b,c\}}, \subseteq)$ の有向グラフであり，(b) はハッセ図（向きを省略した）である．ハッセ図の方がいかにスッキリしていることか！

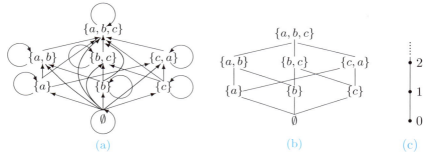

(3) 空でない有限/無限の全順序集合のハッセ図は線分/直線になる．上図 (c) は $(\mathbb{N}, \leqq)$ のハッセ図である．

(4) 擬順序もハッセ図で表せることは明らかであろう．例えば，ある一族の人間の間の"先祖–子孫"関係は擬順序である（例 10.5 (3) 参照）が，そのハッセ図はその一族の系図である． □

問 10.10 ハッセ図を描き，(あれば) 極大元・最大元，極小元・最小元を示せ．
(1) {本人, 父, 母, 長男, 長女, 孫 (長男の子), 祖父 (父の父), 兄, 叔父 (父の弟), 姪 (兄の子), 従弟 (叔父の子)} における"先祖–子孫"関係．祖先 $\geqq$ 子孫とする．
(2) $\mathbb{N}$ 上の 2 項関係 $\sqsubseteq$ を
$$n \sqsubseteq m \stackrel{\text{def}}{\iff} n \leqq m \text{ かつ } n \text{ と } m \text{ は 1 以外の公約数をもつ}$$
と定義するとき，$(\{1, 2, \ldots, 10\}, \sqsubseteq^*)$：
$$b \text{ の方が } a \text{ より大きい} \stackrel{\text{def}}{\iff} a \sqsubseteq b \text{ かつ } a \neq b.$$

第 11 章

グラフ

> **(?!)** 数学において位数 (order) という語は，階数 (rank)/次数 (degree) などと同様に，ある種の指標となる数を表すのに用いられるが，その語源はラテン語の ordo「列，階級，順序」である．また，前の章やこの章でも登場するように，半-，部分-，多重-などの接頭辞を付けた用語がしばしば用いられる．半-は semi-，部分-は sub-，多重-は multi- や poly- である（ただし，半順序は 'partial' order）．そのほかにも，単- (mono-, uni-)，2 の- (bi-)，非- (a-, dis-, i-, in-, im-, non-, un-) や反-/逆- (anti-, de-) などがあり，ほとんどがラテン語に由来する (a-, mono-, poly- はギリシャ語)．例えば，semi- は「半分の」，sub- は「下へ/から，下位の」，multi- は「多数の人々，大勢」，uni- は unio「単一の，統一，結合」というラテン語から．ただし，補-，余-を意味する co- は complement に由来すると思われる．

すでに第 8 章 〜 第 10 章において 2 項関係を表すのにグラフを用いているが，あらためてこの章でグラフについてきちんと学ぶことにする．

11.1 点と辺で関係を表す

大雑把にいうと，グラフとは有限個の「点」（頂点ともいう）とそれらの点と点を結ぶ何本かの「辺」の集まりのことである．辺は向きがある場合（有向グラフ）も向きがない場合（無向グラフ）もあり，点や辺には数値や文字などの情報が付随している場合（ラベル付きグラフ）も付随していない場合もある．このことを数学では次のようにきちんと定義する．

> V を空でない有限個の**点**の集合とするとき，V の 2 点 u と v を結ぶ**辺**は図で表すと右図のようなものであるが，これを集合 $\{u, v\}$ で表す．E をこのような辺の集合，すなわち $\{\{u, v\} \mid u, v \in V\}$ の部分集合とするとき，$G = (V, E)$ を**グラフ**という．
>
> 集合 $\{u, v\}$ と $\{v, u\}$ は同じものであるが，これは「辺には向きがない」ことを意味する．したがって，このようなグラフを**無向**グラフともいう．辺 $\{u, v\}$ や $\{v, u\}$ は簡単のために uv とか vu とも書く．
>
> 点のことを**頂点**ともいい，本書では主として「頂点」を用いる．

次のことに注意する．

(i) $u = v$ であるときに辺は となるが，これを**自己ループ**（または

単に，**ループ**）という．この自己ループは集合では $\{u\}$ で表すことになり不自然なので，本書では自己ループをもたないものだけを（無向）グラフという．他書では自己ループを許すこともあり，その場合，自己ループのないものを**単純グラフ**と呼ぶことが多い．

(ii) 頂点 u と頂点 v を結ぶ辺は集合 $\{u,v\}$ であるから集合の定義より，同じ 2 頂点の間に辺はたかだか 1 本しかない．しかし，同じ 2 頂点間に 2 本以上の辺（**多重辺**）を許すこともあり，そのようなグラフを**多辺グラフ**（または，**多重グラフ**）という．この場合，本書のように多重辺を許さないグラフのことを**線形グラフ**ともいう．集合で辺を表す場合，多重辺は重複度 n を付けて $n \cdot \{u,v\}$ のように表すか，あるいは $\{\{u,v\},\{u,v\}\}$ などのように表す必要がある（このように同じ集合の中に同じ元が複数あってもよいとする集合を**多重集合**という）．

$G = (V, E)$ であるとき，V を**頂点集合**といい，E を**辺集合**という．グラフの名前 G だけがわかっている場合，G の頂点集合を $V(G)$ で，辺集合を $E(G)$ で表す．$V \neq \emptyset$ であるが，$E = \emptyset$ であることは許す．

頂点の個数（**位数**ともいう）が $|V(G)| = p$ で，辺の本数（**サイズ**ともいう）が $|E(G)| = q$ であるグラフを $(\boldsymbol{p}, \boldsymbol{q})$ **グラフ**ということがある．

例 11.1 グラフの点集合・辺集合による表現と図的表現

$$V = \{v_1, v_2, v_3, v_4, v_5, v_6\},$$
$$E = \{\{v_1, v_2\}, \{v_1, v_4\}, \{v_1, v_5\}, \{v_2, v_4\}, \{v_4, v_5\}, \{v_5, v_6\}\}$$

は次のようなグラフ（無向グラフ）$G = (V, E)$ を表している．

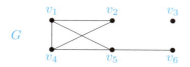

G は

$$G = (\{v_1, v_2, v_3, v_4, v_5, v_6\}, \{v_1v_2, v_1v_4, v_1v_5, v_2v_4, v_4v_5, v_5v_6\})$$

と表すこともできる．G は位数もサイズも 6 の $(6,6)$ グラフである．

上のグラフ G に 2 本の自己ループ $2 \cdot \{v_6\}$ と，頂点 v_1 と v_2 の間に 3 本の多重辺 $3 \cdot \{v_1, v_2\}$ がある多重グラフは次のようなものである．

11.1 点と辺で関係を表す

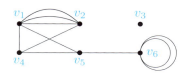

問 11.1 次のグラフ・多辺グラフを図として描け.

(1) $V(G_1) = \{a,b,c,d,e,f\}$, $E(G_1) = \{\{a,b\}, \{a,c\}, \{b,c\}, \{b,d\}, \{b,e\}, \{c,e\}, \{c,f\}, \{d,e\}, \{e,f\}\}$

(2) 半順序集合 $(\{1,2,3,4\}, |)$ の有向グラフの「向きのある辺」を「向きのない辺」としたグラフ $G_2 = (\{1,2,3,4\}, E_2)$. ただし, $(i,j) \in E_2 \iff i \mid j$ または $j \mid i$

(3) 半順序集合 $(\{1,2,3,4\}, |)$ のハッセ図 H. ただし, $V(H) = \{1,2,3,4\}$ かつ $\{i,j\} \in E(H) \stackrel{\text{def}}{\iff} i \neq j$ かつ i は j より直接大きい

問 11.2 次のグラフの頂点集合, 辺集合を示し, 位数とサイズを求めよ.

"有向グラフ"はすでに第 8 章で登場し, これまでもしばしば使っている. 簡単にいうと, 有向グラフとは辺に向きがあるグラフのことであるが, ここであらためて定義をしておこう.

有向グラフとは, 空でない有限集合 V と, $V \times V$ の部分集合 E との対 $G = (V, E)$ のことである. 無向グラフと同様に V の元を**頂点**とか単に**点**といい, E の元 (u, v) を**辺**というが, 辺に向きがあることを強調して**有向辺**と呼ぶこともある. $u = v$ である辺 (u, u) を**自己ループ**と呼ぶことも無向グラフと同様であり, **位数**(頂点の個数), **サイズ**(辺の本数) の意味も無向グラフと同じである.

有向グラフの辺 (u, v) を図的に表すときは, 頂点 u から頂点 v へ向かって矢印 → を描く:

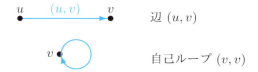

単に'グラフ'と言った場合は無向グラフのことであり，有向グラフは必ず'有向'を付けて有向グラフという．すでに第 7・8 章で学んだように，有向グラフは 2 項関係そのものにほかならず，2 項関係は有向グラフで図として表すことによって理解を助けるというメリットがある．

例 11.2 有向グラフ

$G = (\{a,b,c,d,e\}, \{(a,a), (a,b), (a,c), (b,c), (c,b), (e,c)\})$ は $(5,6)$ 有向グラフであり，次のように図示される．d は**孤立点**である．辺 (b,c) と (c,b) は異なるものであり，多重辺ではない．点線の辺 (b,c) を追加すると b から c へは 2 つの多重辺があることになる．

G は集合 $\{a,b,c,d,e\}$ の上の 2 項関係 $R = \{(a,a), (a,b), (a,c), (b,c), (c,b), (e,c)\}$ にほかならない． □

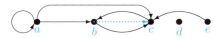

問 11.3 有向グラフ（無向グラフ）の位数 p とサイズ q には $0 \leqq q \leqq \frac{p(p-1)}{2}$ ($0 \leqq q \leqq \frac{p^2}{2}$) という関係があることを示せ．

> 無向グラフや有向グラフ $G = (V, E)$ の一部分 $G' = (V', E')$, $V' \subseteq V$, $E' \subseteq E$ がグラフ/有向グラフであるならば，G' を G の**部分グラフ**といい，$G' \subseteq G$ と書く．

例 11.3 部分グラフ

$G = (\{a,b\}, \{ab\})$ の部分グラフは $G_1 = (\{a\}, \emptyset), G_2 = (\{b\}, \emptyset), G_3 = (\{a,b\}, \emptyset), G_4 = (\{a,b\}, \{ab\}) = G$ の 4 個ある． □

問 11.4 有向グラフ $H = (\{a,b\}, \{(a,a), (a,b), (b,b)\})$ を図示し，部分有向グラフをすべて求めよ．

11.2 辺を介した頂点のつながり

辺は頂点を結ぶものであり，頂点に何本の辺がつながっているかとか，ある

11.2 辺を介した頂点のつながり

頂点から別の頂点へ辺をたどって行くことができるかなどはグラフの性質を決定する重要な要素の1つである．

> 有向グラフにおいて $e = (u,v)$ が辺であるとき，頂点 u は頂点 v へ隣接しているとか，v は u から 隣接しているという．有向グラフでは辺に向きがあるので，このようにどちら向きに隣接しているかがわかるようにいう．
>
>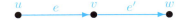
>
> また，辺 e は頂点 v へ接続しているとか，e は u から 接続しているという．e' が頂点 v から頂点 w へ向かう辺であるとき，e から e' へ 隣接しているともいう．
>
> 無向グラフの場合には，「から」とか「へ」を付けて区別することはせず，単に「隣接している」とか「接続している」という．

> 頂点 u へ接続している辺の本数を u の **入次数**といい，u から 接続している辺の本数を u の **出次数**という．これらをそれぞれ
>
> $\text{in-deg}(u)$ あるいは $\deg^+(u)$, $\text{out-deg}(u)$ あるいは $\deg^-(u)$
>
> で表す．無向グラフの場合には「入」次数とか「出」次数のような区別はせず，単に「次数」という．また，入次数と出次数の和
>
> $$\deg(u) = \text{in-deg}(u) + \text{out-deg}(u)$$
>
> を u の**次数**という．無向グラフの場合，これは頂点 u に接続している辺の本数のことである．

例 11.4 隣接・接続・次数

(1) 例 11.2 の有向グラフ G において，
- 辺 (a,b) は頂点 a から頂点 b へ接続し，
- 頂点 a は頂点 b へ（b は a から）隣接している．
- また，辺 (a,a) は辺 (a,b) へ隣接しており，(a,b) は (b,c) へ，(a,c) は (c,b) へ，(b,c) は (c,b) へ隣接している．

次数については，例えば，
$$\text{in-deg}(a) = 1, \quad \text{out-deg}(a) = 3, \quad \deg(a) = 4,$$
$$\text{in-deg}(b) = 2, \quad \text{out-deg}(b) = 1, \quad \deg(b) = 3,$$
$$\text{in-deg}(d) = 0, \quad \text{out-deg}(d) = 0, \quad \deg(d) = 0$$
である．自己ループは入次数にも出次数にもカウントされる．

(2) 例 11.1 の（無向）グラフ G において，
- 頂点 v_1 は頂点 v_2, v_4, v_5 に隣接し，
- 辺 $v_1 v_2$ は辺 $v_1 v_4, v_1 v_3, v_2 v_4$ に隣接している．
- また，頂点 v_4 に接続している辺は $v_1 v_4, v_2 v_4, v_5 v_4$ の 3 本であり，
- $\deg(v_1) = \deg(v_4) = \deg(v_5) = 3$, $\deg(v_2) = 2$, $\deg(v_3) = 0$, $\deg(v_6) = 1$ である．

■

問 11.5 例 11.1 のグラフに対して以下のものを求めよ．
(1) 次数が奇数/偶数の頂点を**奇頂点**/**偶頂点**という．奇頂点, 偶頂点それぞれの個数.
(2) グラフ G のすべての頂点の次数の中で最小の値/最大の値を**最小次数**/**最大次数**といい，それぞれ $\delta(G)$, $\Delta(G)$ で表す. $\delta(G)$ と $\Delta(G)$.
(3) $\delta(G) = \Delta(G) = n$ であるグラフ G を n **次の正則グラフ**という．最小数の辺を追加して正則グラフとせよ．

問 11.6 任意のグラフ $G = (V, E)$ に対して，次のことを示せ．
(1) $|E| = \dfrac{1}{2} \displaystyle\sum_{v \in V} \deg(v)$ が成り立つ（この事実を**握手補題**という）．
(2) 奇頂点は偶数個である．

グラフ上を辺に沿ってたどると '道' になり，ぐるっと回って出発点に戻ってくると閉じた道になる．閉じた道を '閉路' といい，特に同じ点をダブって通ることのない閉路を 'サイクル' という．

グラフ $G = (V, E)$ の上の頂点の有限列

$p = \langle v_0, v_1, \ldots, v_n \rangle$

が $v_{i-1} v_i \in E$ $(i = 1, \ldots, n)$ を満たしているとき（つまり，$v_0, v_1, \ldots, v_n$ がこの順に順次隣接しているとき：上図），p を v_0 を**始点**, v_n を**終点**とする**道**といい，通過した辺の個数 n を P の**長さ**という．$v_n = v_0$ であるとき，p は閉じた道（**閉路**）であるという．特に，$n \geq 3$ かつ $v_1, v_2, \ldots, v_n$ がすべて異なる頂点であるとき，p を**サイクル**という．

有向グラフの場合には，条件 $v_{i-1}v_i \in E$ は $(v_{i-1}, v_i) \in E$ であり，道は辺の向きに沿ったものに限られる．また，サイクルの長さ n に $n \geqq 3$ という条件はつけない．

例 11.5 道と閉路

次のグラフ G と有向グラフ H を考える．

(1) G における道 $p = \langle s, a, b, c, f, e, d, g, t \rangle$ の始点は s，終点は t で長さは 8 である．この道は G の中で頂点が重複しない最長の道である．頂点が重複しない道のことを**基本道**（文献によっては，**単純道**）という．

(2) G には 4 個のサイクル（**基本閉路**ともいう．文献によっては**単純閉路**という）$\langle s, a, b, s \rangle$，$\langle c, d, e, f, c \rangle$，$\langle d, e, g, d \rangle$，$\langle c, d, g, e, f, c \rangle$ がある．

(3) G において，$\langle b, b \rangle$ や $\langle b, c, b \rangle$ や $\langle s, a, a, b, s \rangle$ なども閉路であるが，サイクルではない．

(4) H において最も長い基本道は $\langle c, d, g, e, f \rangle$ で長さは 4 である．

(5) H にはサイクル $\langle e, e \rangle$（長さ 1），$\langle g, t, g \rangle$（長さ 2），$\langle d, g, e, d \rangle$（長さ 3）がある． □

問 11.7 例 11.1 のグラフと例 11.2 の有向グラフにおいて，最長の基本道およびサイクルすべてを求めよ．

● 連結性

グラフが連結であるとは，すべての頂点が辺をたどることによってつながっていることである．

u, v をグラフ $G = (V, E)$ の 2 頂点とするとき，u から v への道が存在する（したがって，v から u への道も存在する）ならば u と v は**連結**であるといい，$u \rightsquigarrow v$ と書くことにする．G の任意の 2 頂点が連結であるときグラフ G は**連結**であるという．

「連結である」という関係 ⁀ は V の上の2項関係であり，同値関係である．⁀ の同値類（一般に複数個あるが，その1つを例えば $[w]_⁀$ とする）を頂点集合とし，両端点がその同値類に入っているような辺すべてを集めた $\{uv \in E \mid u,v \in [w]_⁀\}$ を辺集合とするグラフ（すなわち，連結している頂点すべてとそれらの間の辺すべてからなる G の部分グラフ）を G の**連結成分**という．

例 11.6 連結成分

右のグラフ G の連結成分は点線で囲んだ3つの部分グラフそれぞれである． ■

問 11.8 (1) グラフ $G=(V,E)$ が連結ならば $|E| \geqq |V|-1$ であることを示せ．
(2) G の連結成分が k 個ならば，$|E| \geqq |V|-k$ であることを示せ．

有向グラフの場合，u から v への道が存在するならば u から v へ**片方向連結**であるといい，$u \rightsquigarrow v$ と書くことにする．さらに，$u \rightsquigarrow v$ かつ $v \rightsquigarrow u$ であるならば u と v は**強連結**であるといい，$u \leftrightsquigarrow v$ と書くことにする．任意の2頂点が強連結であるような有向グラフは**強連結**であるという．

「強連結である」という関係 ↭ も V の上の同値関係であり，↭ の同値類を頂点集合とし，両端点がその同値類に入っているような辺すべてからなる集合を辺集合とする有向グラフを G の**強連結成分**という．

また，有向グラフ H の辺の向きを無視して得られる多辺グラフが連結であるならば H は**弱連結**であるという．H の部分有向グラフで弱連結であるような極大なもの（弱連結であるという条件の下でそれ以上大きくできないもの）を H の**弱連結成分**という．

問 11.9 無向グラフの連結成分や有向グラフの強連結成分や弱連結成分は重なり（共通部分）がない．その理由を考えよ．

例 11.7　強連結成分と弱連結成分

右の有向グラフ H の強連結成分は点線で囲んだ部分（点線と交差している辺は除く）それぞれであり，弱連結成分は H 全体である．

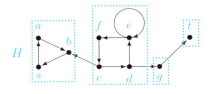

問 11.10　次の条件を満たす有向グラフで辺の本数ができるだけ少ないものを求めよ．
(1) 位数が 3 で弱連結　(2) 位数が 4 で強連結　(3) 強連結成分が 2 個でサイズが 3

11.3　グラフの表し方

これまでグラフは頂点集合 V と辺集合 E の対 (V, E) で表してきたが，プログラムで扱う際など実用的な場面で大事なのはその表し方である．ここでは，行列表現（プログラムにおける '配列' に相当する）と隣接リスト表現（ポインタを使用する表し方）について述べる．

グラフ $G = (\{v_1, \ldots, v_p\}, E)$ に対し，**隣接行列** $A[G] = (a_{ij})$ を次のように定義する．$A[G]$ は成分が 0 または 1 の p 行 × p 列の行列で，(i, j) 成分 a_{ij} は

$$a_{ij} = \begin{cases} 1 & (v_i v_j \in E \text{ のとき}) \\ 0 & (v_i v_j \notin E \text{ のとき}) \end{cases}$$

である．すなわち，$A[G]$ は頂点同士が隣接しているか否かを表す．

有向グラフの場合は，上記の $v_i v_j$ を (v_i, v_j) とする．

例 11.8　隣接行列

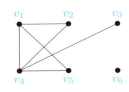

の隣接行列は

$$\begin{pmatrix} & v_1 & v_2 & v_3 & v_4 & v_5 & v_6 \\ v_1 & 0 & 1 & 0 & 1 & 1 & 0 \\ v_2 & 1 & 0 & 0 & 1 & 0 & 0 \\ v_3 & 0 & 0 & 0 & 1 & 0 & 0 \\ v_4 & 1 & 1 & 1 & 0 & 1 & 0 \\ v_5 & 1 & 0 & 0 & 1 & 0 & 0 \\ v_6 & 0 & 0 & 0 & 0 & 0 & 0 \end{pmatrix}$$

である．隣接行列は，頂点の並べ順によって異なるものとなる．

問 11.11 右の隣接行列をもつグラフを図示せよ.
また,下図の有向グラフの隣接行列を求めよ.

次の図に示したようにデータを一列に並べた列

$\langle x_1, x_2, \ldots, x_n \rangle$　$\boxed{x_1 | \bullet} \to \boxed{x_2 | \bullet} \to \cdots \to \boxed{x_n | \diagdown}$　(11.1)

のことを **隣接リスト**(連結リストとか線形リストともいう)といい,データのつながりを矢印 → (**ポインタ**という) で表す.

$\boxed{\bullet} \to$ は,次のデータがどこにあるかを指し示している.

$\boxed{\diagdown}$ は「それより先にデータはない」ことを表す.

例 11.9 隣接リストによる表現

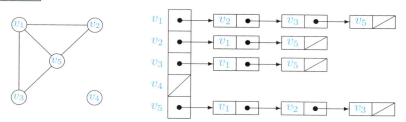

隣接リスト (11.1) では,どのデータ x_i も,リストの先頭の x_1 から順次 → をたどってアクセスすることしかできないので,リストの先頭から遠いものほど時間がかかってしまう.それに対し,配列ではどのデータにも同じ時間でアクセスできるという利点があるが,辺の個数が少ないと 0 が多くなるという無駄が生じる.したがって,状況に応じて使い分ける必要がある.　□

問 11.12 次のグラフ G と有向グラフ H の隣接リストを求めよ.

第12章
いろいろなグラフ

> ⁉️ 歴史が浅い分野では同じ概念を異なる用語や記号で表すことが起こりがちである．特に，コンピュータサイエンスやグラフ理論のように数学系の研究者と工学系の研究者が入り混じっている分野ではそれがより顕著である．例えば，recursive に「帰納的」と「再帰的」，regular に「正則」「正規」，path/walk/trail に「道」「路」「径」，circuit に「閉路」「回路」が使われたり，定義の内容自体も微妙に違っていたりする．一方，概念に人名が付けられているものはたくさんあるが，人名を記号に用いているものは少ない（物理単位には多い（ニュートン N，パスカル Pa，ヘルツ Hz，ワット W，アンペア A，オーム Ω，ボルト V，ガウス G など）が，グラフ理論では K だけ）．

この章ではいろいろな性質によりグラフを分類する．そういった特殊なグラフにはそれぞれその特徴を表す名前が付いている．

12.1 道とサイクル

まず，最も基本的なものから始めよう．

> 位数が n （長さが $n-1$ でサイズも $n-1$）の基本道（すべての頂点が異なる道）を P_n で表す．P は path（道）の頭文字．
> 長さが n （サイズも位数も n）のサイクルを C_n で表す．C は cycle の頭文字．

例 12.1 P_n と C_n

問 12.1 (1) グラフはどの頂点とどの頂点が辺でつながっているかだけが重要なこと（すなわち，定義）であり，辺の長さとか，辺が直線であるか曲線であるかとか，辺が交差しているかいないかとか，頂点を大きな円で描くか小さな黒丸で描くか，などはどうでもよいことである（そこが平面幾何と違う位相幾何たる所以）．このような意味で同じグラフと考えてよいもの同士は**同型**であるという．次のグラフの中で C_n や P_n と同型であるものはどれか？ A と B が同型であることは $A \cong B$ で表す．

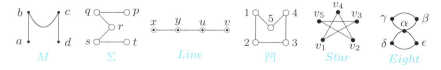

(2) 同型であることは次のように定義される．$G_1 = (V_1, E_1)$ と $G_2 = (V_2, E_2)$ が同型であるとは，V_1 から V_2 への全単射 $\varphi : V_1 \to V_2$（したがって，φ^{-1} は V_2 から V_1 への全単射である）が存在し，任意の $u, v \in V_1$ に対して $uv \in E_1 \iff \varphi(u)\varphi(v) \in E_2$ が成り立つことである．すなわち，G_1 の頂点を φ によって読み替えたものが G_2 である．φ を**同型写像**という．

(1) において，同型になるグラフの間の同型写像を求めよ．

12.2 正則と完全の違い

> すべての頂点の次数が等しいグラフを**正則グラフ**という．特に，その次数が k ならば **k 次正則**であるという．
>
> すべての頂点の間に辺があるグラフを**完全グラフ**という．特に，位数が n の完全グラフを K_n で表す．K_n は $n-1$ 次の正則グラフにほかならない．K はポーランドの数学者クラトウスキー(K.Kuratowski)に因む．

例 12.2 正則グラフと完全グラフ

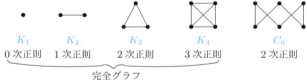

問 12.2 次のグラフをすべて示せ．
(1) 1 次正則な $(6, 3)$ グラフ　　(2) 2 次正則で位数が 7 のグラフ

12.3 頂点を部に分ける

> グラフ $G = (V, E)$ において，頂点集合 V を
> $$V = V_1 \cup \cdots \cup V_n, \quad V_i \cap V_j = \emptyset \ (i \neq j), \quad V_i \neq \emptyset \ (i = 1, \ldots, n)$$
> と分割でき（分割とは，共通部分がないように分けること），しかも，どの i についても<u>両端点が同じ V_i の元であるような辺が存在しない</u>ならば，G を **n 部グラフ**という．$V_1, \ldots, V_n$ を**部**という．

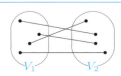

V_1, V_2 が部の 2 部グラフ
V_1 内や V_2 内に辺はない

さらに，任意の $i \neq j$ に対して V_i の任意の頂点と V_j の任意の頂点が隣接しているならば，G を**完全 n 部グラフ**といい，特に，$|V_i| = p_i$ $(i = 1, \ldots, n)$ であるとき，このグラフを $K(p_1, \ldots, p_n)$ とか $K_{p_1, \ldots, p_n}$ で表す ($p_1, \ldots, p_n$ の順序は任意).

例 12.3 2部/3部グラフ，完全2部/完全3部グラフ
(1) 特に重要で使われることが多いのは 2 部グラフである．

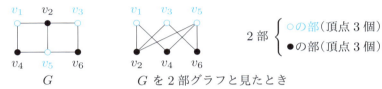

(2) 2 個以上の頂点を含む部を 2 つに分けると，n 部グラフは $n+1$ 部グラフとみることができる．例えば，上のグラフは次のような 3 部グラフであるとみなすこともできる．

(3) 完全2部/完全3部グラフ

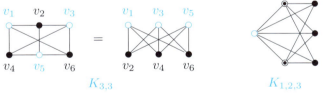

2 つのグラフが**等しい** (=) ことと同型であることの違いに注意しよう．　■

問 12.3 例 12.3(3) の 2 つの $K_{3,3}$ は描き方が違うだけなので等しい（もちろん，同型でもある）グラフである．それに対し，同じ $(6, 9)$ グラフではあるが次のグラフは $K_{3,3}$ とは同型でない．なぜか？

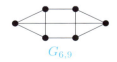

問 12.4 (1) $K(p_1, \ldots, p_n)$ の位数とサイズを求めよ．
(2) 次の中で 2 部グラフであるものはどれか？　$K_{1,1,1}, P_4, C_5, K_6$

12.4 オイラーグラフ：一筆書きできる条件は？

18世紀，プロシャ（現在はロシア）のケーニヒスベルクの町の中を流れる川に7つの橋が架けられていた．これらすべてをちょうど1回ずつ通って戻ってくる道順があるかどうか？ 誰もが関心をもっていたこの問題をグラフを使って初めて，しかも一般的に証明したのは大数学者のオイラーである．

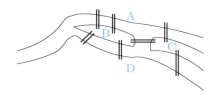

この問題は，上右図のような多辺グラフが与えられたとき，各々の辺をちょうど1回ずつ通って出発点に戻ってくる道があるかどうかを問う問題と同値である．オイラーが示したのは，次のことである：

> 連結な多辺グラフ G において，すべての辺をちょうど1回ずつ通るような閉路（**オイラー閉路**という）が存在する必要十分条件は G のすべての頂点が偶頂点（次数が偶数の頂点）であることである．
> オイラー閉路が存在するような（多辺）グラフを**オイラーグラフ**という．

もし G にオイラー閉路が存在したとすると，どの頂点 v もそのオイラー閉路上の点として，ある辺 uv を経て入り別の辺 vw を経て出ていくので，これらの辺は v の次数として2だけ貢献する．しかも，どの辺も通るのは1回だけだから，v の次数は偶数でなければならない．

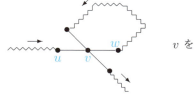 v を通過する辺は偶数本

逆に，G の頂点がすべて偶頂点だったら，任意の頂点から出発してたどれるだけたどると，行き詰まったときには必ず出発点に戻っている（そうでないと

すると，出発した頂点の次数は，出たときにプラス1したのに対し，戻ってさらに1プラスしないと偶数にならないので，すべての頂点の次数が偶数であることに反す）．まだたどっていない部分がある限り同じことを繰り返し，それらをつなげるとオイラー閉路とすることができる．

例 12.4 オイラー閉路

右図において，$C_1: a \to b \to e \to c \to d \to a$ とたどると行き詰まるので，まだたどっていない $C_2: e \to f \to g \to e$ をたどる．このように，2回目以降のたどりにおいても出発した頂点に必ず戻る．C_1 に C_2 を埋め込んで

$$a \to b \to e \to f \to g \to e \to c \to d \to a$$

とたどるとオイラー閉路が得られる． □

問 12.5 オイラーグラフか？ オイラーグラフの場合，オイラー閉路を求めよ．
(1) G（右図）　　(2) K_5　　(3) $K_{2,3}$

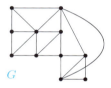

12.5 ハミルトングラフ：一周しよう

すべての辺をちょうど1回ずつ通るような閉路をオイラー閉路といい，オイラー閉路をもつグラフをオイラーグラフと呼んだが，「辺」を「頂点」に置き換えたものをハミルトン閉路，ハミルトングラフという．

> グラフ G の各頂点をちょうど1回ずつ通る道/閉路を**ハミルトン道/ハミルトン閉路**という．この閉路はサイクルなので，**ハミルトンサイクル**ともいう．ハミルトン閉路をもつグラフを**ハミルトングラフ**という．

この名前は，アイルランドの数学者ハミルトン$^{\text{W.R.Hamilton}}$に因む．ハミルトン卿は木で正12面体を作り，12面体の稜に沿ってすべての頂点（各頂点にはその時代の主要都市名が付けられていた）をちょうど1回だけ通って出発点に戻ってくる道順を求める「世界周遊ゲーム」を考案した（1857年）．これは次ページのグラフ（正12面体のグラフ）のハミルトン閉路を求めることと同値である．

例 12.5 ハミルトングラフ

(1) 完全グラフ K_n ($n \geq 3$) はハミルトングラフである（頂点を任意の順序でたどることができる）．

(2) P_n はハミルトン道をもつがハミルトン閉路はもたない．

(3) 正 12 面体のグラフはハミルトングラフである．ハミルトン閉路を番号で示した（右上図）．

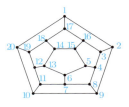

正 12 面体のグラフ

問 12.6 ハミルトングラフか？
(1) 立方体（正 6 面体）のグラフ　(2) $K_{1,2,3}$　(3) オイラーグラフ

問 12.7 ナイトの周遊問題　チェスの駒の 1 つに「ナイト（騎士）」があり，この駒は下左図の位置から × を付けた位置へ動くことができる．チェス盤は下中図のような市松模様の 8×8 の盤である．ナイトがチェス盤の適当な位置から出発し，すべての位置をちょうど 1 回ずつ通って出発した位置に戻って来れるか否かを問う問題が「ナイトの周遊問題」である．

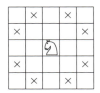 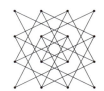

この問題はチェス盤の 8×8 個の位置を頂点とする上右図のようなグラフ $\text{Knight}_{8,8}$ がハミルトン閉路をもつか否かを問う問題と同値である．チェス盤を $m \times n$ に一般化したときのグラフを $\text{Knight}_{m,n}$ とする．

(1) $\text{Knight}_{m,n}$ ($m,n \geq 3$) は 2 部グラフであることを示せ．
(2) $\text{Knight}_{3,4}$ はオイラーグラフか？
(3) $\text{Knight}_{n,n}$ がハミルトングラフならば n は偶数であることを示せ．
(4) $\text{Knight}_{4,4}$ はハミルトングラフでないことを示せ（やや難問）．
(5) $\text{Knight}_{6,6}$ はハミルトングラフである．ハミルトン閉路を具体的に示せ．

因みに，n が 6 以上の偶数ならば $\text{Knight}_{n,n}$ はハミルトングラフであることが知られている（小さいサイズの盤のハミルトン閉路をつなげて全体のハミルトン閉路とする）．

第13章

木

> **(?!)** 日本語では $a+b$ を「a に b を足す」という（したがって，$ab+$ と書くのが自然）のに対し，英語では「add a to b」といい，こちらは $+ab$ である．しかし，数式ではなぜ $a+b$ と書くのだろうか？ 14世紀に $a+b$ を $a\ et\ b$ と書いていた（et は and を意味するラテン語）のが，et の走り書きから + に変形したという説があり，これは + をオペランド（被演算子）の間に書く書き方である．これらの書き方をそれぞれ前置/中置/後置記法という（問 13.8）．
> 因みに，+，− はドイツのウイッドマン (J.Widman) が商用の算術書の中で過不足の意味で使った（1489年）のが最初であるという（記号自体は，分数の掛算に基づくとか，文字 x, X の変形とか，諸説がある）．× はイギリスの数学者オートレッド (W.Oughtred) が著書『数学の鍵』の中で用いた（1631年）のが最初であるが，掛算の記号としては ・ の方が古くから使われていた．÷ はスイスの数学者ラーン (J.H.Rahn) が代数学書の中で用いた（1659年）のが最初らしい．記号自体は，分数を表すときに分子と分母の間の横線と分子と分母のそれぞれを点で表したものが元であるといわれている．

　木という概念はコンピュータサイエンスのあらゆる領域に登場する理論的にも実用的にも重要な概念である．しかし，この章で学ぶ木の定義はシンプルである．

13.1 数学で定義する木とは

> 連結で閉路がないグラフを**木**という．

例 13.1 木らしく描いた連結無閉路グラフ
　右図は閉路のない連結グラフを木らしく描いたものであるが，グラフ理論で木という場合，必ずしもこのように描く必要はない．

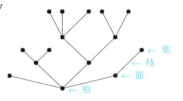
← 葉
← 枝
← 節
← 根

　木の「頂点」はノード（**節**）と呼ぶことが多い．「辺」は枝とみなすことができるが，そのように呼ぶことはあまりない．「根」や「葉」については，のちほど「根のある木」を定義するときに述べる． □

　上図の"木"を見るとわかるように，木には次のような特徴がある．

- 閉路がなくて連結．
- どの辺を削除しても非連結になる．

- どの 2 頂点間にも道がちょうど 1 本だけある.
- 隣接しないどの 2 頂点間に辺を追加してもサイクルが生じる.
- 辺の本数 = 頂点の個数 − 1（例えば，上図では $14 = 15 - 1$）.

木の中でも特に重要なのは，ある 1 つの頂点を指定して根と呼ぶ「根がある木」である.

G を木とし，$r \in V(G)$ とするとき，順序対 $T = (G, r)$ を**根付き木**といい，r を T の**根**という.

これだけでは木らしさがわからないので，次の事実 (i) に基づくと 木を系図のように見ることができる ので (ii)〜(iv) のような用語を定義し，木としては 上下を逆さまに描く（根を上方に，葉を下方に描く）ことにする.

● 木に関する用語
(i) 根 r から任意の頂点 x へはちょうど 1 つの道があり,
(ii) y がこの道の上の頂点であるとき，y は x の**祖先**（あるいは**先祖**）であるといい，x は y の**子孫**であるという．この定義より，x は x 自身の先祖であり子孫である.
(iii) 特に，yx が辺の場合，y を x の**親**といい，x を y の**子**という.
(iv) y と z の親が同じとき，y と z は**兄弟**であるという.
(v) 子をもたない頂点を**葉**といい，葉でない頂点を**内点**という.
(vi) 木の一部で木であるような部分を**部分木**という.

例 13.2 木は根を上に葉を下に描く

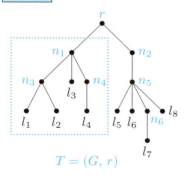

T の 根：r

T の 葉：$l_1 \sim l_8$

r の 子：n_1 と n_2

n_1 は n_3, l_3, n_4 の 親

n_3, l_3, n_4 は互いに 兄弟

n_5 の 子孫：$n_5, n_6, l_5 \sim l_8$

l_8 の 祖先：l_8, n_5, n_2, r

┆┆の部分は n_1 を根とする T の 部分木

13.1 数学で定義する木とは

上記の定義によると，根付き木においては同じ親をもつ複数の子の間で並び順は考えないので，△(a,b) と △(b,a) は同じものだとみなされる．

● いろいろな根付き木

- 兄と弟のように兄弟の並び順も考慮した木を**順序木**という．
- 兄弟の中に欠けているものがいることも考慮した木を**位置木**という．
- どのノードも多くて n 人の子しかもっていない木を **n 分木**という．
- 根付き 2 分位置木のことを単に **2 分木**ということがある．この場合，図的に左側/右側に書かれる子を**左の子/右の子**といい，子が 1 人しかいなくても左の子か右の子かを（図でも）区別する．
- 葉以外のすべての頂点が n 人の子をもっている木を**正則 n 分木**といい，
- 特に，根からどの葉への距離（＝辺の本数．これを**深さ**という）も同じであるような正則 n 分木を**完全 n 分木**という．

例 13.3 左の子と右の子を区別する 2 分木

右図の (a) と (b) を 2 分位置木と見る場合，(a) には右の子がなく，(b) には左の子がない，異なる木である． □

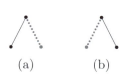

問 13.1 次のそれぞれの場合について，位数（ノードの個数）が 3 の，異なるものをすべて求めよ．
(a) 木　　(b) 根付き木　　(c) 2 分木（根付き 2 分位置木）

例 13.4 正則な木/完全木，頂点の深さ，木の高さ

木の**高さ**とは，頂点の深さの最大値のことである． □

高さ 3 の完全 2 分木

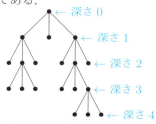

高さ 4 の不完全正則 3 分木

問 13.2 高さ 2 の 2 分順序木のうち,完全木と正則木をすべて示せ.

根付き木 T のノードの個数 p と葉の個数 l が最も多いのは完全 n 分木のときで,T の高さを h とすると,
$$p = \sum_{i=0}^{h}(\text{深さが } i \text{ の頂点の個数}) = \sum_{i=0}^{h} n^i = \frac{n^{h+1}-1}{n-1}, \quad l = n^h$$
が成り立つ.よって,一般には $p \leq \dfrac{n^{h+1}-1}{n-1}$, $l \leq n^h$ が成り立つ.これらより h を求めると,次の (1), (2), (3) が得られる.

> T を位数が p の n 分木とするとき,次が成り立つ.
> (1) T の高さ $\geq \lceil \log_n((n-1)p+1) - 1 \rceil$
> (2) T の高さ $\geq \lceil \log_n(T \text{ の葉の数}) \rceil$
> (3) T が正則ならば,$(n-1)(T \text{ の内点の個数}) = (T \text{ の葉の数}) - 1$

問 13.3 (3) の等式がなぜ成り立つかを考えよ(ヒント:正則 n 分木を,n 人の選手が対戦して,そのうちの 1 人だけ勝ち残るゲームのトーナメント表だと考えよ).

例 13.5 葉の個数やノードの個数と木の高さの関係

n チームが参加してトーナメント方式で行なわれる野球大会を考えよう.トーナメント表は,参加チームを葉,勝利チーム(試合)を内点,優勝チームを根とする 2 分木である.

この木の高さ(= 葉の深さの最大値)は,(試合数ができるだけ公平になるようにトーナメントが組まれている場合)優勝までに必要な試合数の最大値であり,それは $\lceil \log_2 n \rceil$ である.一方,葉の深さの最小値は優勝までに必要な試合数の最小値である.

内点の個数は試合総数に等しく,それは $n-1$ である.

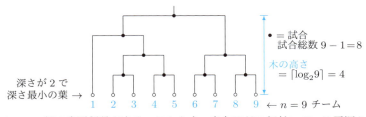

問 13.4 11 個の家電製品がある.これらを,出力口が 3 個付いている電源タップを使って,1 つしかないコンセントに接続したい.必要な電源タップの個数を求めよ.

13.2 いろんな場面で登場する木たち

木という概念の有用性を示すいくつかの例を紹介しよう．

13.2.1 最大/最小全域木

> 無向/有向グラフの辺や頂点に何らかの情報（ラベル）が付随しているものを**ラベル付きグラフ**という．より正確にいうと，$G = (V, E)$ を無向/有向グラフとし，l を E から集合 L への関数とするとき，(G, l) を（辺にラベルを付けた）**ラベル付きグラフ**という．
>
> L の元を**ラベル**といい，l は G の頂点に L の元であるラベルを対応させる**ラベル付け関数**である．ラベルとして付けるものは数値でも文字でも何でもよい．特に，ラベルが数値である場合には**重み**といい，(G, l) を**重み付きグラフ**という．

ラベルは頂点に付けることも，辺と頂点の両方に付けることもある．

> 重み付きグラフ $G = (V, E),\ w : E \to \mathbb{R}$ において，すべての頂点を含み，かつ木であるような G の部分グラフ $G' = (V, E')$ のうち，辺に付けられた重みの和 $\sum_{e \in E'} w(e')$ が最小/最大であるものを G の**最小/最大全域木**という．

例 13.6 重み付きグラフと最小全域木

A 村は過疎地の小集落であり，老齢化が進んでいる．その対策の一環として，村では各戸に水道を引くことにした．水源は村はずれの湖水を使うことにし，水道管を敷設するための調査を行なった．

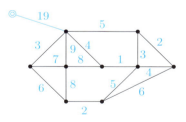

その結果，図のような敷設可能な箇所（辺で表している）とそれにかかる費用（辺に付けられた数値．単位は 10 万円）がわかった．◎ は水源を表し，頂点 • は各戸を表す．どの家にも水道が供給できて，できるだけ費用がかからないようにしたい．水道管の敷設箇所を求めよ．

この問題は，水源を除くグラフを G とするとき，G の最小全域木を求めることにほかならない．

解法はというと，辺の重みの和が最小の全域木を求めたいのだから，重みが小さい方から順に閉路ができないように辺を選んでいけばよさそうである．そのような素朴な方法（**貪欲法**という）ではたいていの場合，最も良い解は得られないものであるが，この問題の場合は例外的にその方法で求めたものが最良な解を与えてくれる．その方法で最小全域木を求めてみよう．

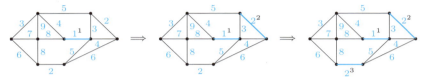

青色の辺が選ばれた辺であり，重みの右肩に付けた数字はその辺が何番目に選ばれたかを示す．ステップ 2 では残った辺の中で重みが最小の '2' である辺が 2 つあったので，その一方を選び，ステップ 3 で他方を選んだ．

ステップを先に進めると，ステップ 6 で候補となる重みが 4 の辺が 2 つあるが，一方は閉路を生じるので閉路を生じない他方を選ぶ（左下図）．最終的に 8 ステップ目（木においては，辺の本数 ＝ 頂点の個数 − 1 であることに注意）に右下図が得られる．

問 13.5 上述の方法の代わりに，「すでに選ばれた辺たちのどれかに隣接しているような辺」のなかで閉路ができず重みが小さいものを優先的に選ぶ方法で求めても最小全域木が得られる．この方法で求めてみよ．

13.2.2 再帰的アルゴリズムの実行過程を表す木

チェスのクイーン（女王）は図の青い→のように縦横斜めに何マスでも進むことができる駒である．**8 クイーン問題**とは，各行各列に 1 つずつ ♛ を置き，どの ♛ も他の ♛ を攻撃することができないような配置をすべて求める問題である．

13.2 いろんな場面で登場する木たち

因みに,基本解は 12 個あり,それらを回転や鏡像で変形したものも合わせると 92 個の解があることを簡単なプログラムで確認することができる.

チェス盤を $n \times n$ に一般化した問題を **n クイーン問題**/パズルといい,$n \leqq 3$ では解が存在しないが,4 以上のすべての n に対して解が存在することが知られている.ここでは $n = 4$ の場合を考えよう.ただし,以下に述べるアルゴリズム $\text{try}(x)$ 自体は一般の $n \geqq 4$ に対して適用できるものである.

$\text{try}(x)$ は,$y = 1 \sim 8$ に対して,x 番目のクイーン(チェス盤の x 列に置くべきもの)を x 列の y 行目に置けるかどうかを判定し,置けるものがあったら出力する再帰的アルゴリズムである.$\text{try}(1)$ を実行するとすべての解が出力される.

$\text{try}(x)$ では,x 列 $(x < 8)$ にクイーンを置くことのできる行 y が見つかると $x+1$ 列目の何行目にクイーンを置くことが可能であるかを調べる(すなわち,$\text{try}(x+1)$ を再帰呼び出しする).ただし,このときの y は暫定であり,真の解の一部になるかどうかはこの時点ではわからない.もっと先の行までアルゴリズムの実行が進んだとき(すなわち,値が大きくなった x に対して $\text{try}(x)$ が再帰呼び出しされたとき)にこの y は真の解の一部にはならないことがわかる場合もある.$x = 8$ のときの y が見つかれば,それまでに $x = 1 \sim 7$ に対する正しい行 y も見つかっているので,真の解が 1 つ定まる.

アルゴリズム $\text{try}(x)$
1. /* x 番目のクイーンを x 列のどこ(y 行)に置いたらよいか? */
2. $y = 1$ とする;
3. $y \leqq 8$ である限り,行 4~10 を繰り返す;
4.   第 y 行にクイーンを置ける場合:
5. y 行 x 列に暫定的にクイーンを置く;
6.   もし $x < 8$ ならば $\text{try}(x+1)$ を実行する;
7. $x = 8$ ならば,解が見つかったので出力し,
8. y 行 x 列に暫定的に置いてあるクイーンを取り除く;
9.   第 y 行にクイーンを置けない場合:
10. y の値を 1 増やす;
11. /* ここに到達すると $y = 9$ である */

$n = 4$ の場合(4 クイーン問題)に $\text{try}(1)$ が実行されて暫定解が順次大きくなり最終的に真の解が求まる過程を次図に示した(再帰呼び出しがかかるたびに x の値は 1 増え,その x に対応する列のどの行にクイーンを置くことがで

きるか(あるいは,できないか)が定まる).

Q はそのマスにクイーンが置かれていることを表す.

暫定的に置いたクイーンが誤りだとわかると後戻り(バックトラック)して置き直している ($3 \to 2 \to 4$ と $5 \to 4 \to 2 \to 1 \to 6$).

一般に再帰的アルゴリズムは,なぜそのようにすれば正しい結果が得られるかが理解しやすい反面,どのように実行が進行するかがわかりにくい.しかし,この例のように実行の進行過程を木で表すと,どのように動作しているのかもよくわかる.

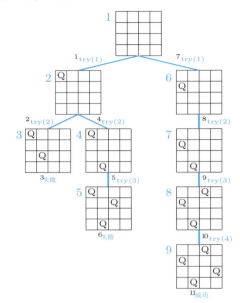

問 13.6 読者が使えるプログラミング言語でアルゴリズム try(x) のプログラムを書き,8 クイーン問題のすべての解を求めよ.

問 13.7 問 12.7 のナイトの周遊問題も 8 クイーン問題と同様に「周遊の順路を可能な限り進み,途中で失敗したらバックトラックしてやり直す」方法(その過程は木になる)で解くことができる.Knight$_{3,4}$ には解がないことをこの方法で示せ.

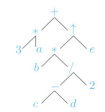

13.2.3 数式を木で表す

右図の 2 分木 T を考える.この木を,根を出発点にしてたどってみよう.次の再帰的なアルゴリズム DFS(v) を使う.v は DFS を始める出発点であり,DFS(木 T の根) を実行すると,根を出発点として T の頂点がすべてたどられる.

13.2 いろんな場面で登場する木たち

アルゴリズム DFS(頂点 v)
1. v に左の子（w_L とする）がいたら，DFS(w_L) を実行する
2. v をたどる
3. v に右の子（w_R とする）がいたら，DFS(w_R) を実行する

13.2.2項で学んだように，アルゴリズム DFS を実行すると，この木は右図に示したような順序で頂点がたどられるので，たどられた順に頂点に付けられたラベルを並べると

$$3 * a + (b * c - d/2) \uparrow e \qquad (*)$$

となる．その通り！ 実際，この木は数式 $(*)$ を表しているのである（( ) を補った）．

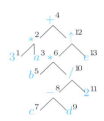

問 13.8 上記のアルゴリズム DFS では「v をたどる」が 2 番目になっている．これを 1 番目にした DFS と 3 番目にした DFS それぞれで T をたどったとき，それぞれの頂点がたどられる順番と，その順番で頂点のラベルを並べた数式（文字列）を示せ．

「v をたどる」を 1 番目にして得られる数式は演算子（$+, -, *, /, \uparrow$：$*$ は掛算を表し，$\uparrow$ は累乗を表す）を**演算数**（**オペランド**：演算の対象となるもの）の前に置いた式（**前置記法**とか**ポーランド記法**という）となり，2 番目に置いた式は演算数を演算子の中間に置いた式（**中置記法**といい，通常使われる記法である）となり，3 番目に置いた式は演算数を演算子の後ろに置いた式（**後置記法**とか**逆ポーランド記法**という）となる．

13.2.4 決 定 木

3 つの数 a, b, c がこの順序で与えられたとき，これを大きさの順に並び替える（**ソーティング**という）アルゴリズムを考えよう．

まず，a と b を比べ[1]，$a \geqq b$ だったら a と c を比べ[2]，$a < c$ だったら $b \leqq a < c$[3] であることがわかる．

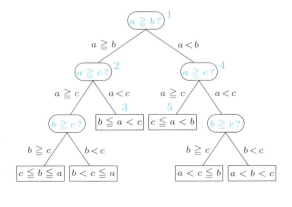

[1] における比較結果が $a < b$ だった場合は，a と c を比べ[4]，$c \leqq a$ だったら

$c \leqq a < b$ [5] であることがわかる．そうでなかったら…（以下略）というアルゴリズムが実行される過程は前ページの図のような 2 分木で表すことができる．

このように，ある判断を内点 ◯ において行なってその結果によっていくつかの分岐を行ない，すべての判定が済んだときの結果を葉 ☐ のラベルとした木（2 分木に限らない）を**決定木**という．

アルゴリズムを決定木として表したとき，根から葉への道はアルゴリズムの実行の過程に対応し，木の高さは最悪の場合の判断（ソーティングの場合には比較）の回数を表している．もしアルゴリズムが正しいものであるならば，入力として与えられたデータの間の大小関係がいかなるものであろうとも，それを大きさの順に並べ替えた結果が得られなければならないので，決定木の葉のところには n 個のデータの置換（$n!$ 個ある）のすべてが現れていなければならない．2 分木の高さと葉の数との関係（例 13.5 参照）

$$\text{木の高さ} \geqq \log_2 (\text{葉の数}) = \log_2 n!$$

と $\log_2 n! \geqq cn \log_2 n$ が成り立つ（c は定数）ことから，ソーティングを正しく行なうどんなアルゴリズムも $n \log_2 n$ に比例する回数の比較を行なう必要があることが導かれる．

実は，8 クイーン問題の解を求める過程を表す木や，問 13.7 の解答に示した木も決定木といえなくもない．

経営工学などの分野では，決定木を使って要因を分析し，その分析結果から予測を行なうという，データマイニング手法が広く使われている．

問 13.9 3 変数の**多数決関数** $f(x_1, x_2, x_3)$ は $\{0, 1\}^3$ から $\{0, 1\}$ への関数で，

$$f(x_1, x_2, x_3) = 1 \overset{\text{def}}{\iff} x_1, x_2, x_3 \text{ の中の 2 個以上の値が 1}$$

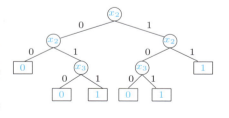

（すなわち，1 の個数の方が 0 の個数よりも多いときに関数値は 1 となる）と定義される関数である．この関数は右図のような決定木で表すことができる．（$0 = \mathbf{F}, 1 = \mathbf{T}$ として，$f(x_1, x_2, x_3)$ を論理関数と考えることが多い．）

3 変数の論理和を表す関数 $g(x_1, x_2, x_3) : \{\mathbf{F}, \mathbf{T}\}^3 \to \{\mathbf{F}, \mathbf{T}\}$ を定義する決定木を示せ．$g(x_1, x_2, x_3) = \mathbf{T} \overset{\text{def}}{\iff} x_1, x_2, x_3$ の中の 1 つ以上が $\mathbf{T}$ である．

第14章
アルゴリズムの時間解析

> アルゴリズムという名称は，9世紀のアラビアの数学者アブー・アブドゥッラー・ムハンマド・イブン・ムーサー・アル＝フワーリズミーことアル＝フワーリズミーに由来するとされている．彼がインド数学を紹介した著書のラテン語の訳書（通称『アルゴリトミ』）の冒頭に「Algoritmi dicti（アルゴリトミに曰く）」という一節があったのが語源であるといわれている．
> O 記法はバッハマンにより（1892年），o 記法はランダウにより導入され（このため，O 記法や o 記法はランダウの記法とも呼ばれる）昔から使われていたが，Ω, ω, Θ などの記法は TeX の考案者クヌースによって導入された記法である: D.E.Knuth, Big omicron and big omega and big theta, *ACM SIGACT News* 8, pp.18–24, 1976.

アルゴリズムとは計算の手順のことで，第7章で再帰を学んだ際に再帰的にアルゴリズムを設計することの有効性を学んだ．しかし，再帰的アルゴリズムはそうでないもの（反復的/繰り返し型アルゴリズム）よりもつねにすぐれているわけではない．アルゴリズムの良し悪しには実行に要する時間・必要なメモリ量・わかりやすさなど様々な基準があり，それらの比べ方にも注意が必要であることをこの章で学びたい．

14.1 O 記法

フィボナッチ数列は
$$f_0 = 0, \quad f_1 = 1, \quad f_n = f_{n-1} + f_{n-2} \ (n \geq 2)$$
のように再帰的に定義される数列 $\{f_n\}_{n \geq 0}$ である．これは定義であると同時に f_n を計算する再帰的アルゴリズムでもある．このアルゴリズムで例えば f_5 を計算してみると，第13章で学んだように，右図に示した木の頂点に振った番号の順に実行される．

f_5 を計算する実行時間（$F(5)$ とする）はこの青い番号の最大値（この例では $F(5) = 15$）に (i) 比例し（したがって，$F(5) \leq 15 \times$ 定数），$F(n)$ は
$$F(0) = 1, \quad F(1) = 1, \quad F(n) = F(n-1) + F(n-2) + 1 \ (n \geq 2)$$
を解けば $F(n) = \frac{2}{\sqrt{5}}\left[\left(\frac{1+\sqrt{5}}{2}\right)^{n+1} - \left(\frac{1-\sqrt{5}}{2}\right)^{n+1}\right] - 1$ と求めることができるが，実は，$f_n = \frac{1}{\sqrt{5}}\left[\left(\frac{1+\sqrt{5}}{2}\right)^n - \left(\frac{1-\sqrt{5}}{2}\right)^n\right]$ なので f_n の値が爆発的に大きく

なるため上記のアルゴリズムを実行する際には f_n の値をコンピュータ内で表すのに配列を使う必要がある（(ii) 使うか否かで実行時間が変わる）し，$F(n)$ の値と f_n の値は (iii) ほとんど同じである．また，コンピュータの演算速度は年々向上するので，(iv) 実行時間の具体的な値は年々変わってしまう．

さらに重要なことは，アルゴリズムの (v) 実行時間は入力するデータによって変わることがあるし，データ量の多寡によって 2 つのアルゴリズムの実行時間が途中で (vi) 逆転することもあることである．例えば，ソーティングのアルゴリズムのほとんどはソートすべきデータが最初からソートされているか否かで実行時間が異なるし，データ数が小さいときにはアルゴリズム A の方が B よりも高速であるがデータ数が大きくなると B の方が A よりも高速になるといったものもある．これら (i)～(vi) を考慮して用いられるのが，関数 $f(n)$ と $g(n)$ を比べるとき，(a) n の値が小さいときの違いや (b) 定数倍の違いは無視し，(c) 増加速度の違いで区別し，実行時間は平均時間や最良の場合の時間ではなく (d) 最悪の場合にかかる時間（実行時間の上界）で考える，こういったことができる記法である．それが O 記法である．

例 14.1 挿入ソートとマージソート

入力データ $x_1, x_2, \ldots, x_n$ を昇順に並び替える 2 つのソーティングアルゴリズムを考えよう．

(1) 1 つ目のアルゴリズムは**挿入ソート**といい，反復的アルゴリズムである．下図のように，すでに $x_1 \sim x_{i-1}$ がソートされているとき，x_i を $x_{i-1}, x_{i-2}, \ldots$ と順に比べていき，$x_j \leqq x_i$ となる最初の j $(1 \leqq j \leqq i-1)$ を見つけ（その過程では同時に $x_{i-1} \to x_i, x_{i-2} \to x_{i-1}, \ldots, x_j \to x_{j+1}$ のように値をずらしていく），最後に x_j に x_i を挿入すると，$x_1 \sim x_i$ がソートされた状態になる．このことを $i = 2$ から n まで繰り返すと $x_1, x_2, \ldots, x_n$ 全体が昇順にソートされる．

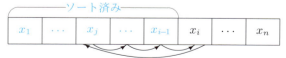

比較して $x_i < x_k$ なら $x_k \to x_{k+1}$ とする $(j \leqq k \leqq i-1)$

このアルゴリズムにおいて行なわれる比較の回数は，最悪の場合 $\frac{n(n-1)}{2}$ で

14.1　O 記 法

あるから実行時間（$T_{is}(n)$ とする）は $\frac{n(n-1)}{2}$ の定数倍以下である．

(2) もう1つのアルゴリズムは**マージソート**（**併合ソート**）といい，再帰的アルゴリズムである．まず，すでに昇順に並んでいる2つのデータ $\langle a_1, a_2, \ldots, a_l \rangle$ と $\langle b_1, b_2, \ldots, b_m \rangle$ を一緒にして，新しく昇順に並べ替えられたデータ $\langle c_1, c_2, \ldots, c_{l+m} \rangle$ を得るには次のようにすればよい．

> 併合アルゴリズム merge($\langle a_1, \ldots, a_l \rangle, \langle b_1, \ldots, b_m \rangle, \langle c_1, \ldots, c_{l+m} \rangle$)
> /* $\langle a_1, \ldots, a_l \rangle$ と $\langle b_1, \ldots, b_m \rangle$ を合併して $\langle c_1, \ldots, c_{l+m} \rangle$ にする */
> 1. $i \leftarrow 1;\ j \leftarrow 1;\ k \leftarrow 1$ とせよ；
> 2. $i \leq l$ かつ $j \leq m$ である限り，次のことを繰り返せ；
> $a_i \leq b_j$ ならば $c_k \leftarrow a_i;\ i \leftarrow i+1;\ k \leftarrow k+1$ とせよ；
> $a_i > b_j$ ならば $c_k \leftarrow b_j;\ j \leftarrow j+1;\ k \leftarrow k+1$ とせよ；
> 3. 次の 3.1 または 3.2 のいずれかが成り立つので，成り立った方を実行する；
>   3.1. ($j = m+1$ かつ) $i \leq l$ である限り，次のことを繰り返せ；
> $c_k \leftarrow a_i;\ i \leftarrow i+1;\ k \leftarrow k+1$ とせよ；
>   3.2. ($i = l+1$ かつ) $j < m$ である限り，次のことを繰り返せ；
> $c_k \leftarrow b_j;\ j \leftarrow j+1;\ k \leftarrow k+1$ とせよ；

この併合アルゴリズムを用いる次のアルゴリズムがマージソートである：

> マージソート merge-sort($\langle x_1, \ldots, x_n \rangle, \langle y_1, \ldots, y_n \rangle$)
> /* $\langle x_1, \ldots, x_n \rangle$ をソートした結果を $\langle y_1, \ldots, y_n \rangle$ とする */
> 1. $n \leq 1$ ならば終了する；
> 2. $n > 1$ ならば次の2つの再帰呼出しを実行する；
>   2.1. merge-sort($\langle x_1, \ldots, x_{\lfloor n/2 \rfloor} \rangle, \langle z_1, \ldots, z_{\lfloor n/2 \rfloor} \rangle$)；
>   2.2. merge-sort($\langle x_{\lfloor n/2 \rfloor+1}, \ldots, x_n \rangle, \langle z_{\lfloor n/2 \rfloor+1}, \ldots, z_n \rangle$)；
> 3. merge($\langle z_1, \ldots, z_{\lfloor n/2 \rfloor} \rangle, \langle z_{\lfloor n/2 \rfloor+1}, \ldots, z_n \rangle, \langle y_1, \ldots, y_n \rangle$) を実行せよ；

merge($\langle a_1, \ldots, a_l \rangle, \langle b_1, \ldots, b_m \rangle, \langle c_1, \ldots, c_{l+m} \rangle$) の実行時間は代入 $c_k \leftarrow a_i$ または $c_k \leftarrow b_j$ の実行回数にほぼ比例するので，d を定数として $d(l+m)$ 以下であると考えてよい．

一方，merge-sort($\langle x_1, \ldots, x_n \rangle, \langle y_1, \ldots, y_n \rangle$) の実行時間（$T_{ms}(n)$ とする）がどれくらいであるかを考えてみよう．全体の実行時間は行 2.1，行 2.2，行 3 それぞれの実行時間の和であるから，d' を定数として関係式

$$\begin{cases} T_{ms}(0), T_{ms}(1) \leq d' \\ T_{ms}(n) \leq T_{ms}(\lfloor n/2 \rfloor) + T_{ms}(\lceil n/2 \rceil) + d(\lfloor n/2 \rfloor + \lceil n/2 \rceil) \quad (n \geq 2) \end{cases}$$

が成り立つ．これを解くと，$T_{ms}(n) \leq Cn \log n$ が得られる（C は定数）．

C の値が明示されていないので一見しただけではわからないが,実行時間 $T_{ms}(n)$ は n が小さいときには $T_{is}(n) < T_{ms}(n)$ となってしまうものの,n が十分大きいと $T_{is}(n) > T_{ms}(n)$ と逆転する. ■

問 14.1 挿入ソートについて以下の問に答えよ.
(1) マージソートのようにきちんとアルゴリズムらしく書け.
(2) $T_{is}(n) \leqq c \cdot \frac{n(n-1)}{2}$ であることを示せ(c は適当な定数).

さて,本章の冒頭で求めた記法について述べよう.

$f(n), g(n)$ を $\mathbb{N}$ から $\mathbb{R}_{\geqq 0}$ への関数とする.
$$\exists c \in \mathbb{R}_{>0} \ \exists n_0 \in \mathbb{N} \ \forall n \geqq n_0 \left[f(n) \leqq cg(n) \right]$$
が成り立つとき,すなわち,ある正の実数 c と自然数 n_0 が存在して,n_0 以上の任意の自然数 n に対して $f(n) \leqq cg(n)$ が成り立つとき,
$$f(n) = \overset{\text{オー}}{O}(g(n))$$
と表し,$f(n)$ の**オーダー**は $g(n)$ であるという.同様に,
$$f(n) = \overset{\text{オメガ}}{\Omega}(h(n)) \overset{\text{def}}{\iff} \exists c \in \mathbb{R}_{>0} \ \exists n_0 \in \mathbb{N} \ \forall n \geqq n_0 \left[c \cdot h(n) \leqq f(n) \right]$$
と定義し,このとき $f(n)$ のオーダーは $h(n)$ 以上であるという.$f(n) = O(g(n))$ かつ $f(n) = \Omega(g(n))$ であるとき,
$$f(n) = \overset{\text{シータ}}{\Theta}(g(n))$$
と表し,$f(n)$ と $g(n)$ はオーダーが等しいという.

明らかに,
$$f(n) = \Theta(g(n)) \iff \exists c_1 \in \mathbb{R}_{>0} \ \exists c_2 \in \mathbb{R}_{>0} \ \exists n_0 \in \mathbb{N}$$
$$\forall n \geqq n_0 \left[c_1 g(n) \leqq f(n) \leqq c_2 g(n) \right]$$
が成り立つ.大雑把な言い方をすると,$f(n) = O(g(n))$(あるいは,$f(n) = \Omega(g(n))$,あるいは $f(n) = \Theta(g(n))$)であるとは,n が十分大きいところでは $f(n)$ は $g(n)$ の定数倍以下である(あるいは定数倍以上である,あるいは定数倍の範囲内にある)ということである(下図参照).

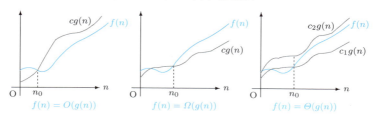

例 14.2 $O/\Omega/\Theta$ 記法

(1) 定義より, $f(n) = \Theta(g(n))$ ならば $f(n) = O(g(n))$ でもあり $f(n) = \Omega(g(n))$ でもある.

(2) $c_1 = 5$, $c_2 = 6$ で, $n \geq n_0 = 3$ ならば $c_1 n \leq 5n + 3 \leq c_2 n$ であるから, $5n+3 = \Theta(n)$ である. 当然, $5n+3 = O(n)$ でもあるし, $5n+3 = \Omega(n)$ でもある. さらに, $c = 1$ として $n \geq 6$ ならば $5n + 6 \leq cn^2$ なので, $5n+6 = O(n^2)$ でもあるし, 任意の $k \geq 1$ に対し $5n + 6 = O(n^k)$ でもある.

(3) 自然数 n に関する k 次多項式 $p(n) = a_k n^k + \cdots + a_1 n + a_0$ ($a_k > 0$) に対して, $c = |a_k| + \cdots + |a_1| + |a_0|$ とすると, n が十分大きければ $a_k n^k \leq p(n) \leq cn^k$ となるから, $p(n) = \Theta(n^k)$ である.

(4) 任意の定数 $c > 0$ に対して, $c = O(1)$, $c = \Omega(1)$, $c = \Theta(1)$ である. 特に, $O(1)$ や $\Theta(1)$ は定数であることを表す ($O(1)$ が使われることが多い). □

問 14.2 次の各関数のできるだけタイトなオーダーを求めよ.
(1) k を定数とするとき k^k (2) $\frac{1}{n}$ (3) $(3n+9)^3$ (4) $n \sin n$ (5) $\sqrt{2}^{2n+3}$
(6) $0.0001n + 10^{10^{10}} \log n$ (7) $\log n!$ (8) $\sum_{i=1}^n i$ (9) $\sum_{i=1}^n \frac{1}{i}$ (10) $\sum_{i=1}^n \frac{1}{i!}$

(ヒント：(7) $n! \geq n(n-1)(n-2)\cdots(\lceil n/2 \rceil)$ (9) $\int_1^n \frac{dx}{x}$ を幅が 1 で高さが $\frac{1}{i}$ の長方形たちの和 ($i = 1, \ldots, n$) で近似せよ. (10) $e^x = \sum_{n=0}^\infty \frac{x^n}{n!}$)

問 14.3 次のことを示せ.
(1) $f(n) = O(g(n))$ かつ $g(n) = O(h(n))$ ならば, $f(n) = O(h(n))$ である. 同様に, $f(n) = \Omega(g(n))$ かつ $g(n) = \Omega(h(n))$ ならば $f(n) = \Omega(h(n))$ である.
(2) $f(n) = O(g(n)) \iff g(n) = \Omega(f(n))$.

例 14.3 O 記法によるアルゴリズムの実行時間

(1) この章の冒頭で述べた「$F(n)$ と f_n がほとんど同じ」であることは $F(n) = \Theta(f_n)$ が成り立っていることである.

(2) $x_1, \ldots, x_n$ を昇順にソートする次ページの再帰的アルゴリズム（**クイックソート**という）を考えよう. このアルゴリズムの記述はラフで不明確なところもあるが, 行 2.2 では n 回の比較を行ないその結果を $x_1, \ldots, x_n$ の前半と後半に上書きすることができるので, 行 2.4 では行 2.3 を実行した結果がそのまま $x_1, \ldots, x_n$ を昇順にソートした結果となっている（つまり, 行 2.4 では何もしないでよい）.

行 2.1 で i がランダムに選ばれるので（このようなアルゴリズムは**乱択アルゴリズム**と呼ぶことがある）, quicksort の実行時間が最悪となるのは行 2.3 で

再帰呼び出しが行なわれるたびに $i=1$ となる場合で，その実行時間 $f(n)$ は
$$f(1)=c_1, \quad f(n)=c_2 n + f(n-1) \quad (c_1,c_2 \text{ は定数})$$
と表すことができる．これを解くと，$f(n)=Cn^2$ が得られる（C は定数）．すなわち，$f(n)=O(n^2)$.

クイックソート quicksort$(x_1,\ldots,x_n)$
1. $n=1$ の場合，何もしないで終了する；
2. 以下は $n \geq 2$ の場合
   2.1. $i\ (1 \leq i \leq n)$ をランダムに選ぶ；
   2.2. $x_1,\ldots,x_n$ と x_i を比べ，$x \leq x_i$ であるものと $x_i < x$ であるものに分ける；その結果を $\{x \mid x \leq x_i\}=\{y_1,\ldots,y_l\}$, $\{x \mid x_i < x\}=\{z_1,\ldots,z_m\}$ とする；
   /* $y_1,\ldots,y_l$ も $z_1,\ldots,z_m$ もランダムに並んでいてソートされていない */
   2.3. quicksort$(y_1,\ldots,y_l)$ と quicksort$(z_1,\ldots,z_m)$ を呼び出す；
   /* $y_1,\ldots,y_l$；$z_1,\ldots,z_m$ をそれぞれソートしたものが得られる */
   2.4. 2.3. の結果をそのまま並べると $x_1,\ldots,x_n$ をソートした結果を得る；

一方，行 2.1 で i がランダムに選ばれる（すなわち，i を値にとる確率変数を X とすると，任意の $i\ (1 \leq i \leq n)$ に対して $P(X=i)=\frac{1}{n}$ である）から，quicksort の実行時間はランダムに変わり，その平均（期待値）$\overline{f}(n)$ は
$$\overline{f}(1)=\overline{c}_1, \quad \overline{f}(n)=\overline{c}_2 n + \sum_{i=1}^{n}\frac{1}{n}\bigl[\overline{f}(i)+\overline{f}(n-i)\bigr] \quad (\overline{c}_1,\overline{c}_2 \text{ は定数})$$
と表すことができる．これを解くと $\overline{f}(n) \leq \overline{C} n \log n$（$\overline{C}$ は定数）が得られるので，$\overline{f}(n)=O(n \log n)$ である． ■

問 14.4 例 14.2(3) の下線部を実現する方法を考えよ．

問 14.5（ヨセフスの問題）n 人が輪を作り，1 から n まで番号を順に振る．先頭から k 番目ごとにその位置にいる人を順次除いていき，最後に残った人の番号 $J(n)$ を求める再帰的アルゴリズムと反復的アルゴリズムを考え，それらの実行時間について考察せよ．$k=2$ の場合だけを考えればよい．

問題の由来：A.C.70 年，ローマに反抗した 40 人のユダヤ人は捕らえられ，奴隷にされるか，または上述のような方法（$k=7$）で相互に殺し合い，最後に残った者は自殺するというプログラムを選択することを強いられた．彼らは後者を選んだが，この話は，最後に残ったが自殺せずに後に歴史家になったフラビウス・ヨセフス(Flavius Josephus)によって後世に伝えられた．

14.2 多項式時間アルゴリズム

問題のサイズが n のとき，実行時間が $O(n^k)$（k は任意の正数）であるようなアルゴリズムのことを**多項式時間アルゴリズム**という．多項式時間アルゴリ

14.2 多項式時間アルゴリズム

ズムは，例えば指数関数的時間 $\Omega(2^n)$ を要するアルゴリズムに比べて，n が小さいときには $n^k \geqq 2^n$ であっても n が大きくなると $n^k < 2^n$ となるので，実際的な時間で解くことができる アルゴリズムであるとみなされている．それに比べると $\Omega(c^n)$ 時間（$c > 1$ は定数）を要するアルゴリズムは，n が大きくなるに連れ天文学的時間がかかるようになり，n がある程度大きくなると高速コンピュータを使っても解くことができない．

例 14.4 関数の増加速度の違い

$100n^k = O(n^k)$ と 2^n を比べてみよう．$k = 2$ の場合，$n \leqq 14$ では $100n^2 > 2^n$ であるが，$n \geqq 15$ で $100n^2 < 2^n$ となる．

$k = 3$ の場合は $n = 20$ で逆転が起こり，$k = 100$ の場合は $n = 1004$ で，$n = 1000$ の場合は $n = 13755$ で逆転が起こる． □

問 14.6 $n \geqq 2$ とする．挿入ソートの実行時間が $8n^2$ で，マージソートの実行時間が $256n\log_2 n$ であるとき，実行時間が逆転する n の値を求めよ．

多項式時間アルゴリズムのうち，解を求めるのではなく，解を予想してそれが実際に解であるかどうかを多項式時間で判定できるとき，そのようなアルゴリズムを **NP アルゴリズム**（非決定性多項式時間アルゴリズム）という（本来の定義はこれとは異なるが，この定義と同値である）．

任意の多項式時間アルゴリズムは NP アルゴリズムであるが，任意の NP アルゴリズムが多項式時間アルゴリズムであるかどうかは現在のところ未解決の難問である．

解が yes か no だけであるような NP アルゴリズム A を多項式時間で別の問題を解く NP アルゴリズム B に変換でき，B で求めた解の yes/no が A の解の yes/no に一致するとき，多項式時間の範囲内では A で解こうとしている問題の方が B で解こうとしている問題よりも易しい と考えることができる．この意味で問題の難しさに順序を定義したとき，NP アルゴリズムをもつ問題の中でもっとも難しい問題を **NP 完全問題**という（これはあまりにも大雑把な定義なので，きちんとした定義は巻末の参考文献を参照されたい）．例えば，グラフがハミルトン閉路をもつか否かを判定する問題は NP 完全問題である．

問 14.7 下線部の理由を考えよ．

第15章

代　数　系

> (?!) algebra（代数）の語源は，9世紀のアラビアの数学者アル・フワーリズミー（第14章のコラム参照）が著した算法に関する著書の書名の一部にある al-jabr（変形，移項などの意）だという．日本語の「代数」は，数の代わりに変数を用いた方程式の研究が起源であることに由来するが，現代では加法や乗法といった演算が定義されている，より一般的な数の体系（代数系）を研究する分野名である．
> 　代数系の基本は群である．群をなぜ group と呼んだのか？ 群はある種の同じ性質をもつものの集まりだからであろうと容易に推測できるが，環(ring)は？ 体(field)は？ ring は，R.Dedekind デデキントが使ったのが最初らしい．ドイツ語の Ring には英語の ring と同じ意味以外に団体とか集団という意味があるので，デデキントはそういう意味で使ったらしい．「体」もドイツ語の Körper（bodyの意）に由来するらしく，企業体とか団体とか言うように body には ring と同様に，集団・団体という意味があるので，訳語として「体」を用いたのは理解できる．フランス語でも corps（body の意）と言うのに，なぜ英語では filed なのかについて著者は知らない．一方，束(lattice:「格子」の意)という代数系を知ればこの名称は素直に受け入れられるものである．束の代数的構造が束の上下を紐で束ねたような形をしているからである．

　代数系は，足し算だけの世界（半群，例えば $\mathbb{N}$）から始め，引き算もできる世界（群，例えば $\mathbb{Z}$）へ一般化され，次いで掛算もできる世界（環，例えば $\mathbb{Z}_m$）へ，そして最後に（実は，もっと先もあるが）加減乗除の四則演算すべてができる世界（体，例えば $\mathbb{Q}$ や $\mathbb{R}$）へと一般化される．すなわち，数の世界 $\mathbb{N}, \mathbb{Z}, \mathbb{Z}_m, \mathbb{Q}$ や $\mathbb{R}$ はそれぞれ半群，群，環，体の特別な場合となる．このように，対象をある特別なものとして捉えるだけに終わらず，一般化するという考え方こそが数学的姿勢として重要である．

15.1 代数系とは：群・環・体ってなんだ？

　代数系とは，ある対象を集合としてとらえ，その上でどのような演算が行なわれ，どのような関係が成り立ち，どのような性質をもつのかを一般的に考えたものである．

　最も基本的な代数系である群とは何であるかを定義することから始めよう．

　集合 X の上で2項演算 $\circ$ が定義されているとする．よって，$x, y \in X$ ならば $x \circ y \in X$ である．もし X に特別な元 e が存在して，任意の $x \in X$ に対して

$$x \circ e = e \circ x = x$$

を満たすならば，e を $\circ$ の**単位元**という．また，

$$x \circ y = y \circ x = e$$

を満たす $y \in X$ を $\circ$ に関する x の**逆元**という．

例 15.1　代数系いろいろ

(1) Σ を基本文字の集合とする．Σ の文字を使った長さが有限の文字列の全体を Σ^* で表す．文字列と文字列をつなげる演算 $\cdot$ は結合律 $(x \cdot (y \cdot z) = (x \cdot y) \cdot z)$ を満たし，空語 λ は単位元の役割 $(x \cdot \lambda = x = \lambda \cdot x)$ を果たす．

> 結合律が成り立つ代数系を**半群**といい，さらに単位元が存在するものを**モノイド**という．

Σ^* は $\cdot$ の下でモノイドである．

(2) 任意の $x, y \in \mathbb{N}$ に対し $x + y = y + x$ や $x \cdot y = y \cdot x$ が成り立つ．このような場合，演算 $+$ や $\cdot$ は**可換**であるという．$\mathbb{N}$ は $+$ や $\cdot$ の下で可換であるが，Σ^* は $\cdot$ の下で可換ではない．

> 集合 G の上の 2 項演算 $\circ$ が結合律を満たし，かつ G が $\circ$ に関して単位元（e とする）をもち，任意の $x \in G$ に対して逆元をもつとき，G は $\circ$ の下で**群**であるという．演算 $\circ$ が可換な群を**アーベル群**という．
>
> 群は以下の性質をもつ代数系である：
>
> (i)　　$\forall x \forall y \in G\,[\,x \circ y \in G\,]$　　　　　　　　　　（$\circ$ で閉じている）
> (ii)　 $\forall x \forall y \forall z \in G\,[\,(x \circ y) \circ z = x \circ (y \circ z)\,]$　　（結合律を満たす）
> (iii)　$\forall x \in G\,[\,x \circ e = x = e \circ x\,]$　　　　　　（単位元が存在する）
> (iv)　$\forall x \in G\, \exists y \in G\,[\,x \circ y = e = y \circ x\,]$　　（逆元が存在する）

例えば，$\mathbb{R}$ は $+$ の下で，$\mathbb{R} - \{0\}$ は $\cdot$ の下でそれぞれアーベル群である（前者の単位元は 0，後者の単位元は 1 である．以後，演算と単位元を付記して $(\mathbb{R}, +, 0)$ や $(\mathbb{R} - \{0\}, \cdot, 1)$ のように表す）が，$(\mathbb{R}, \cdot, 1)$ や $(\mathbb{N}, +, 0)$ は群ではない．前者では 0 の逆元が存在せず，後者では 0 以外の元には逆元が存在しない．

(4) さらに，$+$ と $\cdot$ を別々にではなく，これらを併せもつ世界を考えよう．

> 集合 X の上で加法 $+$ と乗法 $\cdot$ が定義されていて，四則演算（加法とその逆演算である減法，および乗法とその逆演算である除法）が自由にでき（ただし，乗法は加法の単位元を除いて考える），加法 $+$ も乗法 $\cdot$ も可換で，かつそれらの間に

$$x \cdot (y+z) = x \cdot y + x \cdot z = (y+z) \cdot x \quad \text{(分配律)}$$

が成り立つ集合 $(X, +, \cdot, 0, 1)$ を**体**という（0 は加法の単位元であり，1 は乗法の単位元である）．換言すると，$(X, +, 0)$ がアーベル群かつ $(X-\{0\}, \cdot, 1)$ が群であり，かつ分配律が成り立っている $(X, +, \cdot, 0, 1)$ を体という．乗法についても可換であることを要請することもあり，その場合，乗法が可換でないものを**斜体**ということがある．

加法に関する $x \in X$ の逆元（すなわち，$x+y=0=y+x$ を満たす元 y）を $-x$ で表し，乗法に関する $x \in X-\{0\}$ の逆元（すなわち，$x \cdot y = 1 = y \cdot x$ を満たす元 y）を x^{-1} で表す．

我々が慣れ親しんでいる数の世界 $\mathbb{N}, \mathbb{Z}, \mathbb{Q}, \mathbb{R}$ では足し算 $+$ と掛け算 $\cdot$ ができ，$\mathbb{Z}$ や $\mathbb{Q}$ や $\mathbb{R}$ では足し算の逆演算である引き算 $-$ ができ，$\mathbb{Q}-\{0\}$ や $\mathbb{R}-\{0\}$ では掛け算の逆演算である割り算 $/$ もできる．しかも，$+$ も $\cdot$ も可換で分配律が成り立つ．すなわち，$\mathbb{Q}$ や $\mathbb{R}$ は体である．また，$\mathbb{Z}_p$（p は素数）も体である．

(5) $\mathbb{Z}$ のように，四則演算のうち割り算だけができない数の世界もある：

体の条件を緩めて，$(X, +, \cdot, 0, 1)$ が $\cdot$ に関して逆元をもつことと可換性を問わないとき，すなわち，$(X, +, 0)$ がアーベル群であり，かつ $(X, \cdot, 1)$ がモノイドであるとき，$(X, +, \cdot, 0, 1)$ は**環**であるという．

環は四則演算のうち割り算だけができない世界である．$\mathbb{Z}$ や $\mathbb{Z}_m$ は可換（乗法も可換であることを指す）な環であるが，$\mathbb{N}$ は環ではない．

問 15.1 半群か？群か？環か？体か？

(1)

+	偶	奇
偶	偶	奇
奇	奇	偶

(2)

$\cdot$	偶	奇
偶	偶	偶
奇	偶	奇

(3)

$\circ$	a	b
a	a	b
b	b	b

(4) $(\{偶, 奇\}, +, \cdot)$

(5) $(\mathbb{N}, \circ)$．$x, y \in \mathbb{N}$ に対して $x \circ y = \gcd(x, y)$．$x \circ y = \text{lcm}(x, y)$ の場合は？
(6) $\{2^m 3^n \mid m, n \in \mathbb{N}\}$．演算は整数の掛け算．
(7) $\{2m + 3n \mid m, n \in \mathbb{Z}\}$．演算は整数の足し算．
(8) 集合 X の上の 2 項関係の全体．演算は関係の合成．特別の場合として，X から X への関数の全体の場合は？
(9) 正 n 角形は $\pm\left(\frac{360}{n}\right)^\circ$ 回転することにより自分自身に重ね合わされる．このような回転を続けて 2 回施すことをそれらの積と定義するとき，回転の全体．
(10) 集合 X 上の置換の全体．演算は関数の合成．

(11) 実数を係数とする, x の多項式 $\sum_{n=0}^{\infty} a_n x^n$ $(a_i \in \mathbb{R})$ の全体 $\mathbb{R}[x]$. 加法/乗法はそれぞれ多項式の和/積.

問 15.2 $\mathbb{Z}_m$ が環であること, p が素数ならば $\mathbb{Z}_p$ は体であることを $m=4$, $p=3$ で考察せよ.

15.2 束は束のような代数系

束は順序をもつ集合の構造を表す代数系の1つである.

> 半順序集合 $(A, \leqq)$ において, A の任意の2元 a, b に対して, それらの上限 $\sup\{a, b\}$ と下限 $\inf\{a, b\}$ がともに存在するとき A を束という.
> - $\sup\{a, b\}$ を $a \vee b$ と書き, a と b の**結び**と呼び,
> - $\inf\{a, b\}$ を $a \wedge b$ と書き, a と b の**交わり**と呼ぶ.
>
> $\vee, \wedge$ は A の上の2項演算であると考え, $(A, \vee, \wedge)$ と表すこともある.

例 15.2 いろんな束

(1) 集合 X のべき集合 2^X は, 集合の包含関係 $\subseteq$ の下で半順序集合である. $A, B \in 2^X$ に対して, 半順序 $\subseteq$ に関する A, B の下限は $A \cap B$ (共通部分) であり, A, B の上限は $A \cup B$ (和集合) であり, これらはいずれも 2^X の元なので, $(2^X, \subseteq)$ は束である ($(2^X, \cup, \cap)$ とも表す). これを**ベキ集合束**という.

(2) 整数 m, n に対して
$$m \vee n = \operatorname{lcm}(m, n) \quad (m \text{ と } n \text{ の最小公倍数})$$
$$m \wedge n = \gcd(m, n) \quad (m \text{ と } n \text{ の最大公約数})$$
が成り立つので, $(\mathbb{N}, \operatorname{lcm}, \gcd)$ は束である.

(3) 真理値 $\mathbf{T}$ と $\mathbf{F}$ の間の大小関係 $<$ を $\mathbf{F} < \mathbf{T}$ で定義すると $(\{\mathbf{T}, \mathbf{F}\}, \leqq)$ は半順序集合であり, $\sup\{x, y\}$ は x と y の論理和, $\inf\{x, y\}$ は x と y の論理積であるから, $(\{\mathbf{T}, \mathbf{F}\}, \vee, \wedge)$ は束である ($\vee, \wedge$ は論理和, 論理積). ■

問 15.3 $m, n \in \mathbb{N}$ に対して m が n を割り切ることを表す演算 $m \mid n$ に関して, $(\mathbb{N} - \{0\}, \mid)$ は束であることを示せ. しかし, 例えば $(\{1, 2, 3, \ldots, 11, 12\}, \mid)$ は束でないことを示せ.

問 15.4 (1) $(\{1, 2, 3, \ldots, 11, 12\}, \mid)$ に自然数を1つ足して束となるようにせよ.
(2) (1) の束と, 束 $(2^{\{a,b,c\}}, \cup, \cap)$ のハッセ図を描き, なぜ束という代数系に「束」という名称を付けたのかを考えてみよ.

● 束の基本的性質と半順序との関係

束 $(A, \leqq)$ の任意の元 a, b, c に対し,次のことが成り立つ.
(1) $a \vee a = a = a \wedge a$ (べき等律)
(2) $a \vee b = b \vee a, \quad a \wedge b = b \wedge a$ (可換律)
(3) $(a \vee b) \vee c = a \vee (b \vee c), \quad (a \wedge b) \wedge c = a \wedge (b \wedge c)$ (結合律)
(4) $(a \vee b) \wedge a = a = (a \wedge b) \vee a$ (吸収律)
(5) $a \vee b = b \iff a \leqq b \iff a \wedge b = a$ (整合律)

問 15.5 (1), (2) は結び,交わりの定義より自明である. (3) が成り立つことを示せ.

束 $(A, \vee, \wedge)$ の任意の元 a, b, c に対して, **分配律**
$$a \vee (b \wedge c) = (a \vee b) \wedge (a \vee c), \quad a \wedge (b \vee c) = (a \wedge b) \vee (a \wedge c)$$
が成り立つならば, $(A, \vee, \wedge)$ を**分配束**という.

例 15.3 分配束

例 15.2 の (1), (2), (3) および問 15.3 の $(\mathbb{N}-\{0\}, |)$ や問 15.4 (1) の答 $(\{1, 2, 3, \ldots, 11, 12, 27720\}, |)$ は分配束である. □

問 15.6 分配律が成り立たないような束の例を示せ.

束において最小元,最大元が存在する場合,それらをそれぞれ $0, 1$ で表す.最小元も最大元も存在する束 $(A, \vee, \wedge, 0, 1)$ の元 a, b が
$$a \vee b = 1, \quad a \wedge b = 0$$
を満たすとき, a と b は互いに他の**補元**であるという.

任意の元 $a \in A$ が少なくとも 1 つ補元をもつような束 A は**相補的**であるといい,相補的かつ分配的な束を**ブール束**(別称,**ブール代数**)という.ブール代数においては,任意の元 a がちょうど 1 つの補元をもつので,それを $\bar{a}$ で表す.

例 15.4　ブール代数

(1) べき集合束 $(2^X, \vee, \wedge)$ はブール代数である．集合 $A \subseteq X$ の補元 $\overline{A}$ はその補集合 $X - A$ であり，$\emptyset$ が最小元，X が最大元である．

(2) 真理値のなす束 $(\{\mathbf{T}, \mathbf{F}\}, \vee, \wedge)$ はブール代数である．$x \in \{\mathbf{T}, \mathbf{F}\}$ の補元はその否定 $\overline{x}$ である：$\overline{\mathbf{T}} = \mathbf{F}, \overline{\mathbf{F}} = \mathbf{T}$．$\mathbf{F}$ が最小元，$\mathbf{T}$ が最大元．$(\{\mathbf{T}, \mathbf{F}\}, \vee, \wedge)$ は命題論理にほかならない． ◻

実は，任意の有限のブール代数は，ある有限集合 X のべき集合束 $(2^X, \cup, \cap, \emptyset, X)$ に等しい（正確には，同型である）．二重否定やド・モルガンの法則などが論理においても集合の世界においても成り立つのはそのためであり，論理回路設計の世界では $(\{0, 1\}, +, \cdot)$ $(0 = \mathbf{F}, 1 = \mathbf{T}, + = \vee, \cdot = \wedge)$ のことをブール代数と呼んでいる．

すでに述べたように，束 $(A, \vee, \wedge)$ は

$$a \leqq b \iff a \vee b = b \iff a \wedge b = a$$
$$a \vee b = \sup\{a, b\}, \quad a \wedge b = \inf\{a, b\}$$

という関係の下で半順序集合 $(A, \leqq)$ でもある．さらに，ブール束の場合には，2 つの 2 項演算 $\vee, \wedge$ の他に単項演算 $^-$（補元をとる演算）も定義されていて，次に示すような性質も成り立つので，ブール代数を $(A, \vee, \wedge, ^-, 0, 1)$ と表すこともある．

ブール代数 $(A, \vee, \wedge)$ の任意の元 a, b に対して，次のことが成り立つ．

(1) $\overline{\overline{a}} = a$ 　　　　　　　　　　　　　　　　　　（二重否定）

(2) $\overline{0} = 1, \quad \overline{1} = 0$

(3) $a \vee 0 = a, \quad a \wedge 0 = 0, \quad a \vee 1 = 1, \quad a \wedge 1 = a$

(4) $\overline{a \vee b} = \overline{a} \wedge \overline{b}, \quad \overline{a \wedge b} = \overline{a} \vee \overline{b}$ 　　　（ド・モルガンの法則）

問 題 解 答

● 第 1 章

問 1.1 (1) 命題でない (2) **T** な命題 (3) 命題でない (4) 命題でない (5) **T** な命題 (6) 命題命題であり，**T** か **F** であるが，どちらかを著者は知らない

問 1.2 (1) $\neg(p \to \neg q)$．これは次のどれとも論理的に等しい：$\neg(\neg p \lor \neg q)$, $\neg\neg p \land \neg\neg q, p \land q$ など．論理式全体の値を黒色の真理値で示した（以下同様）．

p	q	p	$\to$	$\neg$	q	$\neg$	$($	p	$\to$	$\neg$	q	$)$
F	F		T	T		**F**			T		T	
F	T		T	F		**F**			T		F	
T	F		T	T		**F**			T		T	
T	T		F	F		**T**			F		F	

(2) $\neg q \to p$．これは次のどれとも論理的に等しい：$\neg\neg q \lor p, q \lor p$ など．

p	q	p	$\to$	$\neg$	q	$\neg$	q	$\to$	p
F	F		T	T		T			**F**
F	T		T	F		F			**T**
T	F		T	T		T			**T**
T	T		F	F		F			**T**

(3) $\neg\neg q \to \neg p$．これは次のどれとも論理的に等しい：$\neg\neg\neg q \lor \neg p, q \to \neg p, \neg q \lor \neg p$, $\neg(q \land p)$ など．

p	q	p	$\to$	$\neg$	q	$\neg$	$\neg$	q	$\to$	$\neg$	p
F	F		T	T		F	T		**T**	T	
F	T		T	F		T	F		**T**	T	
T	F		T	T		F	T		**F**	F	
T	T		F	F		T	F		**F**	F	

(4) $\neg p \lor \neg q, \neg(p \land q)$ など．

問 1.3 (1) p の逆は「$n \geq 3$ ならば n は奇素数である」であり，この命題は真ではない．p の逆の前提は「$n \geq 3$」であり結論は「n は奇素数」である．

p の対偶は「$n \geq 3$ でない（つまり，$n < 3$）ならば n は奇素数でない」であり，この命題は真である．実は，元の命題とその対偶は論理的に等しい（すなわち，両方とも真であるか両方とも偽である）．p の対偶の前提は「$n \geq 3$ でない」であり，結論は「n は奇素数でない」である．

(2) p の否定は p'：「$n \geq 3$ であっても n は奇素数であるとは限らない」としがちであるが，それは正しくない．なぜなら，p は真であるからその否定は偽でなければならないのに，p' は真な命題だから．実は，p をより正確にいうと「任意の $n \in \mathbb{N}$ に対して，n が奇素数ならば $n \geq 3$ である」であり，その否定は正しくは p''：「$n \geq 3$ でない（すなわち，$n \leq 2$ である）奇素数 $n \in \mathbb{N}$ が存在する」である．p'' は確かに偽な命題である．これは，q を命題「$n \geq 3$ である」とし，r を命題「n は奇素数で

ある」としたとき，p は「任意の $n \in \mathbb{N}$ に対して，$q \to r$」と表すことができ，その否定は「$\neg(q \to r)$ となる $n \in \mathbb{N}$ が存在する」であるが $\neg(q \to r)$ は $q \wedge \neg r$ と論理的に等しい（真理表を書いてみよ）ことによる．

$\neg(q \to r)$ を $a \to b$ の形に自然に表すことはできない（あえて表すなら $\mathbf{T} \to \neg(q \to r)$ である）ので，あえていうなら「前提なしに $q \to r$ は成り立たない」ということになろう）．

(3) 命題 $p \to q$ もその逆 $q \to p$ も真であるということは $(p \to q) \wedge (q \to p)$ が真であるということであり，これと $p \leftrightarrow q$ は論理的に等しい（真理表を書いてみよ）．すなわち，この場合，p と q は同値である．

問 1.4 (1) 同値（偶数の定義）

(2) $(x \in \mathbb{N}) \wedge (x^2 = 4)$ が成り立つ必要十分条件は $x = 2$ であり，$(x \in \mathbb{R}) \wedge (x^2 = 4)$ が成り立つ必要十分条件は $x = 2 \vee x = -2$ であるから，同値ではない．

(3) $(2 + 3 > 5) \to (20 + 30 > 50)$ は $\mathbf{F} \to \mathbf{F}$ だから $\mathbf{T}$ であり，$(2 + 3 = 5) \leftrightarrow (20 + 30 = 50)$ は $\mathbf{T} \leftrightarrow \mathbf{T}$ でありやはり $\mathbf{T}$ であるから，同値である．

(4) 同値である（下記の真理表参照）．$p \wedge p \wedge p$ は $p \wedge (p \wedge p)$ と論理的に等しい（実は，p と論理的に等しい．下記の真理表参照）こと，また，$q \vee \neg q$ は $\mathbf{T}$ であり，$p \wedge \mathbf{T}$ は p と論理的に等しいことに注意する．

p	q	p	$\wedge$	$(p$	$\wedge$	$p)$	p	$\wedge$	$(q$	$\vee$	$\neg$	$q)$
F	F		**F**		**F**			**F**		**T**	**T**	
F	T		**F**		**F**			**F**		**T**	**F**	
T	F		**T**		**T**			**T**		**T**	**T**	
T	T		**T**		**T**			**T**		**T**	**F**	

(5) 同値である．下記の真理表では，$\wedge$ や $\vee$ の結合律（結合順に依存しないという性質：詳しくは，例 1.5 で学ぶ）を用いて，$\neg(p \wedge q \wedge r)$ は $\neg(p \wedge (q \wedge r))$ に従って，$\neg p \vee \neg q \vee \neg r$ は $(\neg p) \vee ((\neg q) \vee (\neg r))$ に従って計算している．

p	q	r	$\neg$	$(p$	$\wedge$	$(q$	$\wedge$	$r))$	$(\neg$	$p)$	$\vee$	$((\neg$	$q)$	$\vee$	$(\neg$	$r))$
F	F	F	**T**		**F**		**F**			**T**	**T**		**T**	**T**		**T**
F	F	T	**T**		**F**		**F**			**T**	**T**		**T**	**T**		**F**
F	T	F	**T**		**F**		**F**			**T**	**T**		**F**	**T**		**T**
F	T	T	**T**		**F**		**T**			**T**	**T**		**F**	**F**		**F**
T	F	F	**T**		**F**		**F**			**F**	**T**		**T**	**T**		**T**
T	F	T	**T**		**F**		**F**			**F**	**T**		**T**	**T**		**F**
T	T	F	**T**		**F**		**F**			**F**	**T**		**F**	**T**		**T**
T	T	T	**F**		**T**		**T**			**F**	**F**		**F**	**F**		**F**

問 1.5 (1) $p \to r \vee s$ (2) $p \wedge \neg r \to s$ (3) $r \oplus s \to \neg q$

問 1.6 （可換性）$\oplus$ はその意味から明らかに可換である．また，$\to$ が可換でないことは $p \to q$ の "逆 $q \to p$ が必ずしも真でない" ことから．$\leftrightarrow$ もその意味から明らかに可換である．真理表を書いて確かめてみよ．

（結合律）次の真理表に示すように，$\oplus$ と $\leftrightarrow$ は結合律を満たすが，$\to$ は満たさない（$((\mathbf{F} \to \mathbf{F}) \to \mathbf{F}$ は $\mathbf{F}$ であるが，$\mathbf{F} \to (\mathbf{F} \to \mathbf{F})$ は $\mathbf{T}$ である）．

p	q	r	p	$\oplus$	$(q$	$\oplus$	$r)$	$(p$	$\oplus$	$q)$	$\oplus$	r
F	F	F		F		F					F	
F	F	T		T		T					T	
F	T	F		T		T					T	
F	T	T		F		F					F	
T	F	F		T		F					T	
T	F	T		F		T					F	
T	T	F		F		T					F	
T	T	T		T		F					T	

p	q	r	p	$\leftrightarrow$	$(q$	$\leftrightarrow$	$r)$	$(p$	$\leftrightarrow$	$q)$	$\leftrightarrow$	r
F	F	F		F		T			T		F	
F	F	T		T		F			T		T	
F	T	F		T		F			F		T	
F	T	T		F		T			F		F	
T	F	F		T		F			F		T	
T	F	T		F		T			F		F	
T	T	F		F		T			T		F	
T	T	T		T		T			T		T	

問 1.7 $p \oplus q$ (p または q のどちらか一方だけが成り立つ) と,$(p \wedge \neg q) \vee (\neg p \wedge q)$ (「p が成り立ち q は成り立たない」または「q が成り立ち p は成り立たない」) の意味を考えれば当然両者は論理的に等しいはずであるが,それは実際次のような真理表によって確かめることができる.

p	q	$p \oplus q$	$(p$	$\wedge$	$\neg$	$q)$	$\vee$	$(\neg$	p	$\wedge$	$q)$
F	F	F		F	T		F	T		F	
F	T	T		F	F		T	T		T	
T	F	T		T	T		T	F		F	
T	T	F		F	F		F	F		F	

問 1.8 次の真理表からわかるように,積は和に分配できる ($p \wedge (q \oplus r)$ と $(p \wedge q) \oplus (p \wedge r)$ は論理的に等しい) が,和は積に分配できない ($p \oplus (q \wedge r)$ と $(p \oplus q) \wedge (p \oplus r)$ は論理的に等しくない).

p	q	r	$p \wedge (q \oplus r)$	$(p \wedge q) \oplus (p \wedge r)$	$p \oplus (q \wedge r)$	$(p \oplus q) \wedge (p \oplus r)$
F	F	F	F	F	F	F
F	F	T	F	F	F	F
F	T	F	F	F	F	F
F	T	T	F	F	T	T
T	F	F	F	F	T	T
T	F	T	T	T	T	F
T	T	F	T	T	T	F
T	T	T	F	F	F	F

問題解答　　　　　　　　　　　　　　　　　　　　　　**147**

問 1.9　p の逆は「$x = 0$ または $y = 0$ ならば $xy = 0$ である」で，x, y が実数のとき成り立つ（実際，x, y が実数のとき，$x = 0 \lor y = 0$ と $xy = 0$ は同値である）．p の対偶は「$x \neq 0$ かつ $y \neq 0$ ならば $xy \neq 0$ である」．

q の逆は「$y = 0$ ならば $xy = 0$ かつ $x \neq 0$ である」で，x, y が実数のとき必ずしも成り立たない（x, y が実数のとき，q 自身は成り立っているが，q の逆は $x = y = 0$ のとき成り立たない）．q の対偶は「$y \neq 0$ ならば $xy \neq 0$ または $x = 0$ である」．

問 1.10　(1) 括弧は省けない．　(2) $\neg p \to \neg\neg(q \land r)$　(3) $p \to q \leftrightarrow p \lor q \lor \neg \mathbf{T}$

問 1.11　素数は有限個しか存在しないとして，最大の素数を p とする．$n = (p$ 以下のすべての素数の積 $+1) > p$ は素数でないから，ある素数 q で割り切れる．一方，n は $2, 3, \ldots, p$ のどれで割っても 1 余るから $q \neq 2, 3, \ldots, n$ である．よって，$q > p$ であり，これは p が最大の素数であるとした仮定に反する．

問 1.12　(1) $(p \to q) \land (q \to r) = \mathbf{T}$ ならば $p \to q = \mathbf{T}$ かつ $q \to r = \mathbf{T}$ である．このとき，$\to$ の定義と $p \to q = \mathbf{T}$ より (i) $p = \mathbf{F}$ または (ii) $p = q = \mathbf{T}$ である．同様に，$q \to r$ より (iii) $q = \mathbf{F}$ または (iv) $q = r = \mathbf{T}$ である．(i) ならば $\to$ の定義より $p \to r = \mathbf{T}$ である．(i) でないならば，(ii) より (iii) ではないから (iv) であり，このときは $p = q = r = \mathbf{T}$ だから $p \to r = \mathbf{T}$ である．

(2) $a = p \to q$, $b = q \to r$, $c = p \to r$ とおくと，$(p \to q) \land (q \to r) \to (p \to r)$ は $a \land b \to c$ で，これは $\neg(a \land b) \lor c$ と，さらには (i) $(\neg a \lor \neg b) \lor c$ と論理的に等しい．一方，$(p \to q) \to ((q \to r) \to (p \to r))$ は $a \to (b \to c)$ で，これは (ii) $\neg a \lor (\neg b \lor c)$ と論理的に等しい．$\lor$ の結合律より，(i) と (ii) は論理的に等しい．

問 1.13　実数 x, y に対して $xy = 0 \to x = 0 \lor y = 0$ が成り立つことより，任意の実数 u, v, w に対して，$(uvw = 0 \to uv = 0 \land w = 0) \land (uv = 0 \to u = 0 \land v = 0)$ が成り立つ．ここで，$(*)$ 任意の命題 p, q, r, s に対して $(p \to q \land r) \land (q \to s \land t) \to (p \to r \land s \land t)$ が成り立つことを使えば示したいことが得られる．

$(*)$ が成り立つことを背理法で証明しよう．$(p \to q \land r) \land (q \to s \land t) \to (p \to r \land s \land t) = \mathbf{F}$ だとすると，$\to$ の定義より $(p \to q \land r) = (q \to s \land t) = \mathbf{T}$ かつ $(p \to r \land s \land t) = \mathbf{F}$ である．すると，$(p \to r \land s \land t) = \mathbf{F}$ より，$p = \mathbf{T}$ かつ $r \land s \land t = \mathbf{F}$ である．$r \land s \land t = \mathbf{F}$ より，r, s, t のどれか 1 つは $\mathbf{F}$ である．ところが，$p = \mathbf{T}$ と $(p \to q \land r) = \mathbf{T}$ より $q \land r = \mathbf{T}$ が得られるから，$q = r = \mathbf{T}$ である．今度は $q = \mathbf{T}$ と $(q \to s \land t) = \mathbf{T}$ より，$s \land t = \mathbf{T}$ である．これで $r = s = t = \mathbf{T}$ であることが得られたが，これは r, s, t のどれか 1 つは $\mathbf{F}$ であることに反する．

問 1.14　(1) $\neg(p \lor q \lor r) \equiv \neg((p \lor q) \lor r) \equiv \neg(p \lor q) \land \neg r \equiv \neg p \land \neg q \land \neg r$．$\neg(p \land q \land r) \equiv \neg p \lor \neg q \lor \neg r$ も同様．

(2) 「$n > 3$ または $n < -3$ または $n = 0$ が成り立つことがない」は $\neg((n > 3) \lor (n < -3) \lor (n = 0))$ と表すことができ，この式はド・モルガンの法則により $\neg(n > 3) \land \neg(n < -3) \land \neg(n = 0)$ すなわち $(n \leqq 3) \land (n \geqq -3) \land (n \neq 0)$ と論理的に等しいから，$n = \pm 3, \pm 2, \pm 1$ である．

問 1.15　(1) $\mathcal{A} \oplus \mathcal{B} \equiv (\mathcal{A} \land \neg\mathcal{B}) \lor (\neg\mathcal{A} \land \mathcal{B}) \equiv \neg(\neg(\mathcal{A} \land \neg\mathcal{B}) \land \neg(\neg\mathcal{A} \land \mathcal{B}))$,
$\mathcal{A} \to \mathcal{B} \equiv \neg\mathcal{A} \lor \mathcal{B} \equiv \neg(\mathcal{A} \land \neg\mathcal{B})$,
$\mathcal{A} \leftrightarrow \mathcal{B} \equiv (\mathcal{A} \to \mathcal{B}) \land (\mathcal{B} \to \mathcal{A}) \equiv \neg(\mathcal{A} \land \neg\mathcal{B}) \land \neg(\mathcal{B} \land \neg\mathcal{A})$.

(2) ¬ と ∨ を | だけで表すことができれば，(1) よりすべての論理式を | だけで表すことができる．実際，¬$\mathcal{A}$ ≡ ¬($\mathcal{A}$∧$\mathcal{A}$) ≡ $\mathcal{A}$ | $\mathcal{A}$ であり，$\mathcal{A}$∨$\mathcal{B}$ ≡ ¬(¬$\mathcal{A}$∧¬$\mathcal{B}$) ≡ ¬(($\mathcal{A}$ | $\mathcal{A}$)∧($\mathcal{B}$ | $\mathcal{B}$)) ≡ ($\mathcal{A}$ | $\mathcal{A}$) | ($\mathcal{B}$ | $\mathcal{B}$) であるから ok. また，$\mathcal{A}$ ↓ $\mathcal{B}$ ≡ ¬($\mathcal{A}$∨$\mathcal{B}$) ≡ ¬(¬(¬$\mathcal{A}$∧¬$\mathcal{B}$)) ≡ ¬(($\mathcal{A}$ | $\mathcal{A}$) | ($\mathcal{B}$ | $\mathcal{B}$)) ≡ (($\mathcal{A}$ | $\mathcal{A}$) | ($\mathcal{B}$ | $\mathcal{B}$)) | (($\mathcal{A}$ | $\mathcal{A}$) | ($\mathcal{B}$ | $\mathcal{B}$)) であるから ↓ は | だけで表せ，したがって，すべての論理式は ↓ だけでも表せる．

問 1.16 (1′) $\mathcal{A}$ が 1 個（奇数個）の場合には明らかに成り立つ．$\mathcal{A}$ が 2 個（偶数個）の場合も，⊕ の定義より明らかに成り立つ．$\mathcal{A}$ が 3 個（奇数個）の場合，$\mathcal{A}$ が 2 個（偶数個）の場合を考慮すると，($\mathcal{A}$⊕$\mathcal{A}$)⊕$\mathcal{A}$ ≡ $\mathbf{F}$⊕$\mathcal{A}$ ≡ $\mathcal{A}$ であり（⊕ が結合律を満たすことに注意），$\mathcal{A}$ が 4 個（偶数個）の場合，$\mathcal{A}$ が 3 個（奇数個）の場合を考慮すると，($\mathcal{A}$⊕$\mathcal{A}$⊕$\mathcal{A}$)⊕$\mathcal{A}$ ≡ $\mathcal{A}$⊕$\mathcal{A}$ ≡ $\mathbf{F}$ である．以下同様に繰り返すと，任意の場合に成り立っていることがわかる（厳密には数学的帰納法による）．

(1′) 以外は真理表を書けば容易に確かめられることであるが，以下では ⊕, ∨, ∧ の意味に基づいて説明する．(6′) ¬($\mathcal{A}$⊕$\mathcal{B}$) は「$\mathcal{A}$ か $\mathcal{B}$ のどちらか一方だけが成り立つ，ではない」ということだから「両方とも成り立つか，両方とも成り立たない」である．これを論理式で表すと ($\mathcal{A}$∧$\mathcal{B}$)∨(¬$\mathcal{A}$∧¬$\mathcal{B}$) である．(8) $\mathcal{A}$ ↔ $\mathcal{B}$ は「$\mathcal{A}$ が成り立つことと $\mathcal{B}$ が成り立つことが同値」すなわち「$\mathcal{A}$ も $\mathcal{B}$ も成り立つか，$\mathcal{A}$ も $\mathcal{B}$ も成り立たない」である．これを論理式で表すと ($\mathcal{A}$∧$\mathcal{B}$)∨(¬$\mathcal{A}$∧¬$\mathcal{B}$) であるが，これを分配律等を使って同値変形すると (($\mathcal{A}$∧$\mathcal{B}$)∨¬$\mathcal{A}$)∧(($\mathcal{A}$∧$\mathcal{B}$)∨¬$\mathcal{B}$) ≡ (($\mathcal{A}$∨¬$\mathcal{A}$)∧($\mathcal{B}$∨¬$\mathcal{A}$))∧(($\mathcal{A}$∨¬$\mathcal{B}$)∧($\mathcal{B}$∨¬$\mathcal{B}$)) ≡ ($\mathbf{T}$∧($\mathcal{B}$∨¬$\mathcal{A}$))∧(($\mathcal{A}$∨¬$\mathcal{B}$)∧$\mathbf{T}$) ≡ ($\mathcal{B}$∨¬$\mathcal{A}$)∧($\mathcal{A}$∨¬$\mathcal{B}$) ≡ ($\mathcal{A}$ → $\mathcal{B}$)∧($\mathcal{B}$ → $\mathcal{A}$)．(10) $\mathcal{A}$⊕$\mathcal{B}$ は「$\mathcal{A}$ か $\mathcal{B}$ のどちらか一方だけが成り立つ」であるから「$\mathcal{A}$ は成り立ち $\mathcal{B}$ は成り立たない，または $\mathcal{A}$ は成り立たず $\mathcal{B}$ は成り立つ」であると言い換えることもできるし「$\mathcal{A}$ または $\mathcal{B}$ のどちらかが成り立ち，かつ $\mathcal{A}$ または $\mathcal{B}$ のどちらかは成り立たない」と言い換えることもできる．前者を表す論理式が ($\mathcal{A}$ ∧ ¬$\mathcal{B}$) ∨ (¬$\mathcal{A}$ ∧ $\mathcal{B}$) であり，後者を表す論理式が ($\mathcal{A}$ ∨ $\mathcal{B}$) ∧ (¬$\mathcal{A}$ ∨ ¬$\mathcal{B}$) である．

問 1.17 真理表を書けば容易に確かめられるが，ここでは別の観点から考える（前問と同様に，それが出題趣旨の半分）．

(1) ¬(A ↔ A) ≡ ¬$\mathbf{T}$ ≡ $\mathbf{F}$ だから，→ の定義より (A → B) の値によらずこの論理式の値は $\mathbf{T}$ である．∴ 成り立つ．⊨ $\mathcal{A}$ と $\mathcal{A}$ ≡ $\mathbf{T}$ は同値であることに注意．

(2) (A → B) → ((C → D) → (E → E)) ≡ ((A → B)∧(C → D)) → (E → E) であること（問 1.12 (2) 参照），⊨ E → E であること，$\mathcal{A}$ の値によらず ⊨ $\mathcal{A}$ → $\mathbf{T}$ であることより，成り立つ．

(3) ∧, ∨ の結合順に注意する．左辺 ≡ A ∨ (¬B ∧ ¬A) ≡ (A ∨ ¬B) ∧ (A ∨ ¬A) ≡ (A ∨ ¬B) ∧ $\mathbf{T}$ ≡ A ∨ ¬B であり，右辺 ≡ (A ∨ (A ∧ ¬A)) ∨ ¬B ≡ (A ∨ $\mathbf{F}$) ∨ ¬B ≡ A ∨ ¬B だから 左辺 ≡ 右辺 であり，成り立つ．

(4) 成り立たないことはほぼ明らかなので，成り立たない例を探す．例えば，A=B=$\mathbf{T}$, C=D=$\mathbf{F}$ のとき，左辺=$\mathbf{T}$, 右辺=$\mathbf{F}$ である．実は，A → B ∧ ¬C ≡ ¬A ∨ ¬(C ∨ ¬B) である．

問 1.18 (1) A → (¬(B ↔ C) → A) ≡ ¬A ∨ (¬¬(B ↔ C) ∨ A) ≡ (¬A ∨ A) ∨ (B ↔ C) ≡ $\mathbf{T}$ ∨ (B ↔ C) ≡ $\mathbf{T}$ （恒真）．∨ の結合律を使っている．

(2) 1.3 節の (10) と ⊕, ∨ の結合律，二重否定，ド・モルガンの法則を使う．その方が見やすいので，この問題以降，$A \vee B$ を $A+B$ で，$A \wedge B$ を AB で，$\neg A$ を $\overline{A}$ で表す．与式 $= A\overline{B} \oplus \overline{A}B \equiv (A\overline{B} + \overline{A}B)(\overline{A\overline{B}} + \overline{\overline{A}B})$. ここで，$\overline{A\overline{B}} + \overline{\overline{A}B} \equiv (\overline{A} + \overline{\overline{B}}) + (\overline{\overline{A}} + \overline{B}) \equiv (\overline{A} + B) + (A + \overline{B}) \equiv (\overline{A} + A) + (B + \overline{B}) \equiv \mathbf{T} + \mathbf{T} \equiv \mathbf{T}$ なので，与式 $\equiv A\overline{B} + \overline{A}B$. すなわち，⊕ が ∨ に置き換わった．

(3) 与式 $= A\overline{B} \oplus \overline{A}B \oplus \overline{A}\,\overline{B} \oplus AB \equiv (A\overline{B} \oplus \overline{A}B) \oplus (\overline{A}\,\overline{B} \oplus AB)$. ここで (2) より，$A\overline{B} \oplus \overline{A}B \equiv A\overline{B} + \overline{A}B$, $\overline{A}\,\overline{B} \oplus AB \equiv \overline{A}\,\overline{B} + AB$ であるから，与式 $\equiv (A\overline{B} + \overline{A}B) \oplus (\overline{A}\,\overline{B} + AB) \equiv (A\overline{B} + \overline{A}B)\overline{(\overline{A}\,\overline{B} + AB)} + \overline{(A\overline{B} + \overline{A}B)}(\overline{A}\,\overline{B} + AB)$. ここで，$\overline{(\overline{A}\,\overline{B} + AB)} \equiv \overline{(\overline{A}\,\overline{B})}\,\overline{(AB)} \equiv (A + B)(\overline{A} + \overline{B}) \equiv A\overline{B} + \overline{A}B$ であり，同様に，$\overline{(A\overline{B} + \overline{A}B)} \equiv AB + \overline{A}\,\overline{B}$ であるから，与式 $\equiv (A\overline{B} + \overline{A}B)(A\overline{B} + \overline{A}B) + (AB + \overline{A}\,\overline{B})(AB + \overline{A}\,\overline{B}) \equiv A\overline{B} + \overline{A}B + AB + \overline{A}\,\overline{B} \equiv A(\overline{B} + B) + \overline{A}(B + \overline{B}) \equiv A + \overline{A} \equiv \mathbf{T}$ (⊕ の意味を考えれば $\mathbf{T}$ は当然)．

(4) ↔ は可換かつ結合律を満たすから，与式 $\equiv ((A \leftrightarrow A) \leftrightarrow (B \leftrightarrow \neg B)) \leftrightarrow (C \leftrightarrow D) \equiv (\mathbf{T} \leftrightarrow \mathbf{F}) \leftrightarrow (C \leftrightarrow D) \equiv \mathbf{F} \leftrightarrow (C \leftrightarrow D) \equiv \neg (C \leftrightarrow D) \equiv \neg((C \to D) \wedge (D \to C)) \equiv \neg((\neg C \vee D) \wedge (C \vee \neg D)) \equiv (C \wedge \neg D) \vee (\neg C \wedge D)$.

(5) $\mathbf{F} \mid (\mathbf{F} \mid \mathbf{T}) \equiv \mathbf{F} \mid \mathbf{T} \equiv \mathbf{T}$, $(\mathbf{F} \mid \mathbf{F}) \mid \mathbf{T} \equiv \mathbf{T} \mid \mathbf{T} \equiv \mathbf{F}$ であるから | は結合律を満たさないが，$A \mid (A \mid A) \equiv A \mid \neg A \equiv \mathbf{T}$, $(A \mid A) \mid A \equiv (\neg A) \mid A \equiv \mathbf{T}$ であることに注意すると，1 変数だけの場合は結合律を満たし可換でもある．よって，$n = 1$ のとき 与式 $= A$, n が偶数のとき 与式 $= \neg A$, $n \geq 3$ が奇数のとき 与式 $= \mathbf{T}$.

● 第 2 章

問 2.1 以下の表し方は一例である．
(1) 「$x \in \mathbb{R}$ でない」，あるいは $R(x) : x \notin \mathbb{R}$.
(2) $Tri(A, B, C) : (A + B + C = \pi) \wedge (A, B, C \in \mathbb{R}) \wedge (A > 0 \wedge B > 0 \wedge C > 0)$.
(3) $Rational(x) \stackrel{\text{def}}{\iff} x = \frac{q}{p}$ となる $p, q \in \mathbb{Z}$, $p \neq 0$ が存在する．
(4) $Infinite(x) \stackrel{\text{def}}{\iff}$ 任意の実数 y に対して $x > y$.

問 2.2 (1) $\exists m \, [(m \in \mathbb{Z}) \wedge (n = m^2)]$ あるいは $\exists m \in \mathbb{Z} \, [n = m^2]$.
(2) $\exists a \in \mathbb{R} \, \exists b \in \mathbb{R} \, \exists c \in \mathbb{R} \, [(ax^2 + bx + c = 0) \wedge (a \neq 0) \wedge (b^2 - 4ac \geq 0)]$.
(3) $\forall x \in \mathbb{R} \, \forall y \in \mathbb{R} \, [(x^2 + y^2 = 0) \to (x = y = 0)]$.
(4) $\forall x \in \mathbb{R} \, \exists y \in \mathbb{R} \, [y > x]$.

問 2.3 小問 (1) の解：(1) $\mathbf{T}$ (2) $\mathbf{T}$ (3) (2.1) は $\mathbf{T}$, (2.2) は $\mathbf{F}$

(2) (a) $\mathcal{A}_1$ は「任意の実数 a, b に対して $ax = b$ である」を表す述語であり，$\mathcal{A}_2$ は「任意の実数 a, b に対し，$ax = b$ を満たす実数 x が存在する」を表す $\mathbf{F}$ な命題である ($a = 0, b \neq 0$ のとき $\mathbf{F}$ となる)．

(b) $\mathcal{B}_1$ は「任意の実数 a, b に対して，$ax \neq 0$ ならば $ax = b$ である」を表す述語であり，$\mathcal{B}_2$ は「任意の実数 a, b に対して，$ax \neq 0$ ならば $ax = b$ を満たす実数 x が存在する」を表す $\mathbf{T}$ な命題である ($ax \neq 0$ ならば $a \neq 0$ だから，$x = \frac{b}{a}$ とすれば成り立つ)．$\mathcal{B}_3$ は「任意の実数 a, b に対して，$ax \neq 0$ を満たす実数 x が存在するならば $ax = b$ を満たす実数 x も存在する」を表す $\mathbf{T}$ な命題である ($ax \neq 0$ を満たす x が存在するならば $a \neq 0$ であるから，$ax = b$ を満たす x も存在する．$\mathcal{B}_2$ との微妙な

150　　　　　　　　　　　　　問　題　解　答

違いに注意しよう．また，$\exists x \in \mathbb{R}\,[ax = 0]$ の x と $\exists x\,[ax = b]$ の x は違うものである（$\exists y\,[ay = b]$ に置き換えても同じことを表す）ことにも注意したい）．

問 2.4　(1) $T(11)$, $\forall y\,[\exists z\, R(11, y, z) \to (y = 1 \lor y = 11)]$　(2) $\neg \exists m\, R(n, 2, m)$

(3) $\exists z\, R(x, 2, z) \to \neg T(x)$．$\neg T(x)$ の部分を簡単にしよう．正整数 x, y, z に対して論理的に等しいことを $\equiv_{\mathbb{Z}}$ で表すことにし，ド・モルガンの法則や二重否定等を使って同値変形する（後ほど学ぶ $\neg(\forall x \mathcal{A}(x)) \equiv \exists x \neg \mathcal{A}(x)$ も使うので，現時点では青色で示したものがこの問の答であり，それ以下は参考と考えよ．$\neg T(x) \equiv_{\mathbb{Z}}$ $\neg(\forall y\,[\exists z\, R(x, y, z) \to (y = 1 \lor y = x)]) \equiv_{\mathbb{Z}} \exists y\,\neg\,[\neg \exists z\, R(x, y, z) \lor (y = 1 \lor y = x)] \equiv_{\mathbb{Z}}$ $\exists y\,[\exists z\, R(x, y, z) \land \neg(y = 1 \lor y = x)] \equiv_{\mathbb{Z}} \exists y\,[\exists z\, R(x, y, z) \land y \neq 1 \land y \neq x]$ であり，これは「x は $y = 1$ でも $y = x$ でもない y で割り切れる」を表している．

(4) $\forall z\,[S(x, z) \land S(y, z) \to z = 1]$, $\forall z\,[\exists u\, R(x, z, u) \land \exists v\, R(y, z, v) \to z = 1]$

問 2.5　(1)「$x = y + z$ となる実数 y, z が存在する」を表す．命題ではない．

(2)「任意の実数 x に対し，実数 y が存在してすべての実数 z に対して $x = y + z$ が成り立つ」を表し，命題である．例えば，$x = 0$ のとき，実数 y をどのように選んでも任意の実数 z に対して $0 = y + z$ とすることはできない（そうできる z は $z = -y$ しかない）ので，この命題は成り立たない（**F** である）．

(3)「$x = y + z$ かつ $y = z + 0$（すなわち，$x = 2z$）となる実数 y, z が存在する」．

(4)「任意の実数 x に対して，$x = 0 + 0$ ならば $x = y - y$ となる実数 y が存在する」を表し，**T** な命題である．

問 2.6　(ii) $\neg(\exists x P(x))$：「$P(x)$ が成り立つような x は存在しない」は $\forall x\,[\neg P(x)]$：「どんな x に対しても $P(x)$ は成り立たない」と論理的に同じことを言っている．

(iii) $\forall x P(x)$：「どんな x に対しても $P(x)$ が成り立つ」と $\neg \exists x\,[\neg P(x)]$：「$P(x)$ が成り立たないような x は存在しない」は論理的に等しい．

(iv) $\exists x P(x)$：「$P(x)$ が成り立つような x が存在する」と $\neg \forall x\,[\neg P(x)]$：「任意の x に対して $P(x)$ が成り立たない，というわけではない」は論理的に等しい．

(v) $\forall x \forall y\, Q(x, y)$ は $\forall x\,[\forall y\, Q(x, y)]$：「任意の x に対して「$Q(x, y)$ が任意の y に対しても成り立つ」が成り立つ」の省略形であり，これは「任意の x と y に対して $Q(x, y)$ が成り立つ（$\forall x, \forall y$ の順序はどうでもよい）」と同じことであるから，$\forall x$ と $\forall y$ を入れ替えた $\forall y \forall x\, Q(x, y)$ と論理的に等しい．したがって，$\forall x \forall y\, Q(x, y)$ や $\forall y \forall x\, Q(x, y)$ は「任意の x, y に対して $Q(x, y)$ が成り立つ」と言ってよい．

(vi) $\exists x \exists y\, Q(x, y) = \exists x\,[\exists y\, Q(x, y)]$ は「$Q(x, y)$ が成り立つような y が存在する」ということが成り立つような x が存在する」であり，これは「$Q(x, y)$ が成り立つような x と y が存在する」と同じことである（(v) と同様に，$\exists x$ と $\exists y$ の順序に依存しない）から，$\exists x$ と $\exists y$ を入れ替えた $\exists y \exists x\, Q(x, y)$ と論理的に等しい．したがって，(v) と同様にこの場合も，$\exists x \exists y\, Q(x, y)$ や $\exists y \exists x\, Q(x, y)$ は「$Q(x, y)$ が成り立つような x, y が存在する」と言ってよい．

問 2.7　(xii) $\exists x \mathcal{A}(x) \lor \exists x \mathcal{B}(x)$（$\mathcal{A}(x)$ が成り立つような x が存在するか，または $\mathcal{B}(x)$ が成り立つような x が存在する）が成り立つとする．前者の場合には，$\mathcal{A}(x)$ を成り立たせるその x によって $\mathcal{A}(x) \lor \mathcal{B}(x)$ が成り立つし，後者の場合にも $\mathcal{B}(x)$ を成り立たせるその x によって $\mathcal{A}(x) \lor \mathcal{B}(x)$ が成り立つので $\exists x\,[\mathcal{A}(x) \lor \mathcal{B}(x)]$ が成り立

つ．逆に，$\exists x\,[\mathcal{A}(x) \vee \mathcal{B}(x)]$（$\mathcal{A}(x)$ または $\mathcal{B}(x)$ が成り立つ x が存在する）ならば，$\mathcal{A}(x), \mathcal{B}(x)$ のどちらが成り立つかによって $\exists x\mathcal{A}(x)$ または $\exists x\mathcal{B}(x)$ が成り立つ．
(xii′) は (xi′) と同様に明らかであろう．
(xii″) $\mathcal{A}(x): x > 0$ と $\mathcal{B}(x): x < 0$ を考えると，(xii″) の逆は成り立たない．

問 2.8 (xv) $\equiv$ の定義より，$\mathcal{A}(x) \equiv \mathcal{B}(x)$ であることは任意の定義域 X と任意の $x \in X$ に対して $\mathcal{A}(x)$ と $\mathcal{B}(x)$ の取る値が等しいことであるから，$\forall x\mathcal{A}(x)$ が $\mathbf{T/F}$ ならば（すなわち，任意の $x \in X$ に対して $\mathcal{A}(x) = \mathbf{T/F}$ であるならば），任意の $x \in X$ に対して $\mathcal{B}(x)$ も $\mathbf{T/F}$ であるから $\forall x\mathcal{B}(x) = \mathbf{T/F}$ である．すなわち，$\forall x\mathcal{A}(x) \equiv \forall x\mathcal{B}(x)$ が成り立つ．逆が成り立つことも同様に示すことができる．また，$\mathcal{A}(x) \equiv \mathcal{B}(x) \Longrightarrow \exists x\mathcal{A}(x) \equiv \exists x\mathcal{B}(x)$ についても同様である．$\mathcal{A}(x), \mathcal{B}(x)$ が x を含んでいない場合は明らかである．

問 2.9 述語 $P(x): x$ は政治家，$L(x): x$ は嘘つき，$B(x): x$ は泥棒の始まり，を考えると，主張の前提部分は $\mathcal{A} = \forall x\,[P(x) \to L(x)] \wedge \forall y\,[L(y) \to B(y)]$ と表すことができ，結論の部分は $\mathcal{B} = \forall z\,[P(z) \to B(z)]$ と表すことができ，これらを合わせた $\mathcal{A} \to \mathcal{B}$ が主張である．x, y, z はすべて x にしてもよいが，わざと別にしたのは 3 つの部分が異なるものであることを明示したかったからである（こういったことが命題論理ではできない）．$\forall x\,[P(x) \to L(x)] \wedge \forall y\,[L(y) \to B(y)] \equiv \forall x\,[(P(x) \to L(x)) \wedge (L(x) \to B(x))]$ だから $\forall x\,[P(x) \to B(x)]$ が成り立つので，主張は正しいといえる．

● 第 3 章

問 3.1 例えば，$\mathbb{Z} \not\ni \frac{1}{2} \in \mathbb{Q}$ だから $\mathbb{Z} \subsetneq \mathbb{Z} \cup \{\frac{1}{2}\} \subsetneq \mathbb{Q}$ であり，$\mathbb{Q} \not\ni \sqrt{2} \in \mathbb{R}$ だから $\mathbb{Q} \subsetneq \mathbb{Q} \cup \{\sqrt{2}\} \subsetneq \mathbb{R}$．

問 3.2 例 3.5(3) と $\cup$ の結合律を使って示す．$\overline{A \cup B \cup C} \stackrel{\text{結合律}}{=} \overline{(A \cup B) \cup C} \stackrel{(3)}{=} \overline{(A \cup B)} \cap \overline{C} \stackrel{(3)}{=} (\overline{A} \cap \overline{B}) \cap \overline{C} \stackrel{\text{結合律}}{=} \overline{A} \cap \overline{B} \cap \overline{C}$．$\overline{A \cap B \cap C} = \overline{A} \cup \overline{B} \cup \overline{C}$ も同様．

問 3.3 $x \in \overline{B} \Longrightarrow x \in \overline{A}$ を示せばよい．実際，$x \in \overline{B} \Longrightarrow x \not\in B \stackrel{A \subseteq B}{\Longrightarrow} x \not\in A \Longrightarrow x \in \overline{A}$ である．

問 3.4 (1) $2^{\{a,b,c\}} = \{\emptyset, \{a\}, \{b\}, \{c\}, \{a,b\}, \{b,c\}, \{c,a\}, \{a,b,c\}\}$ で $|X| = 8$．

(2) $\mathbb{R} \cap (\mathbb{Q} \cup \mathbb{Z}) = \mathbb{R} \cap \mathbb{Q} = \mathbb{Q}$ で，無限集合．

(3) $\{a\} = A, \{b\} = B, \{a,b\} = C$ とおくと，$2^{2^{\{a,b\}}} = 2^{\{\emptyset, A, B, C\}} = \{\emptyset, \{\emptyset\}, \{A\}, \{B\}, \{C\}, \{\emptyset, A\}, \{\emptyset, B\}, \{\emptyset, C\}, \{A, B\}, \{B, C\}, \{C, A\}, \{\emptyset, A, B\}, \{\emptyset, B, C\}, \{\emptyset, C, A\}, \{A, B, C\}, \{\emptyset, A, B, C\}\}$ で，$|X| = 16$．

(4) $\{|\emptyset|, |\{0\}|, |\{1,2\}|, |\{3,4,5\}|\} = \{0, 1, 2, 3\}$ で，$|X| = 4$．

(5) $\mathbb{N} - \mathbb{Z} = \emptyset$ で，$|X| = 0$．

(6) (a) $\mathbb{Z}(0) = \{0, 1, 2, \dots\}$ で，無限集合．(b) $\mathbb{Z}(-1) - \mathbb{Z}(2) = \{-1, 0, 1\}$ で $|X| = 3$．(c) $\mathbb{Z}(-3) \cap \overline{\mathbb{Z}(4)} = \{-3, -2, -1, 0, 1, 2, 3\}$ で $|X| = 7$．

問 3.5 (1) 図を参照のこと．数字は，それぞれの領域の人数である．

仮定より，$|A_\mathrm{D} \cap A_\mathrm{F}| = 7, |A_\mathrm{D} \cap A_\mathrm{R}| = 5, |A_\mathrm{D} \cap A_\mathrm{F} \cap A_\mathrm{R}| = 3$ だから，ドイツ語とフランス語の両方だけを履修している学生は $7 - 3 = 4$ 人である．同様に，ドイ

ツ語とロシア語の両方だけを履修している学生は $5-3=2$ 人である．よって，2つ以上を履修している学生が 15 人であるという仮定より，フランス語とロシア語の両方だけを履修している学生は $15-(4+3+2)=6$ 人である．

また，ドイツ語だけを履修している学生は 18 人，フランス語だけを履修している学生は 25 人，1 つ以上履修している学生が 75 人であることより，ロシア語だけを履修している学生は $75-(25+18+6+4+3+2)=17$ 人である．以上より，ドイツ語，フランス語，ロシア語それぞれの履修人数は $18+4+3+2=27$, $25+6+4+3=38$, $17+6+3+2=28$ である（数値については図を参照のこと）．

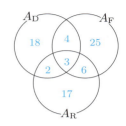

(2) 2 で割り切れる整数の集合を A_2 とすると，$|A_2|=100/2=50$, 3 で割り切れる整数の集合を A_3 とすると，$|A_3|=\lfloor 100/3 \rfloor=33$, 5 で割り切れる整数の集合を A_5 とすると，$|A_5|=100/5=20$ である．

2 でも 3 でも割り切れる整数の個数は $|A_2 \cap A_3|=\lfloor 100/6 \rfloor=16$ であり，同様に，$|A_2 \cap A_5|=100/10=10$, $|A_3 \cap A_5|=\lfloor 100/15 \rfloor=6$ である．また，2 でも 3 でも 5 でも割り切れる整数の個数は $|A_2 \cap A_3 \cap A_5|=\lfloor 100/30 \rfloor=3$ である．よって，2, 3, 5 のどれかで割り切れる整数の個数は $|A_2 \cup A_3 \cup A_5|=50+33+20-16-10-6+3=74$ である．

問 3.6 (1) $\{a\}^3 = \{(a,a,a)\}$
(2) $\{a,b\}^3 = \{a,b\} \times \{a,b\} \times \{a,b\}$
  $= \{(a,a,a), (a,a,b), (a,b,a), (a,b,b), (b,a,a), (b,a,b), (b,b,a), (b,b,b)\}$
(3) $(\{0,1\}^2)^2 = \{(0,0), (0,1), (1,0), (1,1)\}^2$
  $= \{(0,0), (0,1), (1,0), (1,1)\} \times \{(0,0), (0,1), (1,0), (1,1)\}$
  $= \{((0,0),(0,0)), ((0,0),(0,1)), ((0,0),(1,0)), ((0,0),(1,1)),$
  $((0,1),(0,0)), ((0,1),(0,1)), ((0,1),(1,0)), ((0,1),(1,1)),$
  $((1,0),(0,0)), ((1,0),(0,1)), ((1,0),(1,0)), ((1,0),(1,1)),$
  $((1,1),(0,0)), ((1,1),(0,1)), ((1,1),(1,0)), ((1,1),(1,1))\}$

問 3.7 (1) 成り立たない．例えば，$(0,(1,2)) \in \{0\} \times (\{0,1\} \times \{0,1,2\}) \not\ni ((0,1),2)$ であり，$(0,(1,2)) \notin (\{0\} \times \{0,1\}) \times \{0,1,2\} \ni ((0,1),2)$ である．

(2) 成り立つ．$\because (x,y) \in A \times (B \cap C) \iff x \in A$ かつ $y \in B \cap C \iff x \in A$ かつ $(y \in B$ かつ $y \in C) \iff (x \in A$ かつ $y \in B)$ かつ $(x \in A$ かつ $y \in C)$
$\iff (x,y) \in A \times B$ かつ $(x,y) \in A \times C \iff (x,y) \in (A \times B) \cap (A \times C)$.

(3) 成り立たない．例えば，$(\{a\} \cup \{b\}) \times (\{c\} \cup \{d\}) = \{a,b\} \times \{c,d\} = \{(a,c), (a,d), (b,c), (b,d)\}$ であるが，$(\{a\} \times \{c\}) \cup (\{b\} \times \{d\}) = \{(a,c)\} \cup \{(b,d)\} = \{(a,c), (b,d)\}$ である．

(4) 成り立つ．$\because (x,y) \in (A \cap B) \times (C \cap D) \iff x \in A \cap B$ かつ $y \in (C \cap D)$
$\iff (x \in A$ かつ $x \in B)$ かつ $(y \in C$ かつ $y \in D)$
$\iff (x \in A$ かつ $y \in C)$ かつ $(x \in B$ かつ $y \in D)$
$\iff (x,y) \in A \times C$ かつ $(x,y) \in B \times D \iff (x,y) \in (A \times C) \cap (B \times D)$.

● 第 4 章

問 4.1 (1) 関数．$\text{Dom} f_1 = \mathbb{R}$, $\text{Range} f_1 = \{x \in \mathbb{R} \mid -1 \leqq x \leqq 1\}$
(2) 関数．$\text{Dom} f_2 = \mathbb{R} \times \mathbb{R}$, $\text{Range} f_2 = \mathbb{R}_{\geqq 0} = \{x \in \mathbb{R} \mid x \geqq 0\}$
(3) 関数ではない．$\text{Dom} f_3 = \mathbb{R}_{>0} = \{x \in \mathbb{R} \mid x > 0\}$ とすると，$\text{Range} f_3 = \mathbb{R}$
(4) 関数ではない．$\text{Dom} f_4 = \{x \in \mathbb{R} \mid x > 0, x \neq 2n\pi \, (n \in \mathbb{N})\}$ とすると，$\text{Range} f_4 = \mathbb{R}$
(5) 関数．$\text{Dom} f_5 = \text{Range} f_5 = \mathbb{R} \times \mathbb{R} \times \mathbb{R}$
(6) 関数．$\text{Dom} f_6 = \mathbb{N} \times \mathbb{N}$, $\text{Range} f_6 = \{\mathbf{T}, \mathbf{F}\}$

問 4.2 (1) 単射 f' が存在したとする．まず，関数の定義より，定義域の任意の元 $a \in A$ に対して関数値 $f'(a) \in B$ が定義されていることに注意する．f' は単射だから $x_1 \neq x_2 \Longrightarrow f'(x_1) \neq f'(x_2)$ なので，$|f'(A)| = |\{f'(a) \mid a \in A\}| = |A|$ である．よって，$\text{Range} f' = f'(A) \subseteq B$ であることより，$|A| = |f'(A)| \leqq |B|$ である．これは仮定 $|A| > |B|$ に反す．

(2) 全射 g' が存在したとすると，全射の定義より $g'(C) = D$ である．一方，$g'(C) = \{g'(c) \mid c \in C\}$ だから，$|g'(C)| \leqq |C|$ である．よって，$|D| = |g'(C)| \leqq |C|$ であるが，これは仮定 $|C| < D$ に反す．

(3) (1) の対偶（A から B への単射が存在すれば $|A| \leqq |B|$ である）と (2) の対偶（C から D への全射が存在すれば $|C| \geqq |D|$ である）より，E から F への全単射が存在すれば $|E| = |F|$ である．逆に，E から F への全単射 h' が存在したとすると，h' は単射だから上記 (1) の証明より，$|E| \leqq |F|$ である．h' は全射でもあるから上記 (2) の証明より，$|F| \leqq |E|$ である．ゆえに，$|E| = |F|$ が成り立つ．

(4) $\{f(a_1), \ldots, f(a_n)\} \subseteq \{a_1, \ldots, a_n\}$ であるから，$\{f(a_1), \ldots, f(a_n)\} = \{a_1, \ldots, a_n\} \Longleftrightarrow$「$f(a_1), \ldots, f(a_n)$ がすべて異なる」である．よって，f が全射 $\Longleftrightarrow f$ が単射であり，f が全単射 $\Longleftrightarrow f$ が単射かつ全射であるから，f が全射であること，単射であること，全単射であることは同値である．

問 4.3 $|\text{Dom} J| = 3^2 > |J$ のターゲット$| = |\text{Range} J| = 4$ なので単射ではない（例えば，$J(\text{グー}, \text{グー}) = J(\text{チョキ}, \text{チョキ}) = \text{あいこ}$，である）．しかし，全射である（例えば，$J(\text{グー}, \text{チョキ}) = \text{グー}$，$J(\text{チョキ}, \text{パー}) = \text{チョキ}$，$J(\text{パー}, \text{グー}) = \text{パー}$，$J(\text{グー}, \text{グー}) = \text{あいこ}$，である）．

問 4.4 (1) 単射かつ全射（すなわち，全単射）．$f_1(x)$ の値域が明示されていないが，このような場合，$\{f_1(x) \mid x \in \text{Dom} f_1\} = [-1, 1]$ を値域と考える．

(2) 単射だが，$\text{Range} f_2 = \mathbb{R}_{\geqq 0} = [0, \infty)$ だから全射ではない．

(3) $g(x)$ は x の整数部分を値にとる関数であるから単射である．任意の $n \in \mathbb{Z}$ に対して，$x = n \in \mathbb{R}$ ならば $g(x) = n$ となるので全射でもある．

(4) 結婚していない男もいるので関数ではない．結婚している男だけが定義域なら，一夫一婦制の下で h は単射であるが，結婚していない女もいるので全射ではない．

問 4.5 g は全射である（どの父親も，ある児童の父親である）が単射であるとは限らない（同じ父親の子である児童が 2 人いるかもしれない）．g の定義域を一人っ子の集合に制限すると単射になるので全単射にもなる．

問 4.6 (1) 右図参照.

(a) は単射であるが全射ではない（例えば，$f(x) = 1$ となる $x \in \mathbb{Z}$ が存在しない）.
(b) は全射であるが単射ではない（例えば，$f(1/\sqrt{3}) = f(-1/\sqrt{3}) = f(0) = 0$ である）.
よって，(a),(b) いずれの場合も逆関数は存在しない.

(2) (1) と同様に，図を描いて考えよ. (a) は単射であるが全射でない（例えば，$f(x) = 2$ となる $x \in \mathbb{Z}$ が存在しない）から逆関数は存在しない. (b) は全単射だから逆関数 $f^{-1}(x) = \sqrt[3]{\frac{x+2}{3}}$ が存在する.

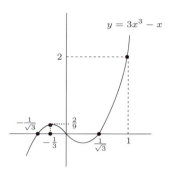

問 4.7 (1) Range$f = \mathbb{R}_{\geq 0} \subsetneq \mathbb{R}$ だから全射でない関数であり逆関数は存在しないが，ターゲットを $\mathbb{R}_{\geq 0}$ に制限すれば全単射になるので逆関数が存在する.

(1′) $|1-x^2|$ の平方根は $\sqrt{|1-x^2|}$ と $-\sqrt{|1-x^2|}$ の 2 つあるので，関数ではない.

(1″) 関数である. 例えば $f''(-1) = f''(1) = 0$ なので単射ではないが，Range$f'' = [0,1]$ なので全射である. したがって，逆関数は存在しないが，定義域を例えば $(0,1)$ に制限すれば単射になり，逆関数 $(f'')^{-1}(x) = |1-x^2|$ が存在する.

(2) 関数である. 例えば $mod(12, 3) = mod(6, 2) = 0$ なので単射ではないが全射である. 逆関数は存在しない.

(3) 多夫一妻が合法の国や一夫多妻が合法の国もあるので，関数ではない. 多夫一妻が非合法ならば関数であるが，一夫多妻が合法ならば単射ではない. 一夫一妻だけが合法であるならば単射であるが，未婚の女性もいるので全射ではない. したがって，いずれの場合も逆関数は存在しない.

問 4.8 (1) $(f \circ g)(n) = f(g(n)) = f(n-1) = -(n-1)$ だから，$(f \circ g)^{-1}(n) = -n + 1$ ($m = -n + 1$ を n について解いた $n = -m + 1$ による. または，$f^{-1}(n) = -n$, $g^{-1}(n) = n+1$ より，$(f \circ g)^{-1}(n) = g^{-1} \circ f^{-1}(n) = g^{-1}(f^{-1}(n)) = g^{-1}(-n) = -n + 1$ としてもよい).

(2) $(f \circ g)(x) = f(g(x)) = f(2x) = \sin 2x$ だから $-\frac{\pi}{4} \leqq x \leqq \frac{\pi}{4}$ のときに逆関数が存在し，$(f \circ g)^{-1}(x) = \frac{1}{2} \arcsin x$.

(3) $(f \circ g)(x) = f(g(x)) = f(\log x) = 2^{\log x}$ だから，$(f \circ g)^{-1}(x) = x^{\frac{1}{\log 2}}$ である ($y = 2^{\log x}$ を x について解く. 両辺の対数 (底は 2) をとると，$\log x = \log_2 y \overset{\text{底の変換}}{=} \frac{\log y}{\log 2} = \log y^{\frac{1}{\log 2}}$. $\therefore x = y^{\frac{1}{\log 2}}$). $f^{-1}(x) = \log_2 x$, $g^{-1}(x) = e^x$ より，$(f \circ g)^{-1}(x) = g^{-1}(f^{-1}(x)) = e^{\log_2 x} = x^{\frac{1}{\log 2}}$ と求めてもよい.

問 4.9 (1) $\{1, 2, 3, 4, 5\}$ (2) $\{1, 2, 3, 4, 5\}$ (3) $\{(1, 5), (2, 3), (3, 4), (4, 2), (5, 1)\}$

(4) f^{-1} が存在しているので，合成の結合律を適用でき，$f \circ ((f^{-1} \circ (f \circ f \circ f) \circ f^{-1}) = (f \circ f^{-1}) \circ f \circ f \circ (f \circ f^{-1}) = id \circ f \circ f \circ id = f \circ f$ である. よって，与式 $= f \circ f(5) = f(1) = 5$ である (注意：関数の合成は結合律を満たすので $(f \circ f)$ の ( ) は書かなくてもよい).

(5) (4) より，$f^2(5) = 5$ なので，$f^4(5) = (f^2)^2(5) = 5$ である．

問 4.10 (1) $sqrt \circ \otimes (\otimes, \oslash)(x, y) = sqrt \circ \otimes (xy, \frac{x}{y}) = sqrt(\otimes(xy, \frac{x}{y})) = sqrt(xy \cdot \frac{x}{y}) = \sqrt{x^2} = x$

(2) $\max(\min, \max)(x, y) = \max(\min(x, y), \max(x, y)) = \max(x, y)$

(3) $\mathrm{lcm}(\gcd, 3)(4, 5) = \mathrm{lcm}(\gcd(4, 5), 3) = \mathrm{lcm}(1, 3) = 3$

問 4.11 (1) $\chi_{A \cup B} = \chi_A + \chi_B - \chi_A \chi_B$

(2) $\chi_{A-B} = \chi_A(1 - \chi_B)$ (3) $\chi_{\overline{A}} = 1 - \chi_A$

問 4.12 (1) $\max(\pi_1, \pi_5)(3, 7, 2, 1, 5) = \max(3, 5) = 5$

(2) $X \times Y$ (3) (a) $\mathrm{Dom}\, f$ (b) $\mathrm{Range}\, f$

問 4.13 (1) 単調増加でも単調減少でもない（$x \leqq 0$ で単調減少，$x \geqq 0$ で単調増加） (2) 単調増加（例えば $p(3) = p(4) = 2$ であるから，狭義の単調増加ではない）

(3) 狭義単調増加（定義域が $\mathbb{N}$ であることに注意）

(4) 単調減少（区間の一部が定数関数だから，狭義単調減少ではない）

(5) （狭義）単調増加（∵ まず，f が単調増加ならば，$x \leqq x' \iff f(x) \leqq f(x')$ であることに注意する（この事実を (i) とする）．なぜなら，単調増加の定義より $x \leqq x' \implies f(x) \leqq f(x')$ であるが，$f(x) \leqq f(x')$ なのに $x > x'$ であったとすると単調増加であることから $f(x) > f(x')$ が導かれて矛盾が生じる．よって，$f(x) \leqq f(x') \implies x \leqq x'$ も成り立つ．

さて，$y \leqq y'$ とすると $y = f(x), y' = f(x')$ となる x, x' が存在し，逆関数の定義より $x = f^{-1}(y), x' = f^{-1}(y')$ である．$y \leqq y'$ より，(ii) $f(x) = y \leqq y' = f(x')$ である．仮定より f は単調増加だから，(i), (ii) より $x \leqq x'$ である．一方，$x = f^{-1}(f(x)) = f^{-1}(y), x' = f^{-1}(f(x')) = f^{-1}(y')$ だから $f^{-1}(y) \leqq f^{-1}(y')$ が導かれる．よって，f^{-1} は単調増加である．

上述の議論は f を狭義単調増加に置き換えてもそのまま成り立つ．よって，f が狭義単調増加ならば f^{-1} も狭義単調増加である．同様に，f が（狭義）単調減少ならば f^{-1} も（狭義）単調減少である．

● 第5章

問 5.1 (1) $0, 1, 2, \ldots, 9$ の 10 個の数字から 4 個を取り出す順列の個数であるから，${}_{10}P_4 = 10 \times 9 \times 8 \times 7 = 5040$ 通り．

(2) 1 文字目に置くことができる文字は A, B, C の 3 通り，そのそれぞれに対し末尾（4 文字目）における文字は 1 文字目に使った以外の大文字 2 個であるから，1 文字目と末尾の文字の選び方は合計で $3 \times 2 = 6$ 通りある（大文字 3 個の中から 2 文字を選ぶと考えて ${}_3P_2 = 3 \times 2 = 6$ 通り，としてもよい）．真ん中の 2 文字目と 3 文字目には残った大文字 1 個と小文字 3 個の計 4 個の中から 2 文字を選ぶので，その選び方は ${}_4P_2 = 4 \times 3 = 12$ 通りある．よって，文字列の総数は $3 \times 2 \times 12 = 72$ 個．

(3) 男子が両端にくる並び方は ${}_3P_2 = 6$ 通りあり，そのそれぞれの並び方に対して残りの 4 人を並べればよい（${}_4P_4 = 4! = 24$ 通り）から，求める並び方は $6 \times 24 = 144$ 通りある．

(4) 1 行目には 1 つしか飛車を置けないから，それが a_1 列にあるとし，同様に 2 行

目では a_2 列に置くとすると攻撃し合わないためには $a_1 \neq a_2$ でなければならない．同様に飛車を置いていくと $a_1, a_2, \ldots, a_9$ はすべて異ならなければならないので，これは $1, 2, \ldots, 9$ の1つの順列である．逆に，$1, 2, \ldots, 9$ の1つの順列から飛車の配置ができ，それはどの飛車も攻撃し合わないものである．よって，求める方法の個数は $9!$ である．

問 5.2 (1) $(6-1)! = 120$ 通り．

(2) 立方体を転がして同じになるものは1つとみなす．1つの面の色を固定すると，その対面の色の決め方は5通りある．残った側面の色の決め方は4色の円順列なので $3!$ 通りあるので，求める並べ方の総数は $5 \times 3! = 30$ 通りである．

問 5.3 (1) 1人目，2人目，$\cdots$，5人目がグー，チョキ，パーのどれを出すかがそれぞれ3通りずつあるので，全部で $3^5 = 243$ 通りの出し方がある．

(2) (a) 先頭の数字（十万の位）は0でないので5通りあり，残りの一の位から万の位（計5桁）の数字はそれぞれ6通りあるので，全部で 5×6^5 個

(b) 一の位の数字が0または5なので，$5 \times 6^4 \times 2$ 個

(2′) (a) $5 \times 5!$ 個 (b) $5!$（一の位が0のとき）$+ 4 \times 3!$（一の位が5のとき）個

問 5.4 (1) 例 5.4(2) と同じで，総数は $\frac{11!}{5!6!} = 462$ 通り

(2) P から R へ行く経路の総数が $\frac{4!}{2!2!} = 6$ 通りで，R から Q へ行く経路の総数が $\frac{7!}{4!3!} = 35$ 通りなので，求める総数は $6 \times 35 = 210$ 通り

(3) P から R へ行く経路の総数が $\frac{4!}{2!2!} = 6$ 通り，R から S へ行く経路の総数が $\frac{3!}{1!2!} = 3$ 通り，S から Q へ行く経路の総数が $\frac{4!}{3!1!} = 4$ 通りなので，求める総数は $6 \times 3 \times 4 = 72$ 通り

(4) (1) の総数から × を通ることになる経路の総数 $\frac{5!}{3!2!} \times \frac{5!}{2!3!} = 100$ を引けばよいから $462 - 100 = 362$ 通り

問 5.5 (1) 同じ直線の上にない3点をとると三角形が1つできるから，三角形の総数は ${}_8C_3 = 56$ である．このうち，直角三角形になるのは3辺のうちの1辺が直径となる場合であり，この問題の場合，直径は4本ある．この1本を辺とする三角形は6個できるから，直角三角形の総数は $4 \times 6 = 24$ である．

(2) 玉が1個も入っていない袋3個の選び方は ${}_5C_3 = 10$ 通りあり，そのそれぞれに対し，4個の玉を残り2個の袋に1個以上ずつ入れる入れ方は ${}_4C_1 + {}_4C_2 + {}_4C_3 = 4 + 6 + 4 = 14$ 通り（2つの袋の一方に1個か2個か3個を入れるという組合せの総数）であるから，求める総数は $10 \times 14 = 140$ 通りである．

問 5.6 (1) (a) 6通りの目から異なる3通りを選ぶ選び方だから，${}_6C_3 = 20$ 通り．

(b) 目が重複することも許すから，${}_6H_3 = 56$ 通り．

(2) (a) 3人に5個のリンゴを重複を許して分配する方法の個数なので，${}_3H_5 = 21$ 通り．

(b) 3人に1個ずつ配ってから，残った2個を3人に重複を許して分配する方法の個数なので ${}_3H_2 = 6$ 通り．

(3) 棄権も無効票もない場合，${}_3H_{40} = {}_{42}C_2$ 通りある．無効票も含めて分類すれば ${}_4H_{40} = {}_{43}C_3$ 通りあり，無効票も棄権も含めて分類すれば ${}_5H_{40} = {}_{44}C_4$ 通りある．

問 題 解 答　　　　　　　　　157

● 第6章

問 6.1　(1) 標本空間として $\{\clubsuit, \diamondsuit, \heartsuit, \spadesuit\} \times \{A, 2, \ldots, 10, J, Q, K\}$ を考えれば，「ハートのエース」が出る事象は $(\heartsuit, A)$．

(2) 標本空間として $\{赤, 青, 白\}^3 \times \{大, 中, 小\}^3$ を考えると，求める事象は $(赤, 青, 白, 小, 中, 大)$ で表すことができる．または，標本空間として $(\{赤, 青, 白\} \times \{大, 中, 小\})^3$ を考えると，求める事象は $(赤, 小), (青, 中), (白, 大)$ で表すことができる．

(3) 標本空間は，文字 $1, 2, \ldots, 6$ からなる長さが 1 以上の文字列の集合．
求める事象は，$\{116, 126, 136, 146, 156, 216, 226, 236, 246, 256, 316, 326, 336, 346, 356, 416, 426, 436, 446, 456, 516, 526, 536, 546, 556\}$．

問 6.2　(1) 標本空間として $\Omega = \{11, 12, \ldots, 65, 66\}$ を考える．根元事象 36 個のうち，目の和が 6 になるもの（目の和が 6 になる事象 A_6）は $15, 24, 33, 42, 51$ の 5 個（$A_6 = \{15, 24, 33, 42, 51\}$）であるから，事象に基づく確率の定義より，求める確率は $P(A_6) = \frac{5}{36}$ である．

(2) 標本空間 Ω としては 52 個の記号 $\heartsuit_A, \heartsuit_K, \heartsuit_Q, \ldots, \spadesuit_3, \spadesuit_2$ から 5 個を選んだ集合を元とする集合を考える（5 個の記号の順序は考えないので $\{\heartsuit_A, \heartsuit_K, \heartsuit_Q, \ldots, \spadesuit_3, \spadesuit_2\}^5$ ではないことに注意する）．したがって，$|\Omega| = {}_{52}C_5 = 2598960$ である．Ω の中で $\heartsuit$ だけからなるものは ${}_{13}C_5 = 1287$ 個ある．よって，求める確率は $\frac{1287}{2598960} = \frac{33}{66640}$ である．

問 6.3　(1)「少なくとも 1 枚は表が出る」という事象 A の余事象 $\overline{A}$ は「5 枚とも裏が出る」であり，その確率は $P(A) = (\frac{1}{2})^5 = \frac{1}{32}$ である．よって，$P(\overline{A}) = 1 - \frac{1}{32} = \frac{31}{32}$ である．

(2) 10 個の玉から 5 個取る組合せは ${}_{10}C_5 = 252$ 通りある．少なくとも 1 個が赤玉であるという事象は，5 個とも白玉であるという事象 A の余事象である．A が起こるのは 7 個の白玉から 5 個の白玉を取り出す組合せなので，${}_7C_5 = 21$ 通りある．よって，求める確率は $P(\overline{A}) = 1 - \frac{21}{252} = \frac{11}{12}$ である．

(3) 出る目の積が奇数になるのは 3 個とも奇数の目が出るときだから，こちらの方が確率を求めやすく，3 個のサイコロの目は独立な事象だからそれは $(\frac{3}{6})^3 = \frac{1}{8}$ である．出る目の積が奇数になる事象は偶数になる事象の余事象だから，求める確率は $1 - \frac{1}{8} = \frac{7}{8}$ である．当然のことながら，これは偶数になる場合 (偶偶偶), (偶偶奇), (偶奇偶), (奇偶偶), (偶奇奇), (奇偶奇), (奇奇偶) それぞれ（それらの確率はどれも $(\frac{1}{2})^3$ である）の和 $7 \times \frac{1}{8}$ に等しい．

問 6.4　(1)「2 回目に初めて 1 の目が出るという条件のもとで 1 回目に 2 の目または 3 の目が出る」ことを表し，$P(A|B) = (2/36)/(5/36) = 2/5$ である．

このような確率を考える例として，商店街のくじ引きで 2 回サイコロを投げ，2 回目に初めて 1 が出て，かつ 1 回目には 2 または 3 が出たときにだけ賞品を出すような場合が考えられる．

(2) 例 6.1(2) と同じ標本空間を考える．少なくとも一方が 1 の目である確率は $P(\{11, 12, 13, \ldots, 16, 21, 31, \ldots, 61\}) = \frac{11}{36}$ であり，2 つの目の和が偶数である確率は $P(\{11, 13, 15, 31, 51\}) = \frac{5}{36}$ だから，求める条件付き確率は $\frac{5}{36}/\frac{11}{36} = \frac{5}{11}$ で

ある.2回とも1が出る事象は $\{11\}$ で,2回とも6が出る事象は $\{66\}$ であり,$P(\{11\} \cap \{66\}) = P(\emptyset) = 0 \neq (\frac{1}{36})^2 = P(\{11\})P(\{66\})$ だからこの2つの事象は独立ではない(実際,このように公式に当てはめるまでもなく,この2つの事象が独立でないことは自明であろう).

問 6.5 (1) 1回の対戦でAが勝つ確率は $\frac{1}{2}$ であり,5回の対戦は独立であるから,5回のうちAが3回勝つ確率は ${}_5C_3(\frac{1}{2})^3(1-\frac{1}{2})^2 = \frac{5}{16}$ である.

(2) サイコロを6回振ったとき,3か6の目が k 回出ればそれ以外の目は $6-k$ 回出る.このとき,動いた結果の座標は
$$(+2) \cdot k + (-1) \cdot (6-k) = 3k-6$$
であるから,これが原点であるためには $3k-6 = 0$ すなわち $k=2$ である.したがって,求める確率はサイコロを6回投げたときに3か6の目がちょうど2回出る確率に等しいから ${}_6C_2(\frac{2}{6})^2(1-\frac{2}{6})^4 = \frac{80}{243}$ である.

問 6.6 (1) N は $0, 1, 2$ のいずれかである.赤白合わせて4個の玉の中から2個を取り出す方法は ${}_4C_2 = 6$ 通りあり,赤玉が0個である場合は1通り,1個である場合は4通り,2個である場合は1通りである.よって,$N = 0, 1, 2$ になる確率はそれぞれ $\frac{1}{6}, \frac{4}{6}, \frac{1}{6}$ である.ゆえに,N の期待値は $0 \times \frac{1}{6} + 1 \times \frac{2}{3} + 2 \times \frac{1}{6} = 1$ である.

(2) 比重の合計 X は $1+1, 1+10, 10+10, 1+100, 10+100, 100+100$ の6通りあり,それぞれの確率は

$1+1$ のとき,$\quad \frac{9}{13} \cdot \frac{9}{13} = \frac{81}{169},\quad$ $1+10$ のとき,$\quad \frac{9}{13} \cdot \frac{3}{13} = \frac{27}{169},$
$10+10$ のとき,$\quad \frac{3}{13} \cdot \frac{3}{13} = \frac{9}{169},\quad$ $1+100$ のとき,$\quad \frac{9}{13} \cdot \frac{1}{13} = \frac{9}{169},$
$10+100$ のとき,$\quad \frac{3}{13} \cdot \frac{1}{13} = \frac{3}{169},\quad$ $100+100$ のとき,$\quad \frac{1}{13} \cdot \frac{1}{13} = \frac{1}{169}$

である.したがって,受け取ることができる金額の期待値は $169 \times (2 \times \frac{81}{169} + 11 \times \frac{27}{169} + 20 \times \frac{9}{169} + 101 \times \frac{9}{169} + 110 \times \frac{3}{169} + 200 \times \frac{1}{169}) = 169 \times \frac{2078}{169} = 2078$(円)である.ゆえに,参加することは得である(可能性が高い).

問 6.7 (1) 表裏の出方を表す標本空間を $\Omega = \{$表表,表裏,裏表,裏裏$\}$ とする.獲得金額を表す確率変数を X とすると,仮定より,$X($表表$) = 600, X($表裏$) = X($裏表$) = 100, X($裏裏$) = -400$ である.$\omega \in \Omega$ は等確率で起こるので,X の期待値は

$$\begin{aligned} E[X] &= X(\text{表表}) \cdot P(X=\text{表表}) + X(\text{表裏}) \cdot P(X=\text{表裏}) \\ &\quad + X(\text{裏表}) \cdot P(X=\text{裏表}) + X(\text{裏裏}) \cdot P(X=\text{裏裏}) \\ &= 600 \cdot \tfrac{1}{4} + 100 \cdot \tfrac{1}{4} + 100 \cdot \tfrac{1}{4} - 400 \cdot \tfrac{1}{4} \\ &= \tfrac{1}{4}(600+100+100-400) = 100 \,(\text{円}) \end{aligned}$$

であるから,期待できる獲得金額は100円である.

(2) 目の和が r である確率を $p(r)$ とすると,例えば,$r=2$ となるのは目が11のときだけだから $p(2) = \frac{1}{36}$,$r=3$ となるのは目が12か21のときだから $p(3) = \frac{2}{36}$,$r=4$ となるのは目が13, 22, 31のときだから $p(4) = \frac{3}{36}$,$r=6$ となるのは目が15, 24, 33, 42, 51のときだから $p(6) = \frac{5}{36}$ であり,同様に,$p(5) = \frac{4}{36}, p(7) = \frac{6}{36}, p(8) = \frac{5}{36}, p(9) = \frac{4}{36}, p(10) = \frac{3}{36}, p(11) = \frac{2}{36}, p(12) = \frac{1}{36}$ である.
獲得金額を値とする確率変数を X とすると,$E[X] = 1200 \cdot p(2) + 300 \cdot p(3) + 400 \cdot p(4) + \cdots + 1100 \cdot p(11) + 2200 \cdot p(12) = 755.5 \cdots$ だから,平均 $800 - 755.5 \cdots \fallingdotseq 44.4$

円損する．

● 第 7 章

問 7.1 (1) 例 7.1 (2) の場合　まず (i) により，$(0,1) \in F$ すなわち $0! = 1$．すると (ii) により，$(0+1, 1 \cdot (0+1)) = (1,1) \in F$ すなわち $1! = 1$．よって，$(1+1, 1 \cdot (1+1)) = (2,2) \in F$ すなわち $2! = 2$，$(2+1, 2 \cdot (2+1)) = (3,6) \in F$ すなわち，$3! = 6$，$\cdots$．

例 7.1 (2″) の場合　(i) より $0! = 1$．以後，(ii) により，$(0+1)! = (0+1) \cdot 1$ すなわち $1! = 1$；$(1+1)! = (1+1) \cdot 1$ すなわち $2! = 2$；$(2+1)! = (2+1) \cdot 2$ すなわち $3! = 6$；$\cdots$．

(2) 有名なものに，'たけやぶやけた'（竹藪焼けた），'みがかぬかがみ'（磨かぬ鏡）などがある．ひらがな以外の文字を使ったもの（文にはなっていない）には 'akasaka'，'ahaha'，'123.321'，'AAAA' など．

問 7.2 (1) (i) |英字 1 文字| = 1, (ii) α が 2 文字以上の英字文字列のとき，$|\alpha| = |\alpha$ の末尾の 1 文字を削除した文字列$| + 1$．例えば，$|abc| = |ab| + 1 = (|a| + 1) + 1 = (1+1) + 1 = 3$．

(2) (i) $sum(0) = 0$, (ii) $n \in \mathbb{N}$ に対し，$sum(n+1) = sum(n) + n$．例えば，$sum(2) = sum(1) + 2 = (sum(0) + 1) + 2 = (0 + 1) + 2 = 3$．

(3) (i) $a_1 = 3$, (ii) $n \in \mathbb{N}$ に対して，$a_{n+1} = a_n$．

(4) 例えば $n = 2^3 \cdot 3^2 \cdot 5^1$ のとき，n の素因数の個数は $3 + 2 + 1 = 6$ 個と数えることにしているので，$n \geq 2$ の素因数の個数を $p(n)$ で表すと，(i) n が素数ならば $p(n) = 1$, (ii) $n = lm (l, m \geq 2)$ ならば $p(n) = p(l) + p(m)$．

(5) (i) $a, b \in \mathbb{Z}$ で，(i) $f_0 = a$, $f_1 = b$, (ii) $n \geq 1$ のとき，$f_{n+1} = f_n + f_{n-1}$．特に，$a = 0, b = 1$ である数列を**フィボナッチ数列**という．

(6) (i) A が B の親ならば，A は B の先祖である（「A は A の先祖である」を初期ステップにしてもよい），(ii) A が B の親で C が A の先祖ならば，C は B の先祖である，(iii) (i), (ii) で定まる関係だけを先祖という（このの例ではこのような限定句が必要である）．

問 7.3 (1) $q(x, y) = x$ を y で割った商．$(x+1) \div y$ の商が $x \div y$ の商より 1 大きくなるのは，x を y で割った余り $x \bmod y$ に 1 を足すと y になるときである．

(2) $k(n) = n$ の桁数．例えば，$k(456) = k(456 \div 10$ の商$) + 1 = k(45) + 1 = (k(45 \div 10$ の商$) + 1) + 1 = (k(4) + 1) + 1 = (1+1) + 1 = 3$．

(3) n の 10 進数表記の桁のうち 0 である桁の個数を出力する．例えば，$z(1020) = z(102) + z(0) = (z(10) + z(2)) + 1 = ((z(1) + z(0)) + 0) + 1 = ((0+1) + 0) + 1 = 2$．

問 7.4 アルゴリズム Hanoi(n, A, B, C) の行 2.1 において <u>A の最下部の円盤 1 枚はないものと考え</u> てもよいのは，その円盤は最も大きい円盤なのでその上にどの円盤を重ねても条件に反することが起こらないからである．

実行される順序を右肩に数字を付けて示した．Hanoi(n, A, B, C) は H(n, A, B, C) と略記した．例えば A→B は A の <u>一番上の 1 枚</u> を B に移すことを表す．

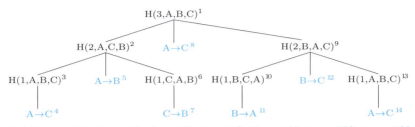

出力は $A \to C^4$, $A \to B^5$, $C \to B^7$, $A \to C^8$, $B \to A^{11}$, $B \to C^{12}$, $A \to C^{14}$ の順に行なわれるので，この順に円盤を 1 枚ずつ移動すればよい．

因みに，円盤が n 枚のときに必要な移動回数は $2^n - 1$ 回である．

問 7.5 (1)（基礎ステップ）$0^2 = 0^3$ だから ok.

（帰納ステップ）$(0+1+\cdots+k+(k+1))^2 = (0+1+\cdots+k)^2 + 2(0+1+\cdots+k)(k+1) + (k+1)^2 = (*)$. ここで，$0+1+\cdots+k = k(k+1)/2$ であることと，帰納法の仮定 $(0+1+\cdots+k)^2 = 0^3 + 1^3 + \cdots + k^3$ を使うと，$(*) = 0^3 + 1^3 + \cdots + k^3 + k(k+1)^2 + (k+1)^2 = 0^3 + 1^3 + \cdots + k^3 + (k+1)^3$.

(2)（基礎ステップ）$2^{0-1} = \frac{1}{2} \leqq 1 = 0!$ だから ok.（帰納ステップ）$2^{(k+1)-1} = 2^k \overset{\text{帰納法の仮定}}{\leqq} 2^{k-1} \cdot 2 \leqq k! \cdot 2 \leqq k! \cdot (k+1) = (k+1)!$ としたら誤りであることに注意しよう（$k=0$ のときに $2 \leqq k+1$ が成り立たないから）．帰納ステップに $n=1$ の場合（$2^{1-1} = 1 = 1!$ だから ok）を付け加えなければいけない．

(3)（基礎ステップ）明らか．（帰納ステップ）$0^2 + 1^2 + \cdots + k^2 + (k+1)^2 \overset{\text{帰納法の仮定}}{=} \frac{1}{6}k(k+1)(2k+1) + (k+1)^2 = \frac{1}{6}(k+1)\{k(2k+1)+6(k+1)\} = \frac{1}{6}(k+1)(2k^2+7k+6) = \frac{1}{6}(k+1)(k+2)(2k+3) = \frac{1}{6}(k+1)\{(k+1)+1\}\{2(k+1)+1\}$ だから ok.

(4)（基礎ステップ）$\frac{2 \cdot 1 - 1}{2 \cdot 1} = \frac{1}{2} \leqq \frac{\sqrt{2}}{2} = \frac{1}{\sqrt{1+1}}$ だから ok.（帰納ステップ）左側の不等号は $\frac{1}{2(k+1)} \leqq \frac{1}{2k}\frac{2k+1}{2k+2} \overset{\text{帰納法の仮定}}{\leqq} \frac{1 \cdot 3 \cdots (2k-1)}{2 \cdot 4 \cdots (2k)}\frac{2k+1}{2k+2} = \frac{1 \cdot 3 \cdots (2k-1)}{2 \cdot 4 \cdots (2k)}\frac{2(k+1)-1}{2(k+1)}$ であるから ok. 右側の不等号は $\frac{1 \cdot 3 \cdots (2k-1)(2k+1)}{2 \cdot 4 \cdots (2k)(2k+2)} \overset{\text{帰納法の仮定}}{\leqq} \frac{1}{\sqrt{k+1}}\frac{2k+1}{2k+2}$ であるから，$\frac{1}{\sqrt{k+1}}\frac{2k+1}{2k+2} \leqq \frac{1}{\sqrt{k+2}}$ すなわち $(2k+2)\sqrt{k+1} \geqq (2k+1)\sqrt{k+2}$ を示せばよいが，$\{(2k+2)\sqrt{k+1}\}^2 - \{(2k+1)\sqrt{k+2}\}^2 = 3k+2 \geqq 0$ だから確かに成り立つ．

問 7.6 （基礎ステップ）$n=4$ のとき，$2^n = 16$, $4! = 24$ だから ok.
（帰納ステップ）$k \geqq 4$ に対して $2^k < k!$ が成り立つと仮定すると，$2^{k+1} = 2 \cdot 2^k \overset{\text{帰納法の仮定}}{<} 2 \cdot k! < (k+1)k! = (k+1)!$ だから ok.

問 7.7 n に関する完全帰納法で証明する．（基礎ステップ）$n=2$ のとき，2 は素数であるから ok.（帰納ステップ）$n=k+1$ のとき，n が素数である場合は ok. 素数でない場合，n には約数 $m \geqq 2$ が存在する（素数とは限らない）．n を m で割った商を l とすると，$n = ml$ である．帰納法の仮定より，m も l も素数であるかまたは素数の積である．よって，$n = ml$ は素数の積となるので ok.

問 7.8 (1) n に関する完全帰納法で証明する．

（基礎ステップ）$n = 0$ のとき，$\gcd(m, n) = m = 1 \cdot m + 0 \cdot n$ であるから ok（$a = 1, b = 0$ とすればよい）．

（帰納ステップ）例 7.2 (1) において，$\gcd(m, n) = \gcd(n, m \bmod n)$ であることを証明した．$m \geqq n$ であるとしても一般性を失わない（なぜなら，$m < n$ の場合，$\gcd(m, n) = \gcd(n, m \bmod n)$ を 1 回適用すると右辺は $\gcd(n, m)$ になるから）．$m \bmod n < m$ であるから，帰納法の仮定より，
$$\gcd(n, m \bmod n) = a'n + b'(m \bmod n)$$
となる整数 a', b' が存在する．$m \bmod n = m - \lfloor m/n \rfloor \cdot n$ であることに注意する（$\lfloor m/n \rfloor$ は m を n で割った商である）と，
$$\begin{aligned}\gcd(m, n) &= \gcd(n, m \bmod n) = a'n + b'(m \bmod n) \\ &= a'n + b'(m - \lfloor m/n \rfloor \cdot n) \\ &= b'm + (a' - \lfloor m/n \rfloor b')n\end{aligned}$$
であるから ok（$a = b', b = a' - \lfloor m/n \rfloor b'$ とすればよい）．

(2) n に関する帰納法．基礎ステップ（$n = 2$ のとき）は自明．

（帰納ステップ）$n \geqq 3$ のとき，帰納法の仮定より，$d = \gcd(a_2, \ldots, a_n)$ は $a_2, \ldots, a_n$ の最大公約数である（すなわち，$d \mid a_2, \ldots, d \mid a_n$ かつ $d' > d$ なら d' で割り切れない a_i ($2 \leqq i \leqq n$) が存在する）．

さて，a_1 と d の最大公約数（e とする）は $e \mid a_1, e \mid d$ を満たすので，$e \mid a_2, \ldots, e \mid a_n$ も満たし，したがって，e は $a_1, a_2, \ldots, a_n$ の公約数であり，かつ $e \leqq d$ でもあるから $a_1, a_2, \ldots, a_n$ の最大公約数である．

(3) n に関する帰納法．基礎ステップ（$n = 2$ のとき）は (1) で証明した．

（帰納ステップ）$n \geqq 3$ の場合，(2) より，$\gcd(a_1, a_2, \ldots, a_n) = \gcd(a_1, \gcd(a_2, \ldots, a_n))$ である．$\gcd(a_2, \ldots, a_n)$ に対して帰納法の仮定が成り立つので，
$$\gcd(a_2, \ldots, a_n) = s'_2 a_2 + \cdots + s'_n a_n$$
となる整数 $s'_2, \ldots, s'_n$ が存在する．一方，(1) より，
$$\gcd(a_1, \gcd(a_2, \ldots, a_n)) = s \cdot a_1 + t \cdot \gcd(a_2, \ldots, a_n)$$
となる整数 s, t が存在する．よって，
$$\gcd(a_1, a_2, \ldots, a_n) = \gcd(a_1, \gcd(a_2, \ldots, a_n)) = s \cdot a_1 + t(s'_2 a_2 + \cdots + s'_n a_n)$$
であるから ok（$s_1 = s, s_2 = t s'_2, \ldots, s_n = t s'_n$ とすればよい）．

問 **7.9** 場合分けして考える．

場合 1：$w = \alpha\beta, f(\alpha) = 0$ となる $\alpha \neq \lambda, \beta \neq \lambda$ が存在するとき．まず，仮定より，(∗1) α の任意の接頭辞 u に対して $f(u) \geqq 0$ であることに注意する．$w = \alpha\beta$，$f(\alpha) = 0$ であり $f(w) = f(\alpha) + f(\beta) = 0$ であることより，$f(\beta) = 0$ であることが導かれる．一方，u を β の接頭辞とすると αu は w の接頭辞であるから，(∗1) を考慮すると $f(w) = f(\alpha) + f(u) = f(\alpha u) \geqq 0$ である．$|\alpha| < |w|, |\beta| < |w|$ だから，帰納法の仮定により α も β も整合括弧列である．よって，整合括弧列の再帰的定義の (ii) により，$\alpha\beta$ は整合括弧列である．

場合 2：場合 1 でないとき，すなわち，w の空でない任意の接頭辞 u に対して $f(u) > 0$ であるとき．

特に $|u|=1$ の場合を考えると，$f(u)>0$ より $u=[$ である．すなわち，w の先頭文字は $[$ である．同様に，$|u|=|w|-1$ の場合（すなわち，$w=uv$ かつ $|v|=1$ の場合）を考えると，$0=f(w)=f(u)+f(v)$ より $f(v)<0$ である．よって，$v=]$ である．すなわち，w の末尾の文字は $]$ である．以上より，$w=[\alpha]$ となる $\alpha\in W$ が存在する．$f(w)=f(\alpha)$ だから (*2) $f(\alpha)=0$ であることが導かれる．一方，u を α の接頭辞とすると，$[u$ は w の接頭辞だから $f([u)>0$ である．よって，(*3) $f(u)\geqq 0$ である．$|\alpha|<|w|$ であり (*2)，(*3) が成り立っていることから帰納法の仮定が適用できて，α が整合括弧列であることが導かれる．ゆえに，整合括弧列の再帰的定義の (ii) により，$w=[\alpha]$ は整合括弧列である．

問 7.10 チップ数 n に関する完全帰納法による証明：（基礎ステップ）$n=2$ のときは，1 個ずつの山 2 つに分けるしかないので，積は $1(2-1)=1$ で，これは $\frac{2(2-1)}{2}=1$ に等しいので ok．
（帰納ステップ）n 個のチップの山を k 個の山と $n-k$ 個の山に分けたとすると，まず，これによる積 $n(n-k)$ が生じる．一方，$k<n, n-k<n$ であるから帰納法の仮定により，k 個の山をチップ 1 個だけの山にするまでの積の和は $\frac{k(k-1)}{2}$ であり，$n-k$ 個の山をチップ 1 個だけの山にするまでの積の和は $\frac{(n-k)(n-k-1)}{2}$ である．したがって，全体の積の和は $n(n-k)+\frac{k(k-1)}{2}+\frac{(n-k)(n-k-1)}{2}$ であり，これは $\frac{n(n-1)}{2}$ に等しい．

数学的帰納法ではない証明：それぞれのチップと他のすべてのチップとを糸で結ぶ．これには $\frac{n(n-1)}{2}$ 本の糸が使われる．1 つの山を x 個の山 X と y 個の山 Y とに分けたとき，X の山のチップと Y の山のチップを結ぶすべての糸を切る．このとき xy 本の糸が切られる．このように，どの山も 1 個のチップだけになるまで山を分けていくと，最初に結んだ $\frac{n(n-1)}{2}$ 本の糸すべてが切られる．これが分けるたびに作った積の総和と一致する．

● 第 8 章

問 8.1 (1) $\mathcal{P}$ は，X の部分集合 A, B に対し，A が B の真部分集合であることを表す． (2) $m\,LE\,n$ は $m\leqq n$ であることを表す（$0\in\mathbb{N}$ であることに注意）．
(3) $Q(m)=3m$, すなわち $Q=\{(m,3m)\mid m\in\mathbb{Z}\}$
(4) $\mathbb{R}$ 上の恒等関係　　(5) $\mathbb{R}$ 上の空関係　　(6) $\mathbb{R}$ 上の全関係
問 8.2 (1) x は y 以下である $(x\geqq^{-1}y\iff x\leqq y)$
(2) x と y は等しい $(x=^{-1}y\iff x=y)$
(3) x は y の 2 乗である $(x\,Root^{-1}\,y\iff x=y^2)$
(4) a は b の子である
(5) $a\,Love^{-1}\,b\iff b\,Love\,a\iff b$ は a が好き（「a は b が嫌い」ではない）
問 8.3 (1) $\mathrm{P}_1\,(r_{\theta_1}\circ r_{\theta_2})\,\mathrm{P}_2\iff \mathrm{P}_1\mathrm{OP}_2=\theta_2+\theta_1$.
関係の合成は結合律を満たしていることに注意すると，答は容易にわかる．
(2) (a) $(x,y)\,M_\to\circ M_\to\,(x',y')\iff (x',y')=(x+2,y)$.
(b) $(x,y)\,M_\leftarrow\circ M_\to\,(x',y')\iff (x',y')=(x,y)$.
(c) $(x,y)\,M_\uparrow\circ M_\to\,(x',y')\iff (x',y')=(x+1,y+1)$.

(d) $(x, y) \, M_\uparrow \circ M_\uparrow \circ M_\uparrow (x', y') \iff (x', y') = (x, y+3)$.
(e) $(x, y) \, M_\downarrow \circ M_\rightarrow \circ M_\downarrow \circ M_\downarrow (x', y') \iff (x', y') = (x+1, y-3)$.

(2′) $M_\rightarrow$ を $M_\leftarrow$ に, $M_\leftarrow$ を $M_\rightarrow$ に, $M_\uparrow$ を $M_\downarrow$ に, $M_\downarrow$ を $M_\uparrow$ に置き換えたものが元の合成関係の逆関係である.

(2″) 例えば $M_\rightarrow \circ M_\leftarrow$, $M_\downarrow \circ M_\leftarrow \circ M_\uparrow \circ M_\rightarrow$ など, $M_\rightarrow$ の個数と $M_\leftarrow$ の個数が等しく, かつ $M_\downarrow$ の個数と $M_\uparrow$ の個数が等しいような合成はどれも恒等関係である.

(3) $a(F \circ F)b \iff \exists c \in \mathbb{Z} [c \text{ は } b \text{ の倍数かつ } a \text{ は } c \text{ の倍数}] \iff a \text{ は } b \text{ の倍数}$ であるから, F は恒等関係.

問 8.4 $R_1 : A \to B$ (R_1 は A から B への 2 項関係), $R_2 : B \to C$, $R_3 : C \to D$ とする. はじめに, $R_3 \circ (R_2 \circ R_1) \subseteq (R_3 \circ R_2) \circ R_1$ が成り立つことを示そう. $(a, d) \in R_3 \circ (R_2 \circ R_1)$ とすると, 合成の定義より, $(a, c) \in R_2 \circ R_1$ かつ $(c, d) \in R_3$ となる $c \in C$ が存在する. $(a, c) \in R_2 \circ R_1$ であるから, ふたたび合成の定義より, $(a, b) \in R_1$ かつ $(b, c) \in R_2$ となる $b \in B$ が存在する. $(b, c) \in R_2$, $(c, d) \in R_3$ であるから $(b, d) \in R_3 \circ R_2$ であり, これと $(a, b) \in R_1$ より $(a, d) \in (R_3 \circ R_2) \circ R_1$ である. 以上より, $(a, d) \in R_3 \circ (R_2 \circ R_1) \implies (a, d) \in (R_3 \circ R_2) \circ R_1$, すなわち, $R_3 \circ (R_2 \circ R_1) \subseteq (R_3 \circ R_2) \circ R_1$ であることが示された. $R_3 \circ (R_2 \circ R_1) \supseteq (R_3 \circ R_2) \circ R_1$ の証明も同様であり, $R_3 \circ (R_2 \circ R_1) = (R_3 \circ R_2) \circ R_1$ が示された.

問 8.5 $\circ$ が結合律を満たすことに注意して,

$$(T \circ S \circ R)^{-1} = \left\{ \begin{array}{l} ((T \circ S) \circ R)^{-1} = R^{-1} \circ (T \circ S)^{-1} \\ (T \circ (S \circ R))^{-1} = (S \circ R)^{-1} \circ T^{-1} \end{array} \right\} = R^{-1} \circ S^{-1} \circ T^{-1}.$$

問 8.6 (1) $a \, \rho_n \, b$ を「a を n 倍して b にする操作」と考えると, 逆の操作 $b \, \rho_n^{-1} \, a$ は「b を n で割って a に戻す」である. 例えば, $a \, \rho_3 \circ \rho_2 \, b$ は「a を 2 倍したものを 3 倍すると b になる」ことを表し, その逆の操作 $b (\rho_3 \circ \rho_2)^{-1} a$ は「b を 3 で割ったもの (c としよう) を 2 で割ると a に戻る」ことを表し, $b \, \rho_3^{-1} \, c$ と $c \, \rho_2^{-1} \, a$ の合成に等しい.

(2) (i) $SS \to SSS$ であり, かつ $SSS \to [S]SS$ または $S[S]S$ または $SS[S]$ であるから, $SS \, (\to \circ \to) \, [S]SS$ または $S[S]S$ または $SS[S]$ である. 一方, $[S]SS[S] \to^{-1} SSS[S]$ または $[S]SSS$ であり, $SSS[S] \to^{-1} SS[S]$, $[S]SSS \to^{-1} [S]SS$ であるから, $[S]SS[S] \, (\to \circ \to)^{-1} \, SS[S]$ または $[S]SS$ である.

(ii) $SS \to [S]S$ または $S[S]$ であるから, $SS \, \to \circ \to \, [SS]S$ または $[S]SS$ または $SS[S]$ または $S[SS]$. 一方, $[S]SS[S] \to^{-1} [S]S[S] \to^{-1} SS[S]$ または $[S]SS$ であるから $[S]SS[S] \, (\to \circ \to)^{-1} \, SS[S]$ または $[S]SS$ である.

(iii) $SS \, \to \circ \to \, SSSS$ である. 一方, $[S]SS[S] \to^{-1} [S]S[S]$ であり $[S]S[S] \to^{-1} x$ となる x は存在しないから, $[S]SS[S] \, (\to \circ \to)^{-1} \, x$ となる x は存在しない.

問 8.7 (1) 明らかに, $R \subseteq id_A$ かつ $R^{-1} \subseteq id_A$ である. 一方, 任意の $a \in A$ に対して, 条件より $id_A \subseteq R \cup R^{-1}$ が成り立っていることから $(a, a) \in R$ または $(a, a) \in R^{-1}$ である. $(a, a) \in R \iff (a, a) \in R^{-1}$ であることを考慮すると, $id_A \subseteq R$ かつ $id_A \subseteq R^{-1}$ である. したがって, $R = R^{-1} = id_A$ であることが導かれるから, id_A が求めるものである.

(2) $(a,b) \in A$ ならば $(b,a) \notin A$ であるような R であればなんでもよい．例えば，$a, b \in A$, $a \neq b$ である a, b に対して $R = \{(a,b)\}$．

(3) 条件 $R \cup R^{-1} = R \cap R^{-1}$ より，$R \subseteq R^{-1}$ かつ $R^{-1} \subseteq R$ すなわち $R = R^{-1}$ であるし，$R = R^{-1}$ ならば条件を満たすので，$R = R^{-1}$ を満たす関係（このような 2 項関係を**対称的関係**という）であればよい．例えば，$R = \{(a,b), (b,a), (a,a)\}$ など．

(4) $a(R \cup S)^{-1}b \iff b(R \cup S)a \iff bRa$ または bSa である．一方，$a(R^{-1} \cup S^{-1})b \iff aR^{-1}b$ または $aS^{-1}b \iff bRa$ または bSa である．よって，$(R \cup S)^{-1} = R^{-1} \cup S^{-1}$ はつねに成り立っているから，R, S は何であってもよい．

(5) (4) と同様に，$a(R \cap S)^{-1}b \iff b(R \cap S)a \iff bRa$ かつ bSa である．一方，$a(R^{-1} \cap S^{-1})b \iff aR^{-1}b$ かつ $aS^{-1}b \iff bRa$ かつ bSa である．よって，$(R \cap S)^{-1} = R^{-1} \cap S^{-1}$ はつねに成り立っているから，R, S は何であってもよい．

問 8.8 有向グラフは下図．

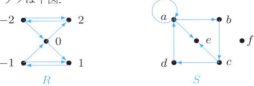

(1) R^{-1} の有向グラフは R の有向グラフの $\to$ の向きを逆にしたものである．また，$(R^{-1})^n$ は $(R^{-1})^n = \{(y,x) \mid (x,y) \in R^n\}$ として求めることもできる．
$R^{-1} = \{(0,-2), (2,-2), (0,-1), (1,-1), (1,0), (2,0), (-1,1), (-2,2)\}$,
$(R^{-1})^0 = \{(-2,-2), (-1,-1), (0,0), (1,1), (2,2)\}$,
$(R^{-1})^2 = \{(-2,-2), (-2,0), (-1,-1), (-1,0), (0,1), (0,2), (1,-2), (1,-1),$
$(1,1), (2,-2), (2,-1), (2,2)\}$

(2) $S^0 = \{(a,a), (b,b), (c,c), (d,d), (e,e), (f,f)\}$, $S^1 = S$,
$S^2 = \{(a,a), (a,b), (a,c), (a,e), (b,d), (b,e), (c,a), (d,a), (d,b), (d,e)\}$

問 8.9 (1) $S \triangleright \lambda$ だから $\lambda \in W$ である．以下同様に，文字列の書き換えを表す関係だけを示す（一意的ではないが，以下で示すのは，$\to$, $\to\!\to$, $\triangleright$ を最も左側に現れる S に適用したものである）．

$S \to [S] \triangleright [\,]$,
$S \to\!\to SS \to [S]S \triangleright [\,]S \to [\,][S] \triangleright [\,][\,]$,
$S \to\!\to SS \to [S]S \to [[S]]S \to\!\to [[SS]]S \to [[[S]S]]S \triangleright [[[\,]S]]S$
$\to [[[\,][S]]]S \triangleright [[[\,][\,]]]S \to [[[\,][\,]]][S] \triangleright [[[\,][\,]]][\,]$.

(2) $depth([[[\,][\,]]][\,]) = \max\{depth([[[\,][\,]]]), depth([\,])\} = depth([[[\,][\,]]])$
$= depth([[\,][\,]]) + 1 = depth([\,][\,]) + 2 = \max\{depth([\,]), depth([\,])\} + 2 = 1 + 2 = 3$,
$width([[[\,][\,]]][\,]) = width([[[\,][\,]]]) + width([\,]) = width([[\,][\,]]) + 1$
$= width([\,][\,]) + 1 = (width([\,]) + width([\,])) + 1 = (1 + 1) + 1 = 3$.

$\to$ は $\alpha \in W$ に対し $[\alpha]$ を導き出す操作，すなわち $depth$ を 1 増やす操作であり，$\to\!\to$ は $\alpha, \beta \in W$ に対し $\alpha\beta$ を導き出す操作，すなわち $width$ を増やす操作である．ま

た，▷ は S を消去するだけの操作である（⟶ により S が増え，それによって $width$ は大きくなり得るのであるが，この操作があるために，⟶ を適用しても $width$ は必ずしも真に大きくならないことがある）．

問 8.10 (1) $reachable(歩) = \{(0,n) \mid 0 \leqq n \leqq 12\}$，
$reachable(桂馬) = \{(n,2n),(n,2n+4),(n,2n+8),(n,2n+12) \mid 0 \leqq n \leqq 12\} \cap [12]^2$，
$reachable(角) = \{(2m,2n),(2m+1,2n+1) \mid 0 \leqq m,n \leqq 6\} \cap [12]^2$，
$reachable(飛車) = [12]^2$．

(2) $M_\circ^*$ と $M_\circ^+$ の違いに注意のこと．1 手以上動いて $(0,0)$ に戻って来られる駒が求めるものであり，それは角と飛車である．

(3) $(0,0)$ から何手か動いて（動かない場合も含む）盤上のすべての点に到達できる駒が求めるものであり，それは飛車だけである．

問 8.11 (1) (iii) $R^{-1}(4) = \{哺乳類\}$，$R^{-1}(6) = \{昆虫\}$，$R^{-1}(8) = \{クモ, タコ\}$，$R^{-1}(10) = \{イカ\}$．
(iv) は右図．

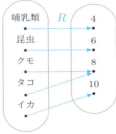

(2) R の定義域と値域が等しいので，表や座標型の図において定義域と値域がわかるように書くべきである．

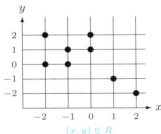

第 9 章

問 9.1 (1) 右図参照．有向辺 (b,b)，(c,a)，(c,b) を加える．

(2) すべての点に自己ループがあり（反射律），有向辺があるどの 2 頂点間にも両向きの有向辺があり（対称律），かつ有向辺をたどって行けるどの 2 頂点間にも直接の有向辺があること（推移律）．

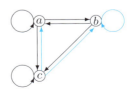

問 9.2 (1) no. R の有向グラフは右図. 同値関係であるためには,有向辺 $(4,3), (4,4), (6,6)$ が足りない. 特に,$(6,6)$ が必要であることに注意しよう.

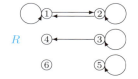

(2) yes.

(3) no. 1 に対して反射律が成り立たない. 推移律も成り立たない.

(4) no. どちらも推移律が成り立たない.

(5) '頭文字' は yes. '同じ文字' は no(推移律が×).

(6) まず,集合 A の上の 2 項関係 R と集合 B の上の 2 項関係 S がどちらも同値関係ならば集合 $A \cap B$ の上の 2 項関係 $S \cap R$ も同値関係であることを示そう. $X = A \cap B$ とする.

(反射律)任意の $x \in X$ に対して R が同値関係であることより $(x,x) \in R$ である. 同様に,S が同値関係であることより $(x,x) \in S$ である. したがって,$(x,x) \in R \cap S$ が成り立つ. これは $R \cap S$ が反射律を満たすことを意味する.

(対称律)任意の $x, y \in X$ に対して,R が同値関係であることより $(x,y) \in R$ ならば $(y,x) \in R$ であり,S が同値関係であることより $(x,y) \in S$ ならば $(y,x) \in S$ である. したがって,$(x,y) \in R \cap S$ ならば $(y,x) \in R \cap S$ である. よって,$R \cap S$ は対称律を満たす.

(推移律)も同様に示すことができる.

さて,'面積が等しい' という関係は明らかに同値関係である. また,R も同値関係であるから,いま証明したことより,面積が等しく R が成り立つという関係も同値関係である.

問 9.3 (a) 問 9.2 (6) の解の中で示したように,yes である.

(b) no. 例えば $a \neq c$ で $R = \{a,b\}^2, S = \{b,c\}^2$ ならば,R も S も同値関係であるが $R \cup S$ は推移律が成り立たない($\because (a,b) \in R \cup S$, $(b,c) \in R \cup S$ だが $(a,c) \notin R \cup S$ である)ので同値関係ではない.

(c) no. 例えば,$A \neq B$ で,$R \subseteq A^2, S \subseteq B^2$ のとき推移律が成り立たない.

(d) yes. R が同値関係ならば対称律が成り立つので $(a,b) \in R^{-1} \Longrightarrow (b,a) \in R$ であるから,$R^{-1} \subseteq R$ が成り立つ(逆も成り立つ). この両辺の逆関係を考えると $R = (R^{-1})^{-1} \subseteq R^{-1}$ も成り立つので,$R = R^{-1}$ である.

以上より,R が対称律を満たす必要十分条件は $R^{-1} = R$ が成り立つことである.

(e) yes. 以下で示すように R^2 は (i) 反射律, (ii) 対称律, (iii) 推移律を満たす.

(i) R が同値関係ならば,反射律を満たしているので $id_A \subseteq R$ が成り立っているので $id_A = id_A^2 \subseteq R^2$ である. すなわち,R^2 は反射律を満たす.

(ii) R は対称律を満たしているから (c) で示したように $R^{-1} \subseteq R$ が成り立つので,$(R^{-1})^2 \subseteq R^2$ である. 一方,第 8 章例 8.4 の直前 (p.78) で述べたように $(R^2)^{-1} = (R^{-1})^2$ が成り立つので,$(R^2)^{-1} \subseteq R^2$ であることが導かれ,これは R^2 が対称律を満たしていることを表している.

(iii) まず,R は同値関係だから推移律が成り立つので $R^2 \subseteq R$ が成り立つこと

($\because$ $(a,b) \in R^2 = R \circ R \Longrightarrow \exists c\,[\,(a,c) \in R$ かつ $(c,b) \in R\,] \overset{R \text{ の推移律}}{\Longrightarrow} (a,b) \in R)$ に注意する．逆に，$R^2 \subseteq R$ が成り立つならば R は推移律を満たしている．すなわち，R が推移律を満たすことと $R^2 \subseteq R$ が成り立つことは同値である．

さて，R は推移律を満たしているので $R^2 \subseteq R$ が成り立つ．よって，$R^2 \circ R^2 \subseteq R \circ R = R^2$．すなわち，$R^2$ は推移律を満たす．

(f) yes．明らかに，R^* は反射律を満たす．

次に，$(a,b) \in R^*$ とすると，R^* の定義より $(a,b) \in R^n$ となる整数 $n \geqq 0$ が存在するので $(b,a) \in (R^n)^{-1}$ である．上記 (d)(ii) で述べたように，$(R^2)^{-1} = (R^{-1})^2$ であるが，$(R^1)^{-1} = (R^{-1})^1$ を数学的帰納法の基礎ステップとして，一般に，任意の自然数 $n \geqq 1$ に対して $(R^n)^{-1} = (R^{-1})^n$ が成り立つことを帰納法で証明することができる：

$$\begin{aligned}
(R^n)^{-1} &= (R^{n-1} \circ R)^{-1} &&\text{合成の定義} \\
&= R^{-1} \circ (R^{n-1})^{-1} &&\text{合成の逆関係の性質 } (S \circ T)^{-1} = T^{-1} \circ S^{-1} \\
&= R^{-1} \circ (R^{-1})^{n-1} &&\text{帰納法の仮定} \\
&= (R^{-1})^n &&\text{合成の定義}
\end{aligned}$$

したがって，$(R^*)^{-1} = (\bigcup_{n \geqq 0} R^n)^{-1} = \bigcup_{n \geqq 0} (R^n)^{-1} = \bigcup_{n \geqq 0} (R^{-1})^n = (R^{-1})^*$ が成り立つので，R^* は対称律を満たす．

また，R は推移律を満たすから $R^2 \subseteq R$ が成り立つ．$(a,b), (b,c) \in R^*$ とすると，$R^* = \bigcup_{n \geqq 0} R^n$ であるから，$(a,b) \in R^m$, $(b,c) \in R^n$ となる $m,n \geqq 0$ が存在する．よって，$(a,c) \in R^n \circ R^m = R^{m+n} \subseteq R^*$ であり，これは R^* が推移律を満たしていることを表している．

問 9.4 (4) $a\,R\,b$ とすると，対称律により $b\,R\,a$ が成り立つ．一方，任意の $c \in [a]$ に対し，(2) より $a\,R\,c$ が成り立つ．これと $b\,R\,a$ から推移律により $b\,R\,c$ が成り立つ．これは $c \in [b]$ を意味するから，$[a] \subseteq [b]$ であることが示された．同様に，$[b] \subseteq [a]$ も成り立つので，$[a] = [b]$ が成り立つ．

(6) $a \in [a]$ なので $\bigcup_{a \in A} [a] \supseteq A$ であることは明らか．また，同値類の定義より $a \in A$ ならば $[a] \subseteq A$ であることは明らかなので，$\bigcup_{a \in A} [a] \subseteq A$ も成り立つ．

問 9.5 (5) '頭文字が同じ' という関係を $\leftrightsquigarrow$ とすると，英字は大文字と小文字を合わせて 52 文字しかないので同値類は $[a]_{\leftrightsquigarrow}, [b]_{\leftrightsquigarrow}, \ldots, [z]_{\leftrightsquigarrow}, [A]_{\leftrightsquigarrow}, [B]_{\leftrightsquigarrow}, [Z]_{\leftrightsquigarrow}$ の 52 個である．例えば $[a]_{\leftrightsquigarrow}$ は単語 a を代表元とする同値類であり，at, apple, alphabet, axis などの単語を含む．

(6) '面積が等しい' という同値関係を S とすると，'面積が等しく R が成り立つ' という関係 $R \cap S$ は同値関係（問 9.2 (6)）で，その同値類は R の同値類と S の同値類の共通部分である：$[x]_{R \cap S} = [x]_R \cap [x]_S$．なぜなら，$y \in [x]_{R \cap S} \iff x(R \cap S)y \iff xRy$ かつ $xSy \iff y \in [x]_R$ かつ $y \in [x]_S \iff y \in ([x]_R \cap [x]_S)$．

問 9.6 $x \equiv y \pmod{m}$ とすると $x - y = km$ となる $k \in \mathbb{Z}$ が存在する．x を m で割った商を q_1, 余りを r_1 とし y を m で割った商を q_2, 余りを r_2 とする ($r_1 \geqq r_2$ と仮定しても一般性を失わない) と $x = q_1 m + r_1\ (0 \leqq r_1 < m)$, $y = q_2 m + r_2\ (0 \leqq r_2 < m)$ なので，$x - y = (q_1 - q_2)m + (r_1 - r_2)\ (0 \leqq r_1 - r_2 < m)$

である．よって，$r_1 - r_2 = 0$ すなわち $r_1 = r_2$ である．

逆に，$r_1 = r_2$ ならば $x - y = (q_1 - q_2)m$ が m で割り切れることは明らかである．

問 9.7 (1), (2) については，どこで必要十分条件が崩れるかに注意をしよう．(3) については，$k > 0$ がどこで使われているかに注意をしよう．

(1) $a \equiv b \pmod{n} \iff n \mid (a-b) \implies n \mid (ka-kb) \implies ka \equiv kb \pmod{n}$.

(2) $a \equiv b \pmod{mn} \iff mn \mid (a-b) \implies n \mid (a-b) \implies a \equiv b \pmod{n}$.

(3) $a \equiv b \pmod{n} \iff n \mid (a-b) \iff kn \mid k(a-b) \iff ka \equiv kb \pmod{kn}$.

問 9.8 (1) n が偶数 $\iff n \equiv 0 \pmod{2}$ であり，n が奇数 $\iff n \equiv 1 \pmod{2}$ である．$\mathbb{Z}/\equiv_2 = \mathbb{Z}_2$ の同値類は偶数の集合 $[0]_{\equiv_2}$ と奇数の集合 $[1]_{\equiv_2}$ である．

(2) $|\mathbb{Z}_5| = 5$．$[1]_{\equiv_5} = \{\ldots, -9, -4, 1, 6, 11, \ldots\}$．

(3) 問 9.2 (6) と問 9.3 (a) の解で述べたように，R と S が同値関係なら $R \cap S$ も同値関係である．以下，$[a]_{\equiv_m}$ を $[a]_m$ と略記すると，$\equiv_2$ の同値類は

$$[0]_2 = \{\ldots, -2, 0, 2, 4, 6, 8, \ldots\}, \quad [1]_2 = \{\ldots, -1, 1, 3, 5, 7, 9, \ldots\}$$

の 2 つであり，$\equiv_3$ の同値類は

$$[0]_3 = \{\ldots, -3, 0, 3, 6, \ldots\}, [1]_3 = \{\ldots, -2, 1, 4, 7, \ldots\}, [2]_3 = \{\ldots, -1, 2, 5, 8, \ldots\}$$

の 3 つであり，$\equiv_6$ の同値類は

$$\begin{aligned}
[0]_6 &= \{\ldots, -6, 0, 6, 12, \ldots\} = [0]_2 \cap [0]_3, \\
[1]_6 &= \{\ldots, -5, 1, 7, 13, \ldots\} = [1]_2 \cap [1]_3, \\
&\ldots, \\
[5]_6 &= \{\ldots, -1, 5, 11, 17, \ldots\} = [1]_2 \cap [2]_3 = [5]_2 \cap [5]_3
\end{aligned}$$

の 6 つである．すなわち，$\equiv_6$ は $\equiv_2$ および $\equiv_3$ を細分したもので，任意の $a \in \mathbb{Z}$ に対して $[a]_6 = [a]_2 \cap [a]_3$ が成り立っている．

一般に，m と n が互いに素のとき，$\equiv_{mn}$ の同値類は $\equiv_m$ の同値類と $\equiv_n$ の同値類を細分したものであり，$\equiv_{mn} = \equiv_m \cap \equiv_n$ が成り立つ．しかし，m と n が互いに素でない場合，$\equiv_{mn}$ の同値類は $\equiv_m$ の同値類と $\equiv_n$ の同値類を細分したものであるが，$\equiv_{mn} = \equiv_m \cap \equiv_n$ は必ずしも成り立たない（例えば，$m = n = 2$ について考えよ）．

問 9.9 (viii) $ac \equiv bc \pmod{m}$ ならば $m \mid (ac - bc)$ であるから，$m \mid c$ または $m \mid (a-c)$ である．ところが，c と m は互いに素であるという仮定より $m \mid c$ ではない．よって，$m \mid (a-c)$ であるから，$a \equiv b \pmod{m}$ が成り立つ．

c と m は互いに素であるという仮定がない場合，例えば $c = 6$，$m = 2$ のとき $5 \times 6 \equiv 6 \times 6 \pmod{2}$ であるが，$5 \equiv 6 \pmod{2}$ ではない．

(ix) $ac \equiv bc \pmod{mc}$ ならば $mc \mid (ac - bc)$ であるから，$c \neq 0$ ならば $m \mid (a-b)$ である．よって，$a \equiv b \pmod{m}$ が成り立つ．

$c = 0$ の場合には，$0 \equiv 0 \pmod{0}$ という，そもそも合同式としての条件が成り立っていない．

(x) 合同式の性質の (i), (ii), (iv) によると，$a \equiv a' \pmod{m}$，$a' \equiv b' \pmod{m}$ であるならば，

$$\begin{cases} (a) & a + b \equiv a' + b' \pmod{m} \\ (b) & a - b \equiv a' - b' \pmod{m} \\ (c) & a \times b \equiv a' \times b' \pmod{m} \end{cases}$$

が成り立つ．したがって，(c) を繰り返し適用することにより，$x \equiv y \pmod{m}$ であるならば任意の $a_i, i \in \mathbb{Z}$ に対して $a_i x^i \equiv a_i y^i \pmod{m}$ が成り立つので，これに (a),(b) を適用すると，$x \equiv y \pmod{m}$ であるならば $a_n x^n + \cdots + a_1 x + a_0 \equiv a_n y^n + \cdots + a_1 y + a_0 \pmod{m}$ が成り立つことが導かれる．

問 9.10 (1) 両辺に自明な合同式

$$4 \equiv 4 \pmod{9}$$

を辺々加えると，合同式の性質 (i) より，

$$5x \equiv 15 \pmod{9}$$

が得られる．5 と 9 は互いに素だから，合同式の性質 (viii) により

$$x \equiv 3 \pmod{9}$$

が得られ，これより $x = 9k+3\ (k \in \mathbb{Z})$ である．$-9 \leqq x \leqq 9$ を満たす x は $x = -6, 3$ だけである．

(2) 合同式の性質 (iii) より，$4x \equiv 3 \pmod{19}$ の両辺に 5 を掛けると $20x \equiv 15 \pmod{19}$ が得られる．一方，$20 \equiv 1 \pmod{19}$ の両辺に x を掛けると $20x \equiv x \pmod{19}$ が成り立つので，合同式の推移律により $x \equiv 15 \pmod{19}$ が得られる．

(3) $x^9 \equiv (x^3)^3 \equiv 8 \equiv 2^3 \pmod{3}$ なので，合同式の性質 (v) により $x^3 \equiv 2 \pmod{3}$ を満たす x は $x^9 \equiv 2^3 \pmod{3}$ の解になる．一方，$2^3 \equiv 8 \equiv 2 \pmod{3}$ なので $x \equiv 2 \pmod 3$ は求める解である．（このような特殊な解法ではなく，合同式 $x^k \equiv a \pmod{m}$ にはもっと一般的な解法がある．）

問 9.11 (1) ① が正しいことは，例 9.7 において (mod 9) を (mod 3) で置き換えても成り立つことから．

② が正しいことは，合同式の性質 (i)〜(v) による（特に，掛算については (iv) によるので，検算にあたっては，掛算部分は掛け合わせる各項を 9 で割った余りを掛けてからそれを 9 で割ったものを使うと計算が簡単になってよい）．

(2) $(1+2+3+4+5+6)\bmod 9 = 3, (7+8+9+0)\bmod 9 = 6, (2+4+6+8+0)\bmod 9 = 2, (1+3+5+7+9)\bmod 9 = 7$ であるから左辺は $(3 \times 6 + 2 \times 7)\bmod 9 = 5$ であり，右辺は $(1+3+0+9+1+8+7+5+6)\bmod 9 = 4$ であるから，計算は正しくない（実は，右辺の正しい値は 130919756 であり，この場合は左右両辺の九去した値はともに 5 となり等しい）．

一方，九去法ならぬ "三去法" で計算してみると，$(1+2+3+4+5+6)\bmod 3 = 0$, $(7+8+9+0)\bmod 3 = 0, (2+4+6+8+0)\bmod 3 = 2, (1+3+5+7+9)\bmod 3 = 1$ であるから左辺は $(0 \times 0 + 2 \times 1)\bmod 3 = 2$ であり，右辺は $(1+3+0+9+1+8+7+5+6)\bmod 3 = 1$ であるから，計算は正しくない（実は，右辺の正しい値は 130919756 であり，この場合は左右両辺の三去した値はともに 2 となり等しい）．

● **第 10 章**

問 10.1 (1) yes. 倍数であるという関係は | (割り切る) の逆関係である（と見ることもできる）．一般に，2 項関係 R が半順序ならばその逆関係 R^{-1} も半順序である．

なぜなら，反射律と反対称律は明らかに成り立つし，推移律については，aRb かつ bRc ならば逆関係の定義より $bR^{-1}a$ かつ $cR^{-1}b$ が成り立ち，また R が半順序であることから推移律により aRc が成り立っているので $cR^{-1}a$ である．よって，R^{-1} は推移律も満たす．

(2) yes. 反射律と反対称律が成り立つことは自明．文字列 α が文字列 β の部分語で，β が γ の部分語ならば明らかに α は γ の部分語であるから推移律も成り立つ．

(3) no. 推移律が成り立たない．例えば，単語 about と add はどちらも a を含んでおり add と depend はどちらも d を含んでいるが about と depend は共通の文字を含んでいない．

(4) yes. 非常に特殊な順序であるが，反射律も反対称律も推移律も明らかに成り立つ．

(5) yes. 本の間の 'ページ数が多い' という関係を A とし，'値段が高い' という関係を B とするとき $A \cap B$ が半順序か否かを問う問題である．A も B も明らかに半順序であり，一般に，定義域が同じ 2 つの半順序 R, S の共通部分 $R \cap S$ は半順序になるので答は yes である．

集合 X の上の半順序 R と S に対し $R \cap S$ が半順序になることは以下の通り．

(i) 反射律　R も S も半順序であるから，任意の $x \in X$ に対し xRx も xSx も成り立つ．したがって，$x(R \cap S)x$ も成り立つ（同じことを式で書くならば，$id_X \subseteq R$ かつ $id_X \subseteq S \Longrightarrow id_X \subseteq R \cap S$ である）．

(ii) 反対称律　$x(R \cap S)y$ かつ $y(R \cap S)x$ とすると 2 項関係の共通部分の定義より xRy かつ xSy かつ yRx かつ ySx が成り立つ．よって，R と S の反対称律より R においても S においても $x = y$ が成り立つので，$R \cap S$ において $x = y$ が成り立つ．ゆえに，$R \cap S$ は反対称律を満たす．

(iii) 推移律が成り立つことの証明は式で表してみよう．$x(R \cap S)y$ かつ $y(R \cap S)z \xRightarrow{\cap \text{の定義}} xRy$ かつ xSy かつ yRz かつ $ySz \xRightarrow{R, S \text{の推移律}} xRz$ かつ $xSz \xRightarrow{\cap \text{の定義}} x(R \cap S)z$ $\therefore$ 推移律を満たす．

問 10.2　(1) 答はいろいろありうるが，例えば，同符号の整数の間だけで成り立つように，$n \| m \overset{\text{def}}{\Longleftrightarrow} nm > 0$ かつ n は m を割り切る，と定義すると $\|$ は半順序であり，$\|$ を $\mathbb{N} - \{0\}$ の上に限定したものは $|$ に等しい．

実際，$\|$ が反射律を満たすことは明らかであるし，反対称律については，$n \| m$ かつ $m \| n$ とすると（m と n は同符号であるから）$m = k_1 n, n = k_2 m$ を満たす正整数 k_1, k_2 が存在する．よって，$mn = k_1 k_2 mn$ すなわち $k_1 k_2 = 1$ であるが k_1, k_2 は正整数だから $k_1 = k_2 = 1$ であり，したがって，$n = m$ である．

推移律については，n, m がともに正の場合は $|$ と同じであり，n, m がともに負の場合も同様である（$n \| m$ かつ $m \| l$ とすると $m = k_1 n, l = k_2 m$ を満たす正整数 k_1, k_2 が存在するので，$l = k_1 k_2 n$ かつ $k_1 k_2$ は正整数であるから $n \| l$ が成り立つ）．符号が異なる整数の間では $\|$ は定義されていないので $\|$ への影響はない．

(2) among, animal, b, bronze, B, maximum, motion, Monday, Morocco, news, Newton, Norway

問 10.3　全順序であるのは (d) だけである．(a) は互いに素な整数の間では成り

立たないし，(b) は an は have の部分語ではないし，(c) は all と other は共通文字を含まない.

(e) 定義域の任意の元 a, b に対して，R が全順序であることから aRb または bRa が成り立ち，S が全順序であることから aSb または bSa も成り立つ．しかし，aRb と bSa しか成り立たない場合には $a(R\cap S)b$ が成り立たないので，$R\cap S$ は必ずしも全順序にはならない．

問 10.4 (a) どれでもない ($\because (x, x) \in R$ であり，かつ $(z, z) \notin R$).

(b) 全順序集合 ($\because \sqsubset$ は推移律と反対称律を満たしているので，その反射推移閉包はさらに反射律も満たすようになる). したがって，半順序でもある.

(c) どれでもない ($\because$ 反射律が成り立たない).

(d) 全順序集合，したがって半順序集合でもある ($\because \sqsubset^*$ は全順序なので $(\sqsubset^*)^{-1}$ も全順序である．一方，定義域が同じ 2 つの半順序の共通部分は再び半順序になるので $\sqsubset^* \cap (\sqsubset^*)^{-1}$ は半順序である (問 10.1 (e)). しかし，定義域が同じ 2 つに全順序の共通部分は必ずしも全順序にならない (問 10.3) が，この例の $\sqsubset^* \cap (\sqsubset^*)^{-1}$ は全順序でもある).

(e) 全順序集合 ($(\mathbb{Z}, \geqq)$ は $(\mathbb{R}, \geqq)$ を $\mathbb{Z}$ に制限したもの)

(f) 擬順序集合 ($1 = 1, 2 = 2, 3 = 3$ も成り立っていると考えるならば全順序集合である)

問 10.5

	R	R''
極大元	b, d, f	b, d, f
極小元	a, e	a
最大元	なし	なし
最小元	なし	a

問 10.6 a も b も最大元だとすると，a が最大元であることの定義より $b \leqq a$. 同様に，b が最大元であることより $a \leqq b$. よって，反対称律により，$a = b$ でなければならない．

問 10.7

	(1)	(2)	(3)
上界	$[5, \infty)$	なし	$\{360n \mid n \in \mathbb{N}_{>0}\}$
上限	5	なし	360
下界	$(-\infty, 0)$	$(-\infty, 0]$	$\{1, 2\}$
下限	なし	0	2

以下のことに注意のこと：(1) $(0, 2) \cup [2, 5] = (0, 5]$ である.

(3) 一般に $\{n, m\}$ の上限は n と m の最小公倍数であり，下限は m と n の最大公約数である．$18, 20, 40$ の最小公倍数は 360，公約数は 1 と 2 だけである．

問 10.8 (A, R) が半順序集合だから，任意の $a, b, c \in A$ に対して，(i) aRa, (ii) aRb かつ $bRa \Longrightarrow a = b$, (iii) aRb かつ $bRc \Longrightarrow aRc$ が成り立つ．一方，任意の $a', b', c' \in A'$ に対して，$A' \subseteq A$ であることより $a', b', c' \in A$ であるから，(i') $a'Ra'$, (ii') $a'Rb'$ かつ $b'Ra' \Longrightarrow a' = b'$, (iii') $a'Rb'$ かつ $b'Rc' \Longrightarrow a'Rc'$ が成り立つ．すなわち，(A', R) も半順序集合の条件を満たすから半順序集合である．このことは，(A', R) の有向グラフは (A, R) の有向グラフから $A - B$ に属す頂点とそれに入って

いる/出ている辺を削除したものであることからも図的に理解できる. 例えば, 問 10.8 直前の半順序 $(A, |)$, $A = \{2, 3, \ldots, 11, 12\}$ に対し, $B = \{2, 3, 5, 8, 10, 12\}$ を考えたとき, $(B, |)$ の有向グラフは次のようになる.

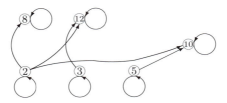

問 10.9 $a = a_0 R a_1 R \cdots R a_k = a$ $(k > 0, \exists i [a \neq a_i])$ となることがないことを示せばよい. もしあったとすると, 推移律と反対称律により $a_0 = a_1 = \cdots = a_k = a$ が成り立つことになり, 矛盾.

問 10.10 (1) 極大元：祖父, 母. 最大元：なし. 極小元：従弟, 長女, 孫, 姪. 最小元：なし.

(2) $(\{1, 2, \ldots, 10\}, \sqsubset)$ は半順序集合でない ($2 \sqsubset 6 \sqsubset 9$ であるが $2 \sqsubset 9$ ではないから推移律が成り立たない) が, $\sqsubset^*$ は半順序である.

極大元：1, 7, 9, 10. 最大元なし. 極小元：1, 2, 3, 5, 7. 最小限：なし.

$\sqsubset$ の定義において, 「1 以外の」という条件を外せば, 1 が最小数になり, 10 が最大数になる.

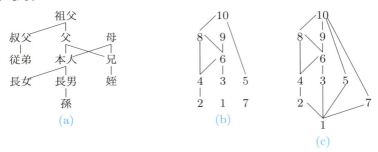

(a) (b) (c)

● 第 11 章

問 11.1

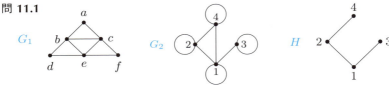

G_1　G_2　H

問 11.2 (1) $V(G_1) = \{a, b, c, d\}$, $E(G_1) = \{\{a, b\}, \{a, c\}, \{a, d\}, \{b, c\}, \{b, d\}, \{c, d\}\}$ なので, 位数 4, サイズ 6.

(2) $V(G_2) = \{a, b, c, d, e, f, g\}$, $E(G_2) = \{\{a, b\}, \{c, d\}, \{e, f\}, \{e, g\}\}$. 位数は 7, サイズは 4.

問 11.3 本書でいう無向グラフ（単純無向グラフ）の場合，辺は異なる 2 頂点を結ぶものであり，最も少ないのは辺が全くない場合であり，最も多いのはすべての頂点間に辺がある場合であり，後者の場合は p 個の中から 2 個を選ぶ場合の数 $p(p-1)/2$ に等しい．

一方，有向グラフの場合には自己ループも許されているので，最も多い場合は $p^2/2$ 本である．

問 11.4 次の 12 個．

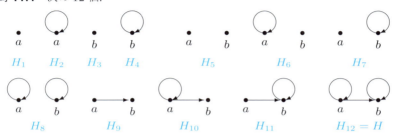

問 11.5 (1) 奇頂点は v_1, v_4, v_5, v_6 の 4 個，偶頂点は v_2, v_3 の 2 個．
(2) $\delta(G) = 0, \Delta(G) = 3$.
(3) 例えば，下図の 4 次正則グラフ．3 次正則にはできない．

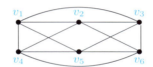

問 11.6 (1) どの辺 $\{u, v\} \in E$ も $\deg(u)$ と $\deg(v)$ の両方に 1 度ずつ（すなわち，重複して）カウントされているので，和 $\sum_{v \in V} \deg(v)$ は 2 で割らなければならない．

(2) (1) より，$\sum_{v \in V} \deg(v)$ は 2 で割り切れるはずなので，$\deg(v)$ が奇数の頂点 v は偶数個でなければならない．

問 11.7 例 11.1 のグラフ：最長の基本道は $\langle v_1, v_2, v_4, v_5, v_6 \rangle$ など長さが 4 の道．サイクルは $\langle v_1, v_2, v_4, v_1 \rangle$, $\langle v_1, v_4, v_5, v_1 \rangle$ の 2 つ（いずれも長さは 3）．

例 11.2 の有向グラフ：最長の基本道は $\langle a, b, c \rangle$, $\langle a, c, b \rangle$, $\langle e, c, b \rangle$ で長さは 2．サイクルは $\langle a, a \rangle$（長さ 1）と $\langle b, c, b \rangle$（長さ 2）の 2 つ．

問 11.8 (1) 厳密には頂点の個数に関する数学的帰納法で証明するとよいが，直感的にいうと，1 本の辺によって結ぶことのできる頂点は 2 個だから $|V|$ 個の頂点全部を辺で結ぶためには少なくとも $|V| - 1$ 本の辺が必要である．因みに，閉路が存在するためにはさらにもう 1 本辺が必要である．

(2) G の連結成分を $G_1, \ldots, G_k$ とすると，(1) より，それぞれの G_i について $|E(G_i)| \geq |V(G_i)| - 1$ が成り立つので，$\sum_{i=1}^{k} |E(G_i)| \geq \sum_{i=1}^{k} (|V(G_i)| - 1) = \sum_{i=1}^{k} |V(G_i)| - k$ である．一方，連結成分同士は共通部分がないので $|E| = \sum_{i=1}^{k} |E(G_i)|$, $|V| = \sum_{i=1}^{k} |V(G_i)|$ である．よって，求める不等式が成り立つ．

問 11.9 有向/無向グラフ $G = (V, E)$ において「連結である」「強連結である」「弱連結である」という関係は頂点集合 V の上の同値関係であることが容易にわかる．第 9 章で同値関係の性質の 1 つとして学んだように，同値類同士は重なり（共通部分）がない．それは連結成分，強連結成分，弱連結成分が重なりをもたないことを意味する．

問 11.10 左から順に (1), (2), (3) の有向グラフ

問 11.11 (1) 左下図 (2) 右下行列（頂点は v_1, v_2, v_3, v_4 の順）

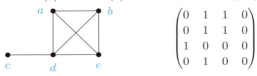

問 11.12 下図．

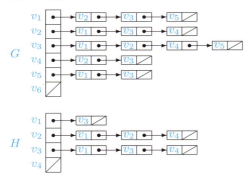

● 第 12 章

問 12.1 (1) $P_4 \cong M \cong Line$, $P_5 \cong \Sigma$, $C_5 \cong 凹 \cong Star$
(2) 同型写像による対応を $\mapsto$ で示す．
$M \cong Line$ は $a \mapsto x, b \mapsto y, c \mapsto u, d \mapsto v$ など．
凹 $\cong Star$ は $1 \mapsto v_1, 2 \mapsto v_3, 3 \mapsto v_5, 4 \mapsto v_2, 5 \mapsto v_4$ など．

問 12.2 (1) は下図左．(2) は下図中央と右．

問 12.3 同型であれば辺の連なり方は同じなので，一方に n 辺形があれば他方にも n 辺形があるはずである．しかし，$G_{6,9}$ には 3 辺形があるが $K_{3,3}$ にはないので，

両者は同型ではない.

問 12.4 (1) 位数 $\sum_{i=1}^{n} p_i$, サイズ $\sum_{i \neq j} p_i p_j$

(2) 2 部グラフである必要十分条件は長さが奇数のサイクルがないことである. 2 部グラフであるのは P_4 だけ.

問 12.5 (1) 奇頂点が 4 個あるのでオイラーグラフではない.

(2), (3) は下図. (2) の K_5 はオイラーグラフであるが, (3) の $K_{2,3}$ は奇頂点が 2 個あるのでオイラーグラフではない. しかし, 奇頂点が 2 個の場合, 一方を始点, 他方を終点とするような, すべての辺をちょうど 1 回ずつ通る道が存在する (そのような道を**オイラー道**という). (2) も (3) も道順を数字で示した.

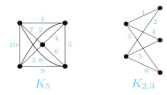

問 12.6 (1) yes (左下図. 青色の番号).

(2) yes (下中央図. 青色の太線). 実は, 任意の整数 $n \geq 1$ について $K(n, 2n, 3n)$ はハミルトングラフである.

(3) no (例えば, 下最右図).

正 6 面体

問 12.7 (1) $\mathrm{Knight}_{m,n}$ の任意の辺 a, b はナイトが動く前の位置と動いた後の位置を結んでいるが, ナイトが動けるのは位置 a の色が白/黒ならば位置 b の色は黒/白である. したがって, 白い位置の集合を V_1 とし黒い位置の集合を V_2 とすると, $V_1 \cap V_2 = \emptyset$ である. $\mathrm{Knight}_{m,n}$ は V_1, V_2 を 2 つの部とする 2 部グラフである. $\mathrm{Knight}_{3,4}$ の例を右図に示した.

(2) no. (1) の解に示したように $\mathrm{Knight}_{3,4}$ は奇頂点が 4 個あるのでオイラーグラフではない. 実は, 任意の m, n について, $\mathrm{Knight}_{m,n}$ は非連結か, または奇頂点が 4 個以上存在するのでオイラーグラフではない.

(3) $\mathrm{Knight}_{m,n}$ は 2 部グラフで, サイクルは白黒の位置を交互に通る. したがって, 出発位置が白/黒ならば, そこに戻ってきたときに同じ色であるためにはサイクルの長さは偶数でなければならない.

実は, 次のことが証明できる: (**ケーニヒの定理**)「連結なグラフが 2 部グラフであるための必要十分条件は長さが奇数のサイクルが存在しないことである.」

(4) 背理法で証明する．$\text{Knight}_{4,4}$ にハミルトン閉路 $C = \langle v_1, v_2, \ldots, v_{16}, v_1 \rangle$ が存在したとする．v_1 は左上隅の頂点（白マス）としても一般性を失わない．

一番上の行と一番下の行にある計 8 個の頂点を通過する頂点を <u>内部頂点</u> と呼び，残りの頂点を <u>外部頂点</u> と呼ぶことにする．この定義より，一番上と一番下の行にある 8 個の頂点は外部頂点であり，したがって，中間の 2 行にある 8 個の頂点は内部頂点である．サイクル C 上で，ナイトは内部頂点を出ると外部頂点に入り，外部頂点を出ると内部頂点に入ることに注意する．すなわち，C 上では外部頂点と内部頂点が交互に現れる．v_1 は白マスの外部頂点であり，外部頂点の個数と内部頂点の個数は等しいので，i が奇数のとき頂点 v_i は外部頂点であり，i が偶数のとき頂点 v_i は内部頂点である．しかも，i が奇数/偶数のとき v_i は白マス/黒マスである．したがって，ナイトが通った外部頂点は白マスだけであり，ナイトが通った内部頂点は黒マスだけである．つまり，ナイトが通っていない頂点が存在することになり，仮定に反する．

(5) ハミルトン閉路を右に示す．

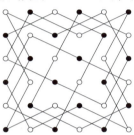

● 第 13 章

問 13.1

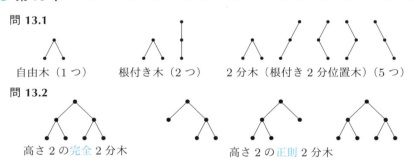

自由木（1 つ）　　根付き木（2 つ）　　2 分木（根付き 2 分位置木）（5 つ）

問 13.2

高さ 2 の <u>完全</u> 2 分木　　　　　高さ 2 の <u>正則</u> 2 分木

問 13.3 正則 n 分木を，n 人の選手が対戦し，そのうちの 1 人だけが勝ち残るゲームの大会トーナメント表と考える（葉は参加者，任意の内点（葉以外の頂点）w の n 人の子たちは 1 ゲームの対戦者で w はその勝ち残り者，根は優勝者をそれぞれ表す）．<u>各内点にそのゲームにおける $n-1$ 人の敗者を対応させる</u> と，大会の優勝者 1 人を除く（葉の数 -1）人はどれかの内点に一意的に対応する．

問 13.4 家電製品を葉，コンセントを根，電源タップを内点とし，接続関係を親子関係とする根付き木を考え，<u>$(3-1) \cdot$ 電源タップの数 $\geq 11-1$</u> を満たす最小の電

問　題　解　答　　　　　　　　**177**

源タップ数を求めればよく，それは 5 個である．

問 13.5　この例でわかるように，一般には複数の最小全域木が存在することがあるが，どちらの方法で求めても，選ばれる辺や選ばれる順序が違うことはあっても，最小全域木の重みの和は同じである（例 13.6 の方法で求めたものも問 13.5 の方法で求めたものも重みの和 27 は同じ）．

問 13.6　Java と C 言語によるプログラム例を示す．

解は右図のように出力される．

: の前の数字は解が見つかったときの番号，それぞれの解は

(第 1 列の Q 位置)(第 2 列の Q 位置)…(第 8 列の Q 位置)

のように出力されている．

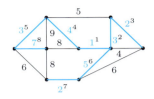

```
1 : 15863724
2 : 16837425
 …
91 : 83162574
92 : 84136275
```

```java
public class queen {
    static final int D=8;                        // 配列 RU の添字を -7～+7 とするために加える定数
    static boolean row[ ]=new boolean[9];        // 行 1～8 に Q が置かれているか？
    static boolean LU[ ]=new boolean[17];        // 左上方向の対角線上に Q が置かれているか？
    static boolean RU[ ]=new boolean[16];        // 右上方向の対角線上に Q が置かれているか？
    static int solution[ ]=new int[9];           // 解：各行の何列目に Q を置くかを表す
    static int count=0;                          // 解の個数のカウント

    public static void main(String[ ] args) {
        for (int i=0; i<row.length; i++) row[i]=false;
        for (int i=0; i<LU.length; i++) LU[i]=false;
        for (int i=0; i<RU.length; i++) RU[i]=false;
        Try(1);
    }

    public static void Try(int x) {
        for (int y=1; y<=8; y++) {
            if (!row[y] && !LU[x+y] && !RU[D+y-x]) {
                solution[x]=y;
                row[y]=LU[x+y]=RU[D+y-x]=true;
                if (x<8) {
                    Try(x+1);
                }
                else {
                    count++;
                    System.out.print(count+" : ");
                    for (int i=1; i<=8; i++) System.out.print(solution[i]);
                    System.out.println();
                }
                row[y]=LU[x+y]=RU[D+y-x]=false;
            }
        }
    }
}
```

```c
#include <stdio.h>
#define D 8      // 配列 RU の添字を-7～+7 とするために加える定数
#define true 1
#define false 0
#define row_length 9
#define LU_length 17
#define RU_length 16
int row[row_length];     // 行 1～8 に Q が置かれているか？
int LU[LU_length];       // 左上方向の対角線上に Q が置かれているか？
int RU[RU_length];       // 右上方向の対角線上に Q が置かれているか？
int solution[9];         // 解：各行の何列目に Q を置くかを表す
int count=0;             // 解の個数のカウント
void try(int x) {
    for (int y=1; y<=8; y++) {
        if (!row[y] && !LU[x+y] && !RU[D+y-x]) {
            solution[x]=y;
            row[y]=LU[x+y]=RU[D+y-x]=true;
            if (x<8) {
                try(x+1);
            }
            else {
                count++;
                printf("%2d : ", count);
                for (int i=1; i<=8; i++) printf("%d", solution[i]);
                printf("\n");
            }
            row[y]=LU[x+y]=RU[D+y-x]=false;
        }
    }
}
int main(void) {
    int i;
    for (i=0; i<row_length; i++) row[i]=false;
    for (i=0; i<LU_length; i++) LU[i]=false;
    for (i=0; i<RU_length; i++) RU[i]=false;
    try(1);
    return 0;
}
```

問 13.7 解の探索は下図のように行なわれる．この図が示すように，ナイトの周遊路は存在しない．しかし，出発点には戻って来れないが，すべてのマスをちょうど 1 回ずつ通る道は存在する（図の 1 番上の経路 $1 \to 7 \to 9 \to 2 \to 8 \to 10 \to 3 \to 5 \to 11 \to 4 \to 6 \to 12$ と上から 2 番目の経路 $1 \to 7 \to 9 \to 2 \to 8 \to 10 \to 3 \to 12 \to 6 \to 4 \to 11 \to 5$)．

問題解答   179

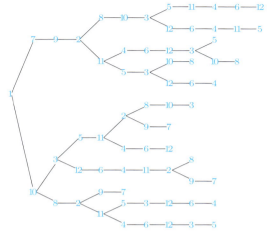

問 **13.8** 下図の通り(左が前置記法,右が後置記法).

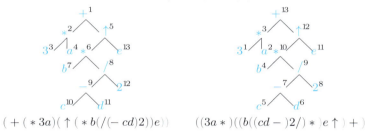

$(+(*3a)(\uparrow(*b(/(-cd)2))e))$ $((3a*)((b((cd-)2/)*)e\uparrow)+)$

問 **13.9** 右図

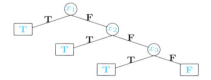

第 14 章

問 **14.1** (1) 次のアルゴリズム
挿入ソート insertion-sort$(x_1,\ldots,x_n)$
1. $n=1$ の場合,何もしないで終了する;
2. /* $n \geqq 2$ の場合 */ $i=2 \sim n$ に対して以下のことを行なう;
   2.1. $key \leftarrow x_i, j \leftarrow i-1$ とする;
   2.2. $j \geqq 1$ かつ $x_j > key$ である間,次を実行する;
      2.2.1. $x_{j+1} \leftarrow x_j$ とする;
      2.2.2. j の値を 1 小さくする;
   2.3. $x_{j+1} \leftarrow key$ とする;

(2) 最も時間がかかるのは，j が毎回 0 になる場合（つまり，任意の i について，x_i が $x_1, \ldots, x_{i-1}$ のどれよりも小さい場合）なので，実行時間に本質的に影響する（すなわち，n に依存する）行 2.2 が実行される回数は $(*) \sum_{i=2}^{n}(i-1) = \frac{n(n-1)}{2}$ である．実際の実行時間は，$(*)$ に 1 回あたりの実行時間 c を掛けたものに，それ以外の実行時間が定数になる部分を足したものである．

問 14.2 (1) k^k は定数だから $O(1)$．$\Theta(1)$ でもよいが，$\Omega(1)$ はよくない．
(2) $O(1)$ や $\Theta(1)$ でも正しいが，$O(\frac{1}{n})$ の方がより精確．
(3) $\Theta(n^3)$（$O(n^3)$ でもよいが $\Theta(n^3)$ の方が精確．以下，Θ を使っている解は同様）
(4) $\Theta(n)$
(5) $\sqrt{2}^{2n+3} = 2\sqrt{2} \cdot 2^n$ だから，$\Theta(2^n)$
(6) $\Theta(n)$
(7) $\Theta(n \log n)$．これは自明ではない．$n! \leq n^n$ だから $\log n! = O(n \log n)$．一方，$n! \geq n(n-1)(n-2)\cdots(\lceil n/2 \rceil) \geq (n/2)^{n/2}$ だから $n \geq 4$ ならば $\log n! \geq (n/2)\log(n/2) \geq (n/4)\log n$ であり，$\log n! = \Omega(n \log n)$．∴ $\log n! = \Theta(n \log n)$．
(8) $\sum_{i=1}^{n} i = \frac{n(n+1)}{2}$ であることより，$\Theta(n^2)$．
(9) $\log n = \int_{1}^{n} \frac{dx}{x} \leq \sum_{i=1}^{n} \frac{1}{i} \leq 1 + \int_{1}^{n} \frac{dx}{x} = 1 + \log n$ であること（下図参照）より，$\Theta(\log n)$．下図は，$\int_{1}^{n} \frac{dx}{x}$ を幅が 1 の長方形によって上からと下から近似される様子が見てわかりやすいように x と y の比をわざと歪めて描いている．

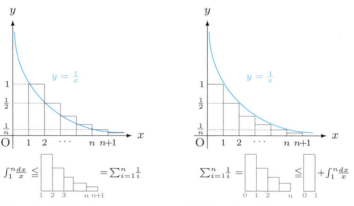

(10) $\sum_{i=1}^{n} \frac{1}{i!} \leq \sum_{i=0}^{\infty} \frac{1}{i!} = 2.718\cdots$（自然対数の底）より，$\Theta(1)$．

問 14.3 (1) $f(n) = O(g(n))$ であることより，ある正数 c_1 と自然数 n_1 が存在して $n \geq n_1$ ならば $f(n) \leq c_1 g(n)$ を満たす．一方，$g(n) = O(h(n))$ であることより，ある正数 c_2 と自然数 n_2 が存在して $n \geq n_2$ ならば $g(n) \leq c_2 h(n)$ を満たす．$c_1 > 1, c_2 > 1$ となるように選ぶことができる．よって，$c = c_1 c_2$ とすると，$n \geq \max\{n_1, n_2\}$ ならば $f(n) \leq c h(n)$ を満たす．ゆえに，$f(n) = O(h(n))$．

(2) (1) とほとんど同じ．$f(n) = \Omega(g(n))$ より，c_1, n_1 が存在して $n \geq n_1$ ならば $f(n) \geq c_1 g(n)$．一方，$g(n) = \Omega(h(n))$ より，c_2, n_2 が存在して $n \geq n_2$ ならば

$g(n) \geqq c_2 h(n)$. よって, $n \geqq \max\{n_1, n_2\}$ ならば $f(n) \geqq c_1 c_2 h(n)$.

問 14.4 いろんな方法が考えられるが, 例えば次のような方法が考えられる.

0. 最初 $left = 1, right = n, x = x_i$ とする.

1. $x_1, \ldots, x_n$ を左から順に見て「x_{left} と x と比べ, $x_{left} \leqq x$ だったら $left$ の値を 1 増やす」ということを $x_{left} > x$ となるまで繰り返す.

2. 1 と同様に, $x_1, \ldots, x_n$ を右から順に見て「x_{right} と x と比べ, $x_{right} > x$ だったら $right$ の値を 1 減らす」ということを $x_{right} \leqq x$ となるまで繰り返す.

3. 1, 2 が終わったら, x_{left} と x_{right} を入れ替え, 1 へ戻る.

4. 1~3 を $right \leqq left$ となるまで繰り返すと, x_{right}, x_{left} を境目にして $x = x_i$ 以下のものと x より大きいものに分かれる.

問 14.5 素朴な反復的アルゴリズムを下に示した. このアルゴリズムでは, 行 4 を 1 回行なうのに n に<u>比例</u>する時間がかかり, 1 回行なうごとに生きている人が<u>ほぼ半分</u>(正確には, 前回まで生きていた人数を 2 で割った商)になる(したがって, 行 4 は<u>ほぼ</u> $\log_2 n$ 回実行される)ので, トータルの実行時間は $O(n \log n)$ である. 下線部が O 記法の何たるかを顕著に示している.

反復的アルゴリズム $Josephus(n)$
1. 円状に並んだ人を $P_1, \ldots, P_n$ とし, 最初は $P_1 = \cdots = P_n = 1$ とする;
   /* $P_i = 1/0$ は P_i が生きていること/殺されたことを表す */
2. $alive \leftarrow n$ とする; /* alive はまだ生きている人数 */
3. $even \leftarrow 1$ とする; /* even は生きている人のうちの偶数番目か否かを表す */
   /* $even = 1$ なら偶数番目, $even = -1$ なら奇数番目を表す */
4. $alive > 1$ である間, 以下のことを繰り返す;
   4.1. $i = 1 \sim n$ に対して以下のことを行なう;
       4.1.1. $P_i = 1$ だったら $even$ の符号を逆にする;
       4.1.2. $even = 1$ だったら $P_i = 0$ とし $even$ の符号を逆にし,
              $alive \leftarrow alive - 1$ とする;
5. $alive = 1$ なので, $P_1 \sim P_n$ の中で $P_i = 1$ であるものを探して出力する;

再帰的アルゴリズムは次のように考える. n が偶数の場合と奇数の場合で分けて考える. 左下図は $2n$ 人が円状に並んだ場合である. 円の外側の数字は最初の並び順であり, 円の内側の青い数字は一周して偶数番目の人が殺された後, 残った人にあらためて番号を振り直したものである. $f(n)$ は振り直した番号のもとで最後に残る人の番号であり, これを元の番号に戻せば $f(2n) = 2f(n) - 1$ である. 同様に, $2n+1$ 人の場合が右下図であり, $f(2n+1) = 2f(n) + 1$ が成り立つ.

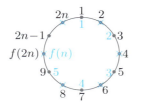 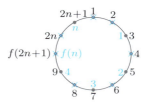

以上のことより，$f(n)$ は下記の再帰的アルゴリズムで求めることができる．

再帰的アルゴリズム $Josephus(n)$
1. $n \leq 2$ の場合，$f(n) = 1$ として終了する；
2. $n \geq 3$ の場合，
   2.1. n が奇数だったら，$2 \cdot Josephus(\lfloor \frac{n}{2} \rfloor) + 1$ を出力する；
   2.2. n が偶数だったら，$2 \cdot Josephus(\lfloor \frac{n}{2} \rfloor) - 1$ を出力する；

再帰的アルゴリズムでは，行 2 を 1 回行なうごとに再帰呼び出し $Josephus(\lfloor \frac{n}{2} \rfloor)$ における $\lfloor \frac{n}{2} \rfloor$ は n のほぼ半分になるので，$Josephus(n)$ の実行時間は $O(\log n)$ である．

なお，一般の k の場合，初めに振った番号が x_1 で i 回目に振られる番号が x_i である人を考えると，$x_{i+1} = x_i + n - \lfloor \frac{x_i}{k} \rfloor$ が成り立ち，これより $x_i = x_{i+1} - n + \lfloor \frac{x_{i+1} - n - 1}{k-1} \rfloor$ が得られるので，この関係式を使うと s 回目に殺される人の元の番号を求めることができる．

問 14.6 $n = 256$

問 14.7 A で解こうとしている問題はアルゴリズム B を使えば，A から B への問題の変換と B における実行時間を含めて，そのサイズの多項式時間で解の yes/no を判定できることになるから，多項式時間で解けるという範疇では A は B の難しさ以下である（しかし，B の問題を A の問題に多項式時間で変換して多項式時間で解くことができるかどうかは保証されないことである）．

● 第 15 章

問 15.1 (1) 偶を単位元とするアーベル群．偶/奇の逆元は偶/奇．

(2) 群ではなく，モノイド．単位元は奇．偶の逆元が存在しない．

(3) 群ではなく，モノイド．単位元は a．b の逆元が存在しない．

(4) + の下でアーベル群，$\cdot$ の下で単位元をもつ半群であり，分配律も成り立つので ($\{$偶,奇$\}, +, \cdot,$ 偶, 奇) は環である．実は，偶は偶数を，奇は奇数を表し，偶数と奇数の間の足し算と掛け算を表したものであるが，偶を 0，奇を 1 で置き換えたものは $\mathbb{Z}_2$ に等しく（正確には**同型**という），問 15.2 で述べるように $\mathbb{Z}_2$ は体である．(2) で示したように，$\cdot$ の下で 偶 = 0 には逆元が存在しないことに注意したい．

(5) $(\mathbb{N}, \gcd, 0)$ は可換なモノイド．$(\mathbb{N}, \mathrm{lcm}, 1)$ は可換なモノイド．

(6) 可換なモノイド．単位元は $1 = 2^0 3^0$．

(7) アーベル群．単位元は 0．

(8) 可換ではないモノイド．単位元は恒等関係 id_X．群ではない．X から X への関数の場合，恒等写像 id_X を単位元として非可換なモノイド．やはり，群ではない．

(9) アーベル群．回転方向を + だけに制限してもよい．単位元は 360° の回転．

(10) 可換ではない群．$X = \{1, 2, \ldots, n\}$ として考えてもよい．X の置換の全体を S_n と書き，次数 n の**対称群**という．$n = 3$ の場合を具体的に示しておこう．$S_n = \{\varepsilon = \binom{1\ 2\ 3}{1\ 2\ 3}, \sigma_1 = \binom{1\ 2\ 3}{1\ 3\ 2}, \sigma_2 = \binom{1\ 2\ 3}{3\ 2\ 1}, \sigma_3 = \binom{1\ 2\ 3}{2\ 1\ 3}, \phi_1 = \binom{1\ 2\ 3}{2\ 3\ 1}, \phi_2 = \binom{1\ 2\ 3}{3\ 1\ 2}\}$ であり，S_3 の演算表は下図．

	ε	σ_1	σ_2	σ_3	ϕ_1	ϕ_2
ε	ε	σ_1	σ_2	σ_3	ϕ_1	ϕ_2
σ_1	σ_1	ε	ϕ_1	ϕ_2	σ_2	σ_3
σ_2	σ_2	ϕ_2	ε	ϕ_1	σ_3	σ_1
σ_3	σ_3	ϕ_1	ϕ_2	ε	σ_1	σ_2
ϕ_1	ϕ_1	σ_3	σ_1	σ_2	ϕ_2	ε
ϕ_2	ϕ_2	σ_2	σ_3	σ_1	ε	ϕ_1

(11) 可換な環（**多項式環**という）．加法と乗法の単位元はそれぞれ 0 と 1 である．

問 15.2 $\mathbb{Z}_3$ と $\mathbb{Z}_4$ の演算表を示す．$\equiv_m$ の同値類 $[a]_{\equiv_m}$ と a を同一視して単に a と書く．また，$\mathbb{Z}_n - \{0\}$ は通常 $\mathbb{Z}_n^\times$ と書くので，乗法・の演算表は $\mathbb{Z}_3^\times$, $\mathbb{Z}_4^\times$ で表している．

+	0	1	2
0	0	1	2
1	1	2	0
2	2	0	1

$\mathbb{Z}_3$

·	1	2
1	1	2
2	2	1

$\mathbb{Z}_3^\times$

+	0	1	2	3
0	0	1	2	3
1	1	2	3	0
2	2	3	0	1
3	3	0	1	2

$\mathbb{Z}_4$

·	1	2	3
1	1	2	3
2	2	0	2
3	3	2	1

$\mathbb{Z}_4^\times$

$\mathbb{Z}_4^\times$ においては，乗法に関して 2 の逆元が存在しないので，$\mathbb{Z}_4^\times$ は体にならない．

問 15.3 $|$ は $\mathbb{N} - \{0\}$ の上の半順序である．この半順序の下で

$$m \vee n = \mathrm{lcm}(m, n) \quad (m \text{ と } n \text{ の最小公倍数})$$
$$m \wedge n = \gcd(m, n) \quad (m \text{ と } n \text{ の最大公約数})$$

が成り立つので，$(\mathbb{N} - \{0\}, \mathrm{lcm}, \gcd)$ は束である．

一方，$(\{1, 2, 3, \ldots, 11, 12\}, |)$ のハッセ図（例 10.6 (1) 参照）からわかるように，$\sup\{8, 11\}$ などが存在しないので，束ではない．

問 15.4 (1) $(\{1, 2, 3, \ldots, 11, 12\}, |)$ の極大元 7, 8, 9, 10, 11, 12 の最小公倍数 27720 を足すと，$(\{1, 2, 3, \ldots, 11, 12, 27720\}, |)$ は束になる（ハッセ図は下図．矢印は付けても付けなくてもよい．）．

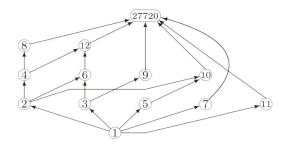

(2) 上図と例 10.6 (2) (b) の $(2^{\{a,b,c\}}, \subseteq)$ のハッセ図からわかるように，有限の束の場合，そのハッセ図は束の上下を束ねたような構造をしている．これが「束」という名前を付けた理由と推測される．因みに，束は英語で lattice といい，格子という意味である．

問 15.5 結びの定義より，

$$(a \vee b) \vee c \geqq a \vee b, \quad (a \vee b) \vee c \geqq c, \quad a \vee b \geqq a, \quad a \vee b \geqq b$$

が成り立つ．$(a \vee b) \vee c \geqq a \vee b \geqq b, (a \vee b) \vee c \geqq c$ より $(a \vee b) \vee c \geqq b \vee c$ であり，また，$(a \vee b) \vee c \geqq a \vee b \geqq a$ でもあるから $(a \vee b) \vee c \geqq a \vee (b \vee c)$ が示された．$(a \vee b) \vee c \leqq a \vee (b \vee c)$ も同様に証明できるので，$(a \vee b) \vee c = a \vee (b \vee c)$．
$(a \wedge b) \wedge c = a \wedge (b \wedge c)$ についても同様．

問 15.6

$c \wedge (a \vee b) = c \wedge 1 = c$ であり，$(c \wedge a) \vee (c \wedge b) = 0 \vee 0 = 0$ であるから分配律は成り立たない．

参 考 書 案 内

本書よりも進んだ学習のための参考書をいくつか挙げておく．

[1] 守屋悦朗，『離散数学入門』，サイエンス社，2006．[集合・関数，帰納法・再帰，関係，有向および無向グラフ，論理と回路，順列・組合せ，アルゴリズム]

[2] 守屋悦朗，『例解と演習　離散数学』，サイエンス社，2011．[[1] の演習書]

本書は [1] を入門向きにやさしく書き直した姉妹書であるが，新たに多くの項目も追加している．そのほかの離散数学全般に関する参考書としては

[3] C.L.Liu, "Elements of Discrete Mathematics", McGraw-Hill, 1977（成嶋弘・秋山仁訳，『コンピュータサイエンスのための離散数学入門』，マグロウヒル，1995）．

[4] S.Lipschutz, "Theory and Problems of Discrete Mathematics", McGraw-Hill, 1976（成嶋弘 監訳，『離散数学 ── コンピュータサイエンスの基礎数学』，マグロウヒル，1995）．

[5] R.L.Graham, D.E.Knuth, O.Patashnik, "Concrete Mathematics – a Foundation for Computer Science", 2nd ed., Addison-Wesley, 1994（有澤誠・安村通晃・萩野達也・石畑清 共訳，『コンピュータの数学（初版）』，共立出版，1993）．

[6] R.Johnsonbaugh, "Discrete Mathematics", 8th ed., Addison-Wesley, 2017．

などが薦められる．

グラフ理論については，数ある中でも，

[7] M. Behzad, G. Chartrand & L. Lesniak-Foster, "Graphs and Digraphs", Prindle, Weber & Schmidt, 1979（秋山仁・西関隆夫訳，『グラフとダイグラフの理論』，共立出版，1981）．

[8] G. Chartrand & L. Lesniak, "Graphs and Digraphs", 4th ed., Chapman & Hall/CRC, 2005．[[7] の著者らによる改訂版]

[9] 守屋悦朗，『ヴィジュアルでやさしい　グラフへの入門』，サイエンス社，2016．

[10] 鈴木晋一 編著，『数学教材としてのグラフ理論』，学文社，2012．

を挙げておく．入門中の入門としては [10] が，本格的な本としては [7], [8] などが推薦できる．

アルゴリズム全般に関する参考書としては，

[11] A. V. Aho, J. E. Hopcroft & J. D. Ullman, "The Design and Analysis of Computer Algorithms", Addison-Wesley, 1974（野崎昭弘他 訳,『アルゴリズムの設計と解析 I・II』, サイエンス社, 1977）.

[12] T. H. Cormen, C. E. Leiserson, R. L. Rivest & C.Stein, "Introduction to Algorithms", 3rd ed., The MIT Press, 2009（浅野哲夫・岩野和生・梅尾博司・山下雅史・和田幸一 訳,『アルゴリズムイントロダクション』, 第3版, 近代科学社, 2012）.

を挙げておく．[11] はアルゴリズムに関する古典的な定番の書である．[12] は 1000 ページを超えるバイブルのような大著であるが，ごくやさしく書かれているので，これを読めば十分である（手許に一冊持っているとよい）．

代数系や整数論については

[13] 新妻弘・木村哲三,『群・環・体入門』, 共立出版, 1999.

[14] J.H.Silverman, "A Friendly Introduction to Number Theory", 3rd ed., Prentice-Hall, 2006（鈴木治郎 訳,『初めての数論（原著第3版）』, ピアソン・エデュケーション, 2007）.

がやさしい入門書である．

ブール代数については，[3], [6] と拙著

[15] 守屋悦朗,『情報・符号・暗号の理論入門』, サイエンス社, 2007.

を挙げておく．[15] は代数系の参考書としても使える．

数学用語や記号の語源・由来や歴史については

[16] 片野善一郎,『数学用語と記号ものがたり』, 裳華房, 2003.

[17] 岡部恒治ほか,『身近な数学の記号たち』, オーム社, 2012.

[18] 守屋悦朗,『数学における用語・記号の話：用語篇』, http://www.f.waseda.jp/moriya/PUBLIC_HTML/social/math_terms.pdf, 2018.

[19] 守屋悦朗,『数学における用語・記号の話：記号篇』, http://www.f.waseda.jp/moriya/PUBLIC_HTML/social/math_symbols.pdf, 2018.

が参考になろう．

索　引

● あ 行

アーベル群　139
握手補題　110
アルゴリズム　60
　　NP——　137
　　再帰的——　60
　　多項式時間——　137
　　乱択——　135

位数　105–107
位置木　123
一様分布　55
上に有界　101
上へ（の関数）　33

演繹　57
演算数　129
円順列　43

オイラーグラフ　118
　　——道　175
　　——閉路　118
　　——の定理　94
オペランド　129
重み　124
　　——付きグラフ　124
親　122

● か 行

階乗　58
階段関数　41
回文　59

ガウス記号　35
下界　102
可換　139
　　——群　139
　　——律　11, 26, 142
確率　49–50
　　——の加法定理　50
　　——の公理的定義　50
　　——の乗法定理　52
　　——分布　50, 55
　　——変数　55
下限　102
可算無限　57
　　——の濃度　30
片方向連結　112
仮定　3
　　帰納法の——　63
加法定理（確率の）　50
環　138, 140
含意　2
関係　72
　　逆——, 空——　73
　　恒等——, 全——　73
関数　32
　　階段——　41
　　逆——　35
　　恒等——　34
　　多値——　33
　　多数決——　130
　　単調——　41
　　定数——　39
　　特性——　40
　　ラベル付け——　124

——のグラフ　75
完全 n 部グラフ　117
完全 n 分木　123
完全帰納法　68
完全グラフ　116

木　121
　　位置——, 完全 n 分——　123
　　（最小/最大）全域——　124
　　順序——, 正則 n 分——　123
　　2 分——, n 分——　123
　　根付き——, 部分——　122
偽　1
擬順序　99
擬順序集合　100
帰結　3
期待値　54, 55
奇頂点　110
帰納　57
帰納的定義　58
帰納法　63
　　完全——　68
　　——の仮定　63
帰謬法　8
基本道, 基本閉路　111
逆　7
　　——関係　73
　　——関数　35
　　——元　138
　　——写像　35
　　——ポーランド記法　129
九去法　94
吸収律　11, 142
狭義単調減少/増加　41

索　　引

兄弟　122
共通部分　25, 80
強連結（成分）　112
極小（元）　101
極大（元）　100

クイックソート　135
空関係　73
空事象　48
空集合　24
偶頂点　110
区間　24
組合せ　46
　重複——　47
グラフ　41, 105
　(p, q)——　106
　n 部——，2 部——　116
　オイラー——　118
　重み付き——　124
　関数の——　75
　完全——　116
　完全 n 部——　117
　正則——　110, 116
　線形——　106
　多重——，多辺——　106
　単純——　106
　ハミルトン——　119
　部分——　108
　無向——　105
　有向——　75, 107
　ラベル付き——　124
群　138–139
　アーベル——　139
　可換——，半——　139

ケーニヒの定理　175
結合律　5, 11, 26, 37,
　　　76, 142
欠損正方形　66

決定木　130
結論　3
元　23
限定句　58

交換律　11, 26
恒偽/恒真　19
　——論理式　10
合成　75
　合成（関係の）　75
　合成（関数の）　37, 39
後置記法　129
合同　90
恒等関係　73
恒等関数　34
合同式　90
公理的定義　50
弧立点　108
根源事象　48

● さ　行

差　25
再帰ステップ　58
再帰的アルゴリズム　60
再帰的定義　58
再帰呼び出し　62
サイクル　110
最小　101
　——元　99, 101
　——次数　110
　——上界　101
　——全域木　124
サイズ　106, 107
最大　101
　——下界　102
　——元　98, 101
　——次数　110
　——全域木　124
差集合　25

三段論法　9, 11
試行　48, 53
自己ループ　86, 105, 107
事象　48
辞書式順序　97
次数　109
　最小——，最大——　110
　出——，入——　109
子孫　122
下に有界　102
実数　24
始点　110
弱連結（成分）　112
写像　32
　同型——　116
斜体　140
集合　23
　——族　27, 28
　擬順序——　100
　全順序/半順序——　100
　空——，真部分——　24
　差——，積——，和——　25
　商——　88
　多重——　106
　頂点——，辺——　106
　べき——　27
　無限——，有限——　27
終点　110
十分条件　3
述語　14
　複合——　17
論理同値　18, 19
出次数　109
順序　95
　——木　123
順序　95
　——対　29
　擬——　99

索　引

辞書式—— 97
　　全——，線形—— 98
順列 42
　　円——列 43
　　重複—— 44
上界，上限 101
条件
　　十分——，必要—— 3
　　必要十分—— 4
条件付き確率 52
商集合 88
乗法定理（確率の） 52
剰余類，剰余類環 91
初期ステップ 58
真，真理値 1
真理表，真理値表 2

推移閉包 80
推移律 86
数学的帰納法 63
　　——の第 2 原理 68

整合括弧列 70
整合律 142
整数 24
正則 n 分木 123
正則グラフ 110, 116
積 75
　　——事象 48
　　——集合 25
節 121
接続 109
接頭辞 71
全域木 124
全関係 73
線形グラフ 106
線形順序 98
線形リスト 114
全事象 48

全射 33
全順序 98
　　——集合 100
先祖 122
全単射 33
前置記法 129
前提 3

像 32
双対 12
挿入ソート 132
相補的 143
ソーティング 129
束 138, 141
　　ブール—— 143
　　分配—— 142
　　べき集合—— 141
属す 23
祖先 122

● た 行 ━━━━━

ターゲット 32
体 138, 140
対偶 3, 7, 11
対称群 182
対称差 27
対称的（関係） 74, 164
対称律 85
代表元 87
互いに排反 49
多値関数 33
高さ 123
多項式環 183
多項式時間アルゴリズム 136
多重グラフ 106
多重集合，多重辺 106
多数決関数 130
タップル 29
多辺グラフ 106

単位元 138
単射 33
単純グラフ 106
単純道，単純閉路 111
単調関数 41
単調減少/単調増加 41

値域 32
値域（関係の） 75
置換 34
中置記法 129
頂点 105, 107
　　——集合 106
重複組合せ 47
重複順列 44
直積 29
直接大きい 103

定義域 14, 32, 75
定数関数 39
デカルト積 29
適用順 16
テトリス 65
点 105, 107
天井 34

等価 4
同型 115, 182
　　——写像 116
同値 2, 4
　　——変形 13, 20
　　——類 87
　　論理—— 10, 18, 19
トートロジー 10
特性関数 40
独立 52
ド・モルガンの法則
　　9, 11, 26, 143
トリオミノ 65

索引

貪欲法　126
トートロジー　10

● な 行

内点　122
ナイトの周遊問題　120
長さ（道の）　110
二重否定　11, 143
入次数　109
根，根付き木　122
濃度　30, 57
　　可算無限の——　30
　　連続——　30, 57
ノード　121

● は 行

葉　122
排他的論理和　2
排中律　11
排反　49
背理法　8
バックトラック　128
ハッセ図　103
ハノイの塔の問題　62
ハミルトン
　　——グラフ，——サイクル，
　　——道，——閉路　119
半群　139
反射推移閉包　80
反射律　85
半順序　95
　　——集合　100
反対称律　95
反復試行　53

比較不能　98
非対称律　99
左の子　123
必要十分条件　4

必要条件　3
二重否定　11
論理否定　2
等しい（関数が）　38
等しい（グラフが）　117
等しい（論理的に）　4, 10
非反射律　99
評価順　16
標準偏差　56
標本空間　48

部　116
フィボナッチ数列　131, 159
ブール束　143
ブール代数　143
フェルマーの小定理　94
深さ　123
複合述語　17
含まれる，含む　23, 25
節　121
部分木　122
部分グラフ　108
部分語　97
部分集合　24
分割　88
分散　56
分配束　142
分配律　7, 11, 26, 142

平均　55
平均値　53, 55
併合ソート　133
平方数　15
閉路　110, 111
　　基本——，単純——　111
べき集合　27
　　——束　141
べき乗　79
べき等律　10, 142

ベルヌーイ試行　53
辺　107
　　——集合　106
ベン図　25
ペントミノ　65

ポインタ　114
法　90
包含関係　24
包含と排除の原理　28
包除原理　28
ポーランド記法　129
補元　142

● ま 行

マージソート　133
交わり　141

右の子　123
道　110

無限集合　27
無向グラフ　105
矛盾律　11
結び　141
命題　1
命題変数　2
命題論理　14

モノイド　139

● や 行

有界　101
ユークリッドの互除法　60
有限集合　27
有向グラフ　75, 107
有向辺　86, 107
有理数　15, 24
床　34

索　引

ら行

要素　23
余事象　48, 50
ヨセフスの問題　136

ラベル　124
　　——付きグラフ　124
　　——付け関数　124
乱択アルゴリズム　135

リュカの塔　62
隣接　109
　　——行列　113
　　——リスト　114

累乗　29, 79
類別　88
ルーカスタワー　62
ループ　106

連結　111
　　片方向/強/弱——　112
連結リスト　114
連続濃度　30, 57

論理演算子　2
論理式　3
　　恒偽/恒真——　10
論理積　2
論理値　1
論理的に等しい　4, 10
論理同値　10, 18, 19
論理否定　2
論理和/排他的——　2

わ行

和　25, 80
　　——事象　48
　　——集合　25

和積原理　28

● 欧数字

1 欠損正方形　66
1 対 1　33
2 項関係　72
2 項係数　46
2 項分布　56
2 部グラフ　116
2 分木　123
8 クイーン問題　126

C_n　115

$\deg(u)$　109
$\deg^-(u), \deg^+(u)$　109
DFS　129
$\mathrm{Dom} f$　32

$E(G)$　106
$E(X)$　55

$\mathbf{F}$　1

$\gcd(m, n)$　39, 60, 69

id_A　73
id_X　34
in-deg(u)　109
$\inf A$　102
$\inf\{a, b\}$　141

$K(p_1, \ldots, p_n)$　117
$K_{p_1, \ldots, p_n}$　117
K_n　116
$\mathrm{lcm}(m, n)$　39

$\mathbf{mod}$　60

n クイーン問題　127
n 項組　29
n 乗　29
n 乗　79
n 乗（関数の）　38
n タップル　29
n 部グラフ　116
n 分木　123
$n\{u, v\}$　106
$n!$　58
NAND　12
NOR　12
NP アルゴリズム　137
NP 完全問題　137
$\mathbb{N}, \mathbb{Q}, \mathbb{R}$　24
$\max A, \min A$　101

O 記法　131
out-deg(u)　109

$\mathcal{P}(X)$　27

$\mathrm{Range} f$　32
$\mathbb{R}_{>0}, \mathbb{R}_{\geqq 0}$　26
$\mathbb{R}[x]$　141

S_n　182
$\sup A$　101
$\sup\{a, b\}$　141

$\mathbf{T}$　1

$\mathbb{Z}$　24
$\mathbb{Z}(m)$　91
$\mathbb{Z}/m\mathbb{Z}$　91
$\mathbb{Z}_m$　91, 140
$\mathbb{Z}_m^\times$　183

● 記号・式

$\bar{a}$ 143
$(a,b), (a,b], [a,b]$ 24
$[a, \infty), (-\infty, b)$ 24
$[a], [a]_R$ 87
$\{a, b, \ldots, z\}$ 24
$a \Rightarrow b$ 12
$a \Leftrightarrow b$ 19
$a \to b$ 2
$a \leftrightarrow b$ 2
$\neg a$ 2
$a \wedge b$ 2, 141
$a \vee b$ 2, 141
$a \oplus b$ 2
$a \mid b$ 12, 64
$a \downarrow b$ 12
$a\,R\,b$ 72

$\overline{A}$ 48
$A \cap B$ 48
$A \cong B$ 115
$A \cup B$ 48
$A \oplus B$ 27
$A \triangle B$ 27
A/R 88
$A[G]$ 113

A^n 29
$A_1 \times \cdots \times A_n$ 29
$(A, \leqq)$ 100

$f: x \mapsto y$ 32
$f(A)$ 32
$f^{-1}(x)$ 35
$f\mid_{\mathbb{R}\geqq 0}$ 35

$G' \subseteq G$ 108
$G = (V, E)$ 105
$(G, \circ)$ 139
(G, l) 124

${}_nC_r$ 46
${}_nH_r$ 47
${}_nP_r$ 42
(p, q) グラフ 106

$\{u, v\}$ 105
$\langle v_0, v_1, \ldots, v_n \rangle$ 110

(x, y) 29
$(x_1, x_2, \ldots, x_n)$ 29
$[x]$ 35
$\{x \mid P(x)\}$ 23
$|X|$ 27

$\overline{X}$ 25
$\lceil x \rceil, \lfloor x \rfloor$ 34
$\forall x P(x)$ 15
$\exists x P(x)$ 15
$X \subseteq Y, X \supseteq Y$ 24
$X \subsetneq Y, X \supsetneq Y$ 24
$X \cup Y, X \cap Y$ 24
$X - Y, X \setminus Y$ 24
2^X 27

χ_A 40
$\delta(G), \Delta(G)$ 110
λ 70
$\Omega(f(n))$ 134
π_i 40
$\Theta(f(n))$ 134

$\downarrow$ 12
$\emptyset$ 24, 48
$\equiv$ 10, 19
$\sim$ 112
$\vDash$ 10, 19

▨ 114

□ 114

著者略歴

守屋 悦朗
もりや　えつろう

1970 年　早稲田大学理工学部数学科卒業
現　　在　早稲田大学名誉教授　理学博士

主要著訳書
パソコンで数学（上）（下）（共訳，共立出版）
チューリングマシンと計算量の理論（培風館）
数学教育とコンピュータ（編著，学文社）
形式言語とオートマトン（サイエンス社）
離散数学入門（サイエンス社）
情報・符号・暗号の理論入門（サイエンス社）
例解と演習 離散数学（サイエンス社）
ヴィジュアルでやさしい グラフへの入門（サイエンス社）
計算量理論 I, II【電子版】（サイエンス社）
大学生のための 基礎から学ぶ教養数学
　（監修，サイエンス社）

情報系のための数学＝5
使いこなそう
やさしい 離散数学

2018 年 11 月 10 日 ⓒ　　　　　　　　　初　版　発　行

著　者　守屋悦朗　　　　　　発行者　森平敏孝
　　　　　　　　　　　　　　印刷者　小宮山恒敏

発行所　株式会社　サイエンス社
〒151-0051　東京都渋谷区千駄ヶ谷1丁目3番25号
営　業　☎(03)5474-8500(代)　振替 00170-7-2387
編　集　☎(03)5474-8600(代)
FAX　☎(03)5474-8900

印刷・製本　小宮山印刷工業（株）
《検印省略》

本書の内容を無断で複写複製することは，著作者および出版社の権利を侵害することがありますので，その場合にはあらかじめ小社あて許諾をお求めください．

サイエンス社のホームページのご案内
http://www.saiensu.co.jp
ご意見・ご要望は
rikei@saiensu.co.jp　まで．

ISBN 978-4-7819-1432-9

PRINTED IN JAPAN

離散数学入門
守屋悦朗著　2色刷・A5・本体2500円

情報・符号・暗号の理論入門
守屋悦朗著　2色刷・A5・本体1800円

例解と演習　離散数学
守屋悦朗著　2色刷・A5・本体2400円

ヴィジュアルでやさしい グラフへの入門
守屋悦朗著　2色刷・A5・本体2200円

使いこなそう やさしい 離散数学
守屋悦朗著　2色刷・A5・本体1800円

計算量理論Ⅰ（電子版）
－アルゴリズムの数学的定義からP≠NP予想まで－
守屋悦朗著　電子書籍（PDF）・本体2500円

計算量理論Ⅱ（電子版）
－P≠NP予想の解決に向けて：近似/並列/確率性アルゴリズム－
守屋悦朗著　電子書籍（PDF）・本体2500円

電子書籍は弊社ホームページ（http://www.saiensu.co.jp）のみでご注文を承っております．ご注文の際には「電子書籍ご利用のご案内」をご一読いただきますようお願い申し上げます．

＊表示価格は全て税抜きです．

サイエンス社